服装高等教育"十一五"部委级规划教材

服装厂设计

（第二版）

许树文　李英琳　李　敏　编著

中国纺织出版社

内 容 提 要

本书从现代服装工业企业的基本要求出发，全面阐述了有关服装厂规划与设计的基本原理和方法，主要内容包括：基本建设的程序与内容、服装厂设计的特点、工厂厂址的选择与总平面布置、厂房形式与车间布置、产品方案与原辅材料的选择、生产工艺设计、企业定员与技术经济指标、计算机辅助服装厂规划与设计等。本书以阐述服装厂生产工艺设计为重点，同时对其他专业设计内容，如供电与照明、供热与空调、给水与排水、土建设计、仓储与运输等也做了扼要的介绍。书中图文并茂，资料翔实，内容丰富，具有较高的阅读和参考价值。

本书可作为纺织服装类高等院校及相关的高等职业技术院校服装专业的教材使用，也可供服装企业的工程技术人员、从事服装工程及规划设计工作的相关人员阅读参考或培训使用。

图书在版编目(CIP)数据

服装厂设计/许树文，李英琳，李敏编著. —2版. —北京：中国纺织出版社，2008.1(2017.7重印)
(服装高等教育"十一五"部委级规划教材)
ISBN 978－7－5064－4688－4

Ⅰ.服… Ⅱ.①许…②李…③李… Ⅲ.服装厂—设计—高等学校—教材 Ⅳ.TS941.8

中国版本图书馆 CIP 数据核字(2007)第 165302 号

策划编辑：郭慧娟　李彦芳　责任编辑：阮慧宁　特约编辑：向 隽
责任校对：陈　红　责任设计：何　建　责任印制：何　艳

中国纺织出版社出版发行
地址：北京市朝阳区百子湾东里 A407 号楼　邮政编码：100124
邮购电话：010—67004461　传真：010—87155801
http://www.c-textilep.com
E-mail:faxing@c-textilep.com
三河市宏盛印务有限公司印刷　各地新华书店经销
1996 年 6 月第 1 版　2008 年 1 月第 2 版
2017 年 7 月第 10 次印刷
开本：787×1092　1/16　印张：18.25　插页：1
字数：259 千字　定价：36.00 元(附光盘 1 张)

凡购本书，如有缺页、倒页、脱页，由本社图书营销中心调换

出版者的话

全面推进素质教育，着力培养基础扎实、知识面宽、能力强、素质高的人才，已成为当今本科教育的主题。教材建设作为教学的重要组成部分，如何适应新形势下我国教学改革要求，与时俱进，编写出高质量的教材，在人才培养中发挥作用，成为院校和出版人共同努力的目标。2005年1月，教育部颁发了教高[2005]1号文件"教育部关于印发《关于进一步加强高等学校本科教学工作的若干意见》"(以下简称《意见》)，明确指出我国本科教学工作要着眼于国家现代化建设和人的全面发展需要，着力提高大学生的学习能力、实践能力和创新能力。《意见》提出要推进课程改革，不断优化学科专业结构，加强新设置专业建设和管理，把拓宽专业口径与灵活设置专业方向有机结合。要继续推进课程体系、教学内容、教学方法和手段的改革，构建新的课程结构，加大选修课程开设比例，积极推进弹性学习制度建设。要切实改变课堂讲授所占学时过多的状况，为学生提供更多的自主学习的时间和空间。大力加强实践教学，切实提高大学生的实践能力。区别不同学科对实践教学的要求，合理制订实践教学方案，完善实践教学体系。《意见》强调要加强教材建设，大力锤炼精品教材，并把精品教材作为教材选用的主要目标。对发展迅速和应用性强的课程，要不断更新教材内容，积极开发新教材，并使高质量的新版教材成为教材选用的主体。

随着《意见》出台，教育部组织制订了普通高等教育"十一五"国家级教材规划，并于2006年8月10日正式下发了教材规划，确定了9716种"十一五"国家级教材规划选题，我社共有103种教材被纳入国家级教材规划。在此基础上，中国纺织服装教育学会与我社共同组织各院校制订出"十一五"部委级教材规划。为在"十一五"期间切实做好国家级及部委级本科教材的出版工作，我社主动进行了教材创新型模式的深入策划，力求使教材出版与教学改革和课程建设发展相适应，充分体现教材的适用性、科学性、系统性和新颖

性,使教材内容具有以下三个特点:

(1)围绕一个核心——育人目标。根据教育规律和课程设置特点,从提高学生分析问题、解决问题的能力入手,教材附有课程设置指导,并于章首介绍本章知识点、重点、难点及专业技能,增加相关学科的最新研究理论、研究热点或历史背景,章后附形式多样的思考题等,提高教材的可读性,增加学生学习兴趣和自学能力,提升学生科技素养和人文素养。

(2)突出一个环节——实践环节。教材出版突出应用性学科的特点,注重理论与生产实践的结合,有针对性地设置教材内容,增加实践、实验内容。

(3)实现一个立体——多媒体教材资源包。充分利用现代教育技术手段,将授课知识点制作成教学课件,以直观的形式、丰富的表达充分展现教学内容。

教材出版是教育发展中的重要组成部分,为出版高质量的教材,出版社严格甄选作者,组织专家评审,并对出版全过程进行过程跟踪,及时了解教材编写进度、编写质量,力求做到作者权威、编辑专业、审读严格、精品出版。我们愿与院校一起,共同探讨、完善教材出版,不断推出精品教材,以适应我国高等教育的发展要求。

中国纺织出版社

教材出版中心

第二版前言

《服装厂设计》自1996年5月正式出版至今已经过去十年多了。十年来,在国内外市场需求的强劲拉动下,我国的纺织服装工业得到快速、持续发展,为扩大劳动就业、推动城镇化建设、改善人民的物质和文化生活以及促进社会经济发展做出了积极的贡献。特别是2001年我国加入世界贸易组织(WTO)以来,在全球经济一体化的推动下,纺织服装工业又迎来了一个新的发展机遇。但是,经过多年快速持续发展之后,我国纺织服装行业的发展已面临资源、环境的约束和日趋激烈的国际市场竞争等严峻挑战。因此,我国纺织服装行业在"十一五"期间将进入一个战略调整期,按照科学发展观的要求,对纺织服装工业进行结构调整并实现产业升级。国内市场将面临新的"洗牌",东部产业开始向中西部进行梯度转移,部分成长型企业将实施"走出去"的战略,一些产业基础较好的地区正在着手建设或完善产业集群,部分内陆省区也在努力营造良好的投资环境,利用当地丰富的土地和人力资源吸引产业转移,并已开始规划或拟订进一步发展纺织服装产业的蓝图。

为了帮助目前正在从事或即将从事服装行业发展规划设计工作的人员及广大服装院校的师生,更好地了解和掌握服装厂规划与设计方面的知识,我们对先前出版的《服装厂设计》一书进行了修订和补充。与第一版的《服装厂设计》相比较,本次修订除仍然保持了原书的体例和风格外,增加了许多新的内容,主要包括信息技术在服装厂规划与设计以及生产管理中的应用,介绍了近年来发展的新技术、新设备和新材料在服装生产中应用的概况,同时进一步充实了服装厂生产工艺设计的相关内容等。此外,还扩充了附录的范围和内容,收集了近年来国内外的服装服饰及相关纺织品的标准目录、最新的服装加工设备的技术特征、常用的缝纫工艺及生产管理方面的专业术语以及新型缝制辅料等方面的资料,使读者查阅和参考更加便捷。因此,本书又在一定程度上起到"服装厂设计参考手册"的作用。

本书由上海东华大学服装学院许树文、李敏和天津工业大学纺织学院李英琳共同编写。具体如下:第一章至第五章、第七章及第八章第一节由许树文和李敏编写;第六章由许树文和李英琳编写;第八章(除第一节)、第九章、附录1、附录2和教学课件由李英琳编写;附录3~8和光盘资料1~8由许树文编写。

本书在编写过程中曾得到很多服装生产企业和服装设备制造企业的大力支持和帮助,在此表示衷心感谢。同时在编写过程中,我们还参考了大量的相关文献,在此谨向这些文献的作者表示最诚挚的谢意。我们希望本书能给广大读者带来方便,并能成为他们的良师益友。

由于编者的水平有限,书中难免有疏漏和错误之处,热忱欢迎广大读者和院校师生批评指正。

编者
2007年8月

第一版前言

改革开放以来，我国服装工业得到迅猛发展，各地新建、扩建或改建的服装厂犹如雨后春笋纷纷涌现，从事设计、生产和管理工作的工程技术人员迫切需要了解和掌握有关服装厂设计方面的知识。大批服装院校先后创办了服装工程专业，也迫切需要有关服装厂设计方面的教材或参考书，而目前关于这方面的系统资料和参考书相当匮乏。为了适应服装工程的需要，本书编者在近几年从事专业教学的基础上，收集和参考了一些国内外资料，做了一些调查研究，编写了《服装厂设计》讲义。本书就是在讲义的基础上重新整理编写的。在调研和编写过程中曾得到上海市二轻设计所胡觉民主任、陕西省纺织设计院李群工程师、湖北省纺织设计院王根林工程师、武汉3506工厂涂永祥工程师、上海市服装总公司金培驹和徐新友工程师以及上海服装一厂、上海西服厂、上海第二衬衫厂等单位的有关领导和技术人员的大力支持和帮助，在此表示衷心的感谢。

为了帮助读者了解和掌握服装厂典型产品工艺设计的方法，中国纺织大学服装系李敏同志为本书写了第八章——衬衫厂工艺设计实例。

由于编者水平有限，编写时间短促，书中难免有疏漏和错误之处，热忱欢迎专业院校的师生、工程技术专家和广大读者批评指正。

编者
1995年12月

教学内容及课时安排

章/课时	课程性质/课时	节	课 程 内 容
第一章 (2课时)	工厂设计基础 (5课时)		·绪论
		一	中国服装工业发展概况
		二	基本建设的程序和内容
		三	服装厂规划设计的内容和特点
第二章 (3课时)			·厂址选择与工厂总平面布置
		一	厂址选择的基本原则
		二	厂址选择的主要条件
		三	工厂总平面布置的原则
		四	工厂总平面布置的内容和要求
第三章 (4课时)	产品与工艺设计 (17课时)		·产品方案与原辅材料
		一	市场调查与预测
		二	产品方案的选择
		三	服装原辅材料的选择
		四	用料计算
第四章 (9课时)			·生产工艺设计
		一	选择生产工艺流程的原则
		二	生产工艺流程设计
		三	工序分析表和设备表
		四	设备的选择
		五	流水生产和流水线设计
		六	成组技术
第五章 (4课时)			·厂房形式与车间布置
		一	厂房形式和柱网尺寸
		二	车间布置设计的原则
		三	流水线的平面布置
		四	附属房屋的布置
第六章 (4课时)	公用工程设计基础 (4课时)		·公用工程设计概述
		一	供电与照明
		二	供热与空调
		三	给水与排水
		四	土建设计
		五	计算机网络
		六	仓储和运输

章/课时	课程性质/课时	节	课 程 内 容
第七章 (4课时)	企业定员与劳动组织 (4课时)		·企业定员与技术经济指标
		一	劳动组织
		二	劳动定额
		三	定员设计
		四	设计概算
		五	技术经济指标
第八章 (7课时)	服装工艺设计实例 (7课时)		·服装厂生产工艺设计实例
		一	衬衫生产工艺设计
		二	西服生产工艺设计
		三	牛仔装生产工艺设计
		四	时装生产工艺设计
		五	针织成衣生产工艺设计
第九章 (6课时)	计算机辅助设计应用 (6课时)		·计算机辅助服装厂规划与设计
		一	概述
		二	生产工艺模块设计
		三	绘图模块设计
		四	计算机辅助服装生产工艺计划

注 各院校可根据自身的教学特点和教学计划对课程时数进行调整。

目录
Contents

第一章　绪论　/ 2
第一节　中国服装工业发展概况　/ 2
第二节　基本建设的程序和内容　/ 8
　一、基本建设程序　/ 8
　二、可行性研究　/ 10
　三、计划任务书　/ 12
　四、初步设计与施工图设计　/ 13
第三节　服装厂规划设计的内容和特点　/ 14

第二章　厂址选择与工厂总平面布置　/ 18
第一节　厂址选择的基本原则　/ 18
第二节　厂址选择的主要条件　/ 18
　一、自然条件和技术条件　/ 18
　二、经济条件　/ 19
第三节　工厂总平面布置的原则　/ 19
　一、合理进行功能分区　/ 20
　二、满足生产工艺要求　/ 20
　三、正确选择厂内外运输方式,合理组织好人流和货流　/ 20
　四、合理确定各建筑物的方位与间距　/ 20
　五、适当考虑工厂发展与扩建要求　/ 20
　六、满足卫生、安全、消防等要求　/ 21
第四节　工厂总平面布置的内容和要求　/ 21
　一、工厂总平面布置的内容　/ 21
　二、建筑物的功能分区　/ 21
　三、总平面布置的要求　/ 22
　四、工厂总平面布置图例　/ 23

　　　　五、工厂总平面布置的技术经济指标　/ 23
　　　　六、服装厂总平面设计实例　/ 24

第三章　产品方案与原辅材料　/ 30
第一节　市场调查与预测　/ 30
　　　　一、市场调查　/ 30
　　　　二、市场预测　/ 31
第二节　产品方案的选择　/ 33
　　　　一、服装产品的种类　/ 33
　　　　二、产品方案的选择　/ 34
第三节　服装原辅材料的选择　/ 35
　　　　一、服装面料的分类与选择　/ 35
　　　　二、服装材料的新发展　/ 37
　　　　三、服装辅料的品种与选择　/ 42
第四节　用料计算　/ 48
　　　　一、面料用量计算　/ 49
　　　　二、缝纫线用量计算　/ 49
　　　　三、面辅料单耗参考指标　/ 50

第四章　生产工艺设计　/ 52
第一节　选择生产工艺流程的原则　/ 52
　　　　一、先进性　/ 52
　　　　二、可靠性　/ 52
　　　　三、符合国情　/ 53
第二节　生产工艺流程设计　/ 53
　　　　一、裁剪工艺流程　/ 53
　　　　二、缝纫工艺流程　/ 54
　　　　三、整烫与包装工艺流程　/ 55
第三节　工序分析表和设备表　/ 55
　　　　一、工序分析　/ 55
　　　　二、裁剪工序分析　/ 56
　　　　三、缝纫工序和熨烫工序分析　/ 57
　　　　四、设备表　/ 57
第四节　设备的选择　/ 61

一、设备选择的原则　/62
　　二、服装设备的分类和选型　/62
第五节　流水生产和流水线设计　/112
　　一、流水生产的特点及组织形式　/112
　　二、流水线设计　/113
第六节　成组技术　/115
　　一、服装企业现有生产模式分析　/116
　　二、服装生产应用成组技术的实现　/117

第五章　厂房形式与车间布置　/120
第一节　厂房形式和柱网尺寸　/120
　　一、服装厂的生产特点　/120
　　二、服装厂的厂房形式　/121
　　三、结构柱网的选择　/122
第二节　车间布置设计的原则　/123
　　一、车间布置设计的原则　/124
　　二、单层厂房的车间布置　/124
　　三、多层厂房的车间布置　/124
第三节　流水线的平面布置　/125
　　一、传送带式流水作业　/126
　　二、单机组合式流水作业　/126
　　三、集团式流水作业　/128
　　四、吊挂传输式流水作业　/128
　　五、模块式快速反应流水作业　/128
第四节　附属房屋的布置　/131
　　一、附房的分类和布置原则　/131
　　二、附房的面积和布置举例　/132

第六章　公用工程设计概述　/136
第一节　供电与照明　/136
　　一、供电设计内容　/136
　　二、变配电与动力布线　/137
　　三、照明设计　/138
第二节　供热与空调　/140

一、供热　／140
　　二、采暖　／141
　　三、空气调节　／142
第三节　给水与排水　／143
　　一、给水　／143
　　二、排水　／144
第四节　土建设计　／145
　　一、设计基础资料　／145
　　二、厂房结构形式和基础　／145
　　三、建筑结构与主要建筑处理方法　／145
第五节　计算机网络　／146
　　一、网络分类　／147
　　二、拓扑结构　／148
　　三、硬件　／148
　　四、软件　／149
　　五、企业资源计划　／150
　　六、综合布线　／153
第六节　仓储和运输　／156
　　一、仓储　／156
　　二、厂内运输　／156

第七章　企业定员与技术经济指标　／162
第一节　劳动组织　／162
第二节　劳动定额　／165
　　一、劳动定额的作用　／165
　　二、劳动定额的分类　／166
　　三、劳动定额制定的方法　／167
　　四、服装生产劳动定额的制定　／168
第三节　定员设计　／170
　　一、定员的作用　／170
　　二、定员的范围　／171
　　三、定员的原则和方法　／171
第四节　设计概算　／174
　　一、编制设计概算的意义　／174

二、设计概算的内容　/ 174
　　三、设计概算文件的编制　/ 175
第五节　技术经济指标　/ 176
　　一、生产能力　/ 176
　　二、产品品种　/ 176
　　三、原辅材料年消耗量　/ 176
　　四、全厂定员　/ 176
　　五、总投资　/ 176
　　六、产品的工厂成本　/ 176
　　七、企业利润和税金　/ 177
　　八、投资回收年限和财务内部收益率　/ 177
　　九、总占地面积　/ 177
　　十、年工作日　/ 177
　　十一、其他　/ 177

第八章　服装厂生产工艺设计实例　/ 180
第一节　衬衫生产工艺设计　/ 180
　　一、设计任务　/ 180
　　二、产品方案　/ 180
　　三、生产工艺流程设计　/ 182
　　四、工序分析　/ 185
　　五、设备表　/ 185
　　六、劳动定额　/ 187
　　七、定员设计　/ 188
　　八、产量计算　/ 190
　　九、绘制衬衫生产线设备排列图　/ 190
第二节　西服生产工艺设计　/ 191
　　一、西服产品的款式及说明　/ 191
　　二、计算公式　/ 191
　　三、生产工艺及设备配备　/ 192
　　四、定员和机器数量汇总　/ 198
第三节　牛仔装生产工艺设计　/ 198
　　一、通过产品分析,确定缝制流水线的生产能力　/ 199
　　二、典型产品的工艺分析　/ 199

三、缝制流水线的工艺设计　／202
　　　四、流水线形式的选择及平面布置的方式　／204
　　　五、水洗工艺设计　／207
　第四节　时装生产工艺设计　／212
　　　一、确定缝制流水线的生产能力　／212
　　　二、计算平均加工时间（节拍）　／212
　　　三、估算缝制流水线的作业人数和所需设备　／212
　　　四、流水线设备排列　／214
　第五节　针织成衣生产工艺设计　／216
　　　一、长袖T恤衫工艺设计　／216
　　　二、女式三角裤工艺设计　／218
　　　三、棉毛衫裤工艺设计　／220

第九章　计算机辅助服装厂规划与设计　／226
　第一节　概述　／226
　　　一、服装厂生产工艺设计的主要内容　／226
　　　二、生产工艺设计对系统功能的要求　／226
　第二节　生产工艺模块设计　／229
　　　一、使用Excel进行工艺设计　／229
　　　二、基于数据库的工艺模块设计　／231
　第三节　绘图模块设计　／240
　　　一、AutoCAD简介　／240
　　　二、系统设计　／241
　　　三、实际应用　／242
　第四节　计算机辅助服装生产工艺计划　／243
　　　一、CAPP的概念　／243
　　　二、服装生产工艺设计的现状和CAPP的作用　／244
　　　三、汇成服装CAPP系统　／245
　　　四、服装CAPP系统的发展趋势　／247

附录1　建筑设计防火规范（节录）　／249
附录2　厂房建筑常用图例　／253
附录3　常用服装、服饰名称及中英文对照表　／255
附录4　服装缝制工艺、生产管理常用术语及中英文对照表　／259

附录 5　常用服装设备名称及中英文对照表　／262
附录 6　我国缝纫机械的命名和分类代号　／266
附录 7　缝纫机机针型号的表示方法　／268
附录 8　本书光盘资料简介　／270

主要参考文献　／271

工厂设计基础——

绪论

> **课题名称：** 绪论
> **课题内容：** 中国服装工业发展概况
> 　　　　　　基本建设的程序和内容
> 　　　　　　服装厂规划设计的内容和特点
> **课题时间：** 2课时
> **教学目的：** 1.让学生充分认识纺织服装业在我国国民经济发展中的地位和作用。
> 　　　　　　2.了解并掌握基本建设的程序和内容，尤其是建设前期的工作内容。
> 　　　　　　3.认识服装厂规划设计的特点及设计的范围与内容。
> **教学方式：** 由教师重点讲解中国服装工业的发展历程及特点；阐述基建工作的程序及建设前期工作的主要内容。
> **教学要求：** 1.通过讲解中国服装工业的发展历程，让学生深入理解"转变发展方式"、"扩大国际合作"、"坚持科学发展观"是我国服装工业健康发展的必由之路。
> 　　　　　　2.通过阐述基建程序的重要性，让学生充分认识到科学决策、按程序办事是顺利完成基建项目的根本保证。
> 　　　　　　3.通过典型实例的分析让学生了解和掌握服装厂规划设计的范围和主要内容。

第一章 绪论

第一节 中国服装工业发展概况

我国的纺织服装业历史悠久、规模很大,多年来在促进国民经济的持续发展中占有重要的地位。进入21世纪,中国纺织工业又迎来了一个新的发展时期。服装工业作为纺织工业的终端行业,随着产业结构的调整和技术进步的推进,自主创新能力不断提高。服装工业在满足人们日益增长的衣着需求、提高生活品质与加强精神文明建设、扩大产品出口创汇以及安排劳动力就业等方面正在发挥重要的作用。

我国的服装工业是在中华人民共和国建国初期发展起来的,尽管我国服装业的历史悠久,但是大批量的成衣生产直到20世纪中期才初具规模,新中国成立初期的服装工业仍以个体、工场式的手工业为主。经过半个多世纪的艰苦奋斗,我国的服装工业已经形成一个相对完整的、独立的生产体系,并已成为全国消费品工业生产的重点行业和产品出口创汇的支柱产业。

综观我国服装工业的发展历程,50多年来大体上可划分为三个阶段。

第一阶段,从新中国成立初期至中共十一届三中全会前的1978年。这个阶段中国的服装工业,基本上是按照半自给性的衣着消费模式建立和发展起来的。这时的服装企业,多以综合加工成衣为主,采用手工或半机械化手段进行生产,产品中绝大部分以统购包销的形式供应国内市场,只有很少量的产品外销,服装工业属于内向型工业。

我国的服装工业在新中国成立后的20多年中,经历了一个非常缓慢的发展过程,这一时期服装工业的发展主要表现出以下一些特征:

(1)成衣化水平低,解决人们日常衣着消费的生产方式,主要是靠自给或靠商业部门的来料加工。在新中国成立初期的20多年中,全国人均纺织品的消费额虽然有成倍的增长,但是成衣产量的增长却十分缓慢。直到1978年,我国的成衣产量只有7.8亿件(人均还不足一件),实现的产值为68亿元,服装产品出口额仅有3亿美元。

（2）长期以来由于人们的衣着消费受到"左"的思想禁锢，消费水平很低，使我国服装工业在建立初期就形成一种压抑型的生产模式。那时的成衣生产，只是作为解决人们衣着消费的一种辅助手段，发展十分缓慢。以至形成服装生产企业和大量的服装加工门市部长期并存的生产格局。

（3）按照半自给性消费模式建立起来的服装生产方式，导致服装工业与纺织工业之间从一开始就失去了必然的内在经济联系（包括服装与面料、服装与辅料及服饰配件等），形成服装工业和纺织工业互相独立的两种产品经济体系。

（4）外销服装产品统一由商业部门和外贸部门统购包销。外销产品的品种、花色单一（主要是棉制睡衣裤和棉制衬衫等产品），数量多且价格低，产品结构不合理的现象很普遍。

（5）新中国成立初期，由于服装行业的规模小而分散，在管理上形成商业、工业、外贸、乡镇、街道等部门多头领导、条块分割的局面，这种管理体制一直沿袭多年。

第二阶段，从中共十一届三中全会后的1979年到2001年12月，这一阶段党的工作重点已转向以经济建设为中心，并坚持实行"改革、开放、搞活"的方针。从此，我国的服装工业出现了历史性的转折，服装工业的发展也充满了勃勃生机。随着"拨乱反正"和"左"的思想禁锢的解除，国内市场日益繁荣，人们的物质和文化生活水平不断提高，市场对成衣产品的需求十分强烈，这使我国的服装工业迎来了一个千载难逢的发展机遇。在第六个五年计划期间，我国服装工业实现了高速增长，到"六五"末期我国的服装年产量达到12.67亿件，服装出口创汇20.5亿美元。在"六五"发展的基础上，"七五"期间我国的服装工业又有了更快的发展。到"七五"末期，全国成衣年产量已超过30亿件，服装出口创汇达68.48亿美元，约占纺织品出口总额的1/2。"八五"期间，服装工业继续取得重大进展，成衣年生产能力已超过50亿件，纺织品和服装出口创汇金额都提前3年达到计划预定的目标，而且使我国的服装生产总量和出口总量跃居到世界前列。

"九五"期间，我国服装工业的发展更趋成熟。在经历了亚洲金融危机所带来的巨大冲击之后，到2000年，服装出口已经扭转了自1998年以来增速下滑的趋势，出现了恢复性增长。在国家鼓励出口的一系列政策的影响下，随着世界经济环境的不断好转，2000年服装出口继续保持强劲的增长。这一时期在纺织工业结构全面调整的基础上，紧紧依靠科技进步，加速技术改造，逐步缩小与国际先进水平的差距，使我国纺织工业的纤维加工总量达到950万吨，人均纤维消费量达5公斤，纺织品出口创汇达到500亿美元，商品成衣率提高到80%，更多更好地满足了国内外市场的需求。

进入"十五"以后,我国服装工业继续实现持续发展。2001年在国家扩大内需政策的影响下,国内服装消费继续稳步增长,国际市场虽然受到大环境的影响而出现波动,但总体上我国服装产量的增长速度仍趋于平稳。据国家统计局的数据,2001年我国服装产量为77.59亿件,与2000年相比增长13.43%。服装出口额达到365.76亿美元,出口金额虽有增长但增幅减缓,增幅仅为1.6%。

这一时期,我国服装工业的发展主要有以下特征:

(1)国家对服装工业的管理体制进行了重大的调整。国务院决定从1987年起,将服装工业归口由中国纺织总会(原纺织工业部)统一管理。

(2)服装工业首次被党和政府确立为消费品工业发展的三大重点之一。这一时期,国内市场的商品成衣率有了明显提高,成衣率已由改革开放初期的10%左右提高到80%以上,服装产品成为仅次于食品的第二大宗生活消费品。服装工业在活跃城乡市场和满足人民生活需要方面,发挥了积极的作用。

(3)服装工业在我国"大纺织"发展中的地位逐步明确,而且随着产业链的不断完善和产业集群的蓬勃发展,服装工业开始走上稳步健康发展的道路。

(4)随着自主创新能力的不断提高,服装工业的发展逐步纳入依靠科技进步的轨道,为"十一五"和21世纪的进一步发展准备了必要的物质和技术条件。

第三阶段,自2001年12月中国加入世界贸易组织(WTO)到目前,5年来我国的纺织服装工业又遇到新的机遇和挑战。2005年曾经影响世界纺织服装贸易长达40年之久的配额体制宣告结束,我国的纺织服装业,在享受纺织品一体化所带来的权益和机遇的同时,也遭遇了空前的贸易寒流,但我国的纺织品出口仍继续保持较高的增长。据权威机构的统计数据,到2005年底我国已有服装企业近3万家,其中年销售额在3000万元以上的占30%,达9000余家,年营业额在1000万元以上的企业已占2/3。服装产量为63.74亿件,其中机织服装30.10亿件,针织服装33.46亿件。服装分类出口情况见下表。

2000～2005年我国服装分类出口数据　　　　　　　　　　单位:亿美元

服装类型	机织服装				针织服装			
年度	出口量	出口量增长率(%)	出口额	出口额增长率(%)	出口量	出口量增长率(%)	出口额	出口额增长率(%)
2000	43.95	21.23	172.26	21.23	74.48	17.95	120.54	12.37
2001	46.86	6.62	174.95	1.56	78.08	4.83	119.37	-0.97
2002	53.03	13.16	189.02	8.04	93.52	19.64	140.39	17.39
2003	61.4	15.8	238.3	26.07	110.15	17.8	165.6	17.96
2004	65.27	6.3	277.1	16.28	136.37	23.8	247.9	49.5
2005	74.34	13.4	350.32	26.42	145.38	6.61	308.72	24.53

入世以后,我国的城乡市场将逐步加大向世界开放的力度,中国企业走出去的大门也将进一步打开,这使我国纺织服装工业又进入了一个最佳的发展时期,发展的前景十分广阔。2001~2006年的短短5年中,我国服装出口贸易总额已从365.38亿美元增长到948.30亿美元。随着国际贸易摩擦的不断增加,迫使我国的服装企业加速走上依靠品牌和技术创新的发展之路。

回顾半个多世纪的发展历程,尤其是实行改革、开放以来所发生的巨大变化,我国的服装业已从建国初期以个体为主、依靠手工和半机械化生产的、小而散的服装业,发展成为国有、集体、个体、中外合资与合作、股份制等多种经济成分并存,生产、科研、教育、信息等逐步配套,以大企业(集团)为骨干、中小企业为主体的多层次、多元化的服装产业体系。我国服装工业发展的第三阶段的主要特征如下:

(1)入世后我国纺织服装出口贸易环境得到明显改善,但同时也产生了一些新的问题。根据世界贸易组织制定的非歧视原则、公平贸易原则等多项原则,我国整体获得了一个多边的、相对公平的贸易环境,为我国服装企业扩大出口创造了有利条件,对进一步巩固我国作为世界第一服装出口国的地位起到了极为重要的作用。当然,入世后我国服装业的出口贸易也遇到了一些新问题,主要是:第一,配额取消的同时也带来了竞争的加剧;第二,随着环保意识的增强,欧洲已采用环保纺织新检测标准,这使我国出口的服装面临又一道技术贸易壁垒。另外,入世后服装的进口关税从原来的22%降至17%,外国名牌服装大量涌入国门,加剧了国内市场竞争。

(2)服装出口数量增加迅速,价格保持稳定。入世5年来,服装出口金额从2001年的365.38亿美元增加到近900亿美元,增长了136.15%。仅2006年的1~11月,我国的服装及衣着附件出口总额已经达到862.83亿美元,同比增长了28.28%。出口服装的单价保持稳定增长,以2005年为例,针织服装、机织服装的出口单价分别提升了12.2%和5.5%。其中毛制、化纤制的针织服装提升最快,单价增幅都在20%左右。棉制机织面料服装的增幅也超过了10%,增长较为迅速。

(3)生产企业增多,形成服装产业集群。根据中国服装协会的调查,我国服装行业的分布越来越明显呈现出产业集聚地状态,主要分布在珠江三角洲、长江三角洲、环渤海地区和东南沿海地区中的近40个地区,而最为集中的为浙江(占55.05%)、江苏、福建、广东、山东、上海等沿海六省市,总产量占全行业的份额已突破90%,销售收入占全行业的76%,实现利润占全国的90%,市场和效益区域分布集中化的趋势明显。产业集聚模式各有不同,例如大城市打造服装文化时尚之都、产品专业的服装特色地区、以大型出口企业为中心的服装出口基地等模式。还有一些以出口为主的集聚地,是在原来"三来一补"(来样、来料、来牌和补偿贸易)方式的基础上,以服装为轴心的产业链。

(4)民营企业成为服装出口主力。服装行业是国民经济的传统产业,由于行业自身的特点,国内从事服装生产的企业较多。而近年来,民营企业发展迅速,逐渐成为服装行业出口的主力。2005年,民营企业出口额达到414.5亿美元,占总出口额的36%,成为我国服装出口的第一主力。

(5)服装企业开始走出去。面对愈演愈烈的贸易争端,一些有实力的服装企业已实施"走出去"的战略,纷纷到海外投资设厂,实现原产地多元化、部分有配套基础的纺织服装企业,集群式进入境外有关区域投资办厂,也有一些企业采用跨国采购这一方式走出去。

(6)进口稳步增长。在出口增长的同时,纺织服装业的进口也在稳步增加。入世5年来,服装进口额除2002年有130.26亿美元的巨幅增长外,一直保持着稳步小幅度增长。从2003年的14.03亿美元,到2005年的16.2亿美元,2006年1~11月的15.63亿美元,同比增长率保持在6%左右。服装进口商品中,丝制和棉制服装进口增长迅速。以2005年为例,针织、机织服装的进口增幅增长迅速,毛制和化纤制服装进口下降较多,毛皮革服装的进口依然保持快速增长,尤其是毛皮服装,进口增幅高达2倍。

从总体来看,目前我国服装工业的发展仍处在成长阶段,尚未完全步入成熟期。无论在技术装备上或经营管理上,与先进的工业国家相比,仍有较大的差距。这些差距主要表现在以下六个方面。

(1)自主创新能力差,缺乏核心竞争力。我国在纺织服装业发展的繁华与出口的热潮背后,仍掩盖不住一个软肋:自主创新力量不足。目前纺织服装业创新能力不强、研发水平落后,消化、吸收和创新能力薄弱,高附加值的产品少,新产品的产值比重低,缺乏核心竞争优势,同国际先进水平相比存在明显差距。出口产品结构不合理、缺乏自主品牌、核心竞争力不强,将成为制约我国纺织服装产品出口的重要因素。目前我国纺织服装产品出口主要是靠贴牌加工,自主品牌走向国际市场的寥寥无几,全行业的利润率仅为3%,研发投入不足,严重制约了服装产业升级。

由于缺少品牌和国际营销渠道,产业竞争优势主要体现在劳动密集型的大路货,企业利润向中间环节转移较多,而制造环节利润仅为整个产业供应链利润的10%,对进口的依赖度超过了65%。目前我国服装行业在劳动用工、社会保险、环境保护、知识产权保护、税收制度及土地政策等方面的执行也不规范。

(2)贸易秩序亟待规范。入世后,出于对配额取消的良好预期,纺织服装行业固定资产投资呈较快增长势头。产业规模不断扩大,出口持续高速增长,但产业结构的矛盾也日渐突出,有数量缺效益,有规模缺品牌,有技术缺创新,有一定的市场多元化,缺产地多元化。纺织服装出口以量取胜、以低价取胜成为引发贸易冲突的重要原因。

纺织业经营秩序缺乏规范。从2001年到2005年11月,我国经营纺织品服装出口的企业从21099家增加到了44684家。企业数量的急剧增加,以及缺乏相应有效的管理措施,导致出口经营秩序较为混乱。这一现象突出表现在2005年配额取消后,对美欧市场的抢出口,致使大量货物滞留美欧港口。恶性竞争还导致出口价格大幅下滑,为贸易保护主义者提供了口实,招致更强烈的贸易保护。在未来相当长时间内,规范治理贸易秩序是个重要课题。与此同时,人民币升值、电力短缺、能源和原材料价格上涨、劳动力成本上升等,加大了运行成本,全行业将会出现一轮新的企业重组浪潮。可以预计,"十一五"期间,我国的纺织服装业将进入一个新的调整期。

(3)服装工业整体的技术装备水平仍较低。世界工业先进国家的制衣设备已普遍采用微机控制或机电一体化,并向高速化、连续化和自动化方向发展。我国的服装加工设备,经过几年来的技术改造,虽有较大改善,一些规模较大的企业也引进了许多先进的设备,但大量的中小型企业,从技术装备的总体水平来看仍很落后,尤其是缝纫前和缝纫后工序的技术装备水平落后的程度更为突出。服装工业加工手段落后是制约我国出口服装质量和档次水平的一个重要因素。

(4)管理落后,生产效率低。改革开放以来,我国服装工业发展很快,全国各类服装企业众多。而在这些服装企业中,大多数仍属"小而全"的劳动密集型生产模式,管理人员水平不高,管理方法和管理手段落后,产品生产周期长,生产效率低,产品结构和产品水平跟不上国际市场需求的快速变化。与工业先进国家相比,我国服装工业的劳动生产率还很低,如意大利和德国的服装业,依靠高技术优势,人均产值高达10万美元,而同期我国上海服装工业的人均产值仅为2万元人民币。

(5)专业技术人才不足,设计开发力量薄弱。由于我国服装工业的原有基础薄弱,发展服装工业遇到的突出问题是专业技术人才不足。以上海为例,在20世纪90年代初期,上海服装总公司共有职工3.4万人,其中各类专业技术人员5500名,具有中级以上技术职称的人员仅占2.5%,高级技术人员仅占0.2%。精通服装生产又精通外贸、金融和管理等复合型人才更是匮乏。多年来外销服装生产,不能以自行设计为主体,而是依靠"三来一补"加工。由于设计、开发力量薄弱,在国际市场上,至今仍然缺乏中国自主品牌的名牌服装和世界知名的设计师。

(6)服装工业所需的面料和辅料以及服饰配件缺乏配套发展。由于信息与

设计落后以及国产的面料、辅料和配件不能完全配套,严重影响了我国服装产品在国际市场的竞争力,以至国内部分从事外销服装生产的企业,所用的面料、辅料和配件仍需客供或依赖进口。

上述差距也是导致我国服装产品附加值不高和出口服装单价较低的主要原因。

第二节 基本建设的程序和内容

一、基本建设程序

发展服装工业,无论是建设新厂还是改造现有的工厂,都需要进行规划与设计工作。服装厂设计是服装工业基本建设过程中的一个重要环节,无论是建设一个新工厂,或是改造一个老工厂,它们都属于基本建设的内容。一个基建项目从提出建议到项目建成投产,其中的每个环节,都应当严格按照基本建设的程序,有计划、有步骤地进行。

基建程序是我国基本建设多年来实践经验的总结,是客观规律的反映,也是使基本建设能够顺利进行的重要保证。所以,工厂设计工作必须严格执行基建程序。如果没有经过有关部门批准的计划任务书、资源报告和厂址选择报告,设计部门不能提供初步设计文件,上级领导也不能进行设计审批;没有经过批准的初步设计文件,也不能提供设备订货清单,不能开展施工图设计。

在我国,为了提高决策的科学性,一个基本建设项目的设计,一般采取分阶段由粗到细、由浅至深地进行,通常设计过程应当遵循以下程序。

1. 机会研究

机会研究是拟投资建设项目前的准备性调查研究,是把项目的设想变为概略的投资建议,以便进行下一步的深入研究。机会研究的重点是投资环境分析,鉴别投资方向,选定建设项目。

2. 提出项目建议书

项目建议书是对拟建项目的一个总体轮廓设想,是根据国民经济和社会发展长期规划、行业规划和地区规划,以及国家产业政策,经过调查研究、市场预测及技术分析,着重从客观上对项目建设的必要性作出分析,并初步分析项目建设的可能性。

项目建议书的内容包括:项目的名称;主办单位和编制单位;项目申请的意向和依据;项目建议内容概要;项目年度安排;总投资匡算、经济效益、结论及存在的问题等。

3. 进行可行性研究

可行性研究是项目建设前期工作的一项重要内容。在可行性研究中，对拟建项目的市场需求状况、建设条件、生产条件、协作条件、工艺技术、设备、投资、经济效益、环境和社会影响以及风险等问题，进行深入调查研究，充分进行技术经济论证，做出项目是否可行的结论，选择并推荐优化的建设方案，为项目决策单位或业主提供决策依据。

综上所述，项目建议书是围绕项目的必要性进行分析研究；可行性研究是围绕项目的可行性研究进行分析，必要时还需对项目的必要性做进一步论证。可行性研究报告完成后，须由主管部门组织有关专家对其进行论证并审批。

4. 编制和审批计划任务书

5. 选择厂址

6. 编制和审批初步设计文件

7. 编制和审批施工图设计与施工图预算

8. 设备订货与施工准备

9. 施工与安装

10. 生产准备

11. 竣工、验收、投产

在上述的基建程序中，除其中的 1~3 项属于建设前期为决策服务的工作内容外，其余各项均属建设期的工作内容。后者可用方框图表示，见下图。

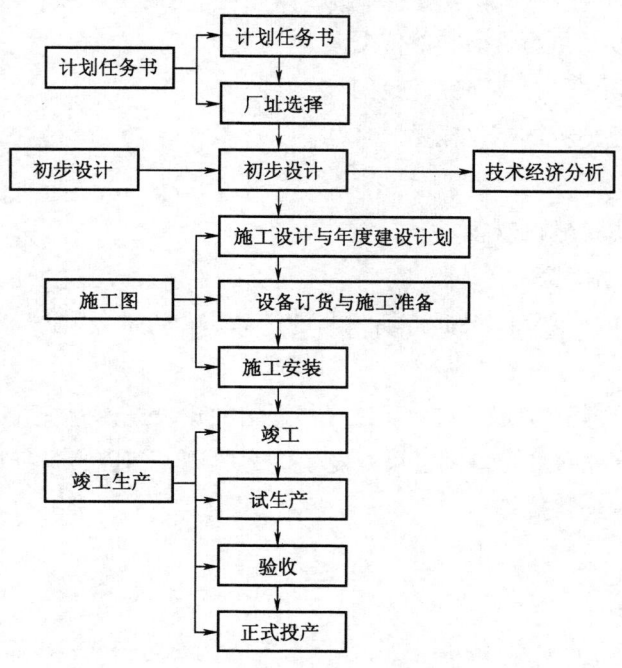

工程项目基本建设程序

二、可行性研究

可行性研究是在工程建设中广泛应用的一种技术经济分析方法。根据我国政府的规定,对利用外资的建设项目、技术引进和设备进口项目、大型工业交通项目(包括重大技术改造项目)等都应当进行可行性研究。对其他建设项目,有条件的也应进行可行性研究。

一个工程项目在投资决策之前,先从技术和经济两个方面进行全面的、综合的技术经济调查和论证,从而判断拟建项目是"可行"还是"不可行",为决策提供科学依据。可行性研究是建设前期工作的重要内容,它一方面充分研究建设条件,提出建设的可能性;另一方面进行经济评价,提出建设的合理性。可行性研究同时也是编制和审查计划任务书的依据。进行可行性研究可避免和减少工程项目决策的失误,提高建设投资的综合效益。

编制可行性研究报告,应当根据国民经济发展的长远规划和建设布局,结合市场需求预测和工程技术研究以及拟建项目的具体情况,经过多方案比较运用价值工程理论对项目进行全面计算、分析和论证,提出综合评价,为项目决策和编写计划任务书提供可靠的依据。投资估算的精度,力求控制在10%的范围内,应能起到控制扩大初步设计概算的作用。

对工业建设项目进行可行性研究,其内容一般可概括如下。

(一)总论

(1)阐明项目可行性研究的依据。
(2)阐明项目可行性研究的范围。
(3)可行性研究的结论概要。

(二)产品方案和建设规模

(1)市场需求预测。
(2)产品方案选择。根据市场预测的产品销售方向,提出若干产品方案并对其进行论证。
(3)建设规模的确定。对项目建议书提出的建设规模,从国家的经济政策、原料供应、地区销售和出口创汇以及竞争能力等诸方面因素进行综合分析与论证,选择最佳的经济规模。

(三)原辅材料

对原辅材料的来源、数量、质量进行系统的调查与分析;精确计算出每年所需的原辅料的数量;提出供应渠道方案;并确定原辅料的贮存量和贮存方案。

（四）生产工艺与设备

对选定的产品方案，提出技术路线、生产工艺流程和设备配备的比较方案，并提出推荐理由。

（五）建厂条件与厂址方案

（1）叙述厂址方案的地理位置、环境、地形、地貌及征地拆迁等情况。

（2）建厂地区的条件，包括自然条件与社会经济条件两个方面：

①自然条件：包括厂区的地理位置、气象、水文、地质、地貌、地形、地震和交通等条件。

②技术经济条件：包括供水、排水、供电、通信、能源等方面。在调查研究基础上提出具体的设计思想。

（3）厂址环境初评。详细记述厂址及周围自然环境、文化及自然生态情况，预测项目建成后引起环境变化的趋势。

（4）推荐厂址方案。要求对诸厂址进行以下几个方面的比较：

①自然条件与技术因素比较。

②影响固定资产投资因素的比较。

③影响生产成本因素的比较。

在充分比较分析的基础上，选择一个最佳的厂址方案。

（六）工程设计

（1）总图与运输。按照国家规范和工艺特征对厂址总平面进行合理设计；规划厂区管线及厂内外运输道路；计算出土方量及厂区占地面积。

（2）土建工程。记述厂址自然条件，作为设计时的计算依据；推荐建筑材料；计算厂区建筑物面积与构筑物面积、建筑系数与场地利用系数。

（3）公用工程。对给排水、供电、通信、采暖、冷冻、空调与除尘等工程，按照工程要求和国家有关法规原则提出具体的设计思想。

（4）维修设施。根据项目特征，提出各种维修设施。

（七）环境保护

概述本项目投产后对环境影响的各种因素及程度，对本项目产生的污染源提出综合治理方案，制定保护环境的具体措施。

（八）企业劳动组织、定员和人员培训

（1）说明企业管理体制性质。

(2) 设计企业的组织机构。
(3) 确定企业的工作制度。
(4) 制定全厂定员。
(5) 安排人员培训。

(九) 项目实施计划
从编制可行性研究报告直至工程项目建成投产，初步安排一个实施计划。

(十) 总投资与生产成本估算
(1) 总投资估算包括基建投资估算、流动资金估算、贷款利息汇总。
(2) 生产成本估算包括原辅材料、工资、能源费用及各种管理经费的估算。
(3) 资金筹措与贷款偿还。说明资金来源、筹措方式和贷款性质，以及各种资金的比例，并制定偿还方法。

(十一) 企业经济评价
对建设项目进行动态与静态分析；计算项目本身的微观效果及对国民经济所起的宏观效果；分析项目对社会产生的影响。
进行财务分析，计算出销售收入、利税、总成本、投资利润率、财务内部收益率、投资回收期、贷款偿还期等。

(十二) 项目评价结论
从技术和经济角度以及宏观经济效果和微观经济效果等方面，对项目作评价结论，并指出存在的问题。

三、计划任务书

计划任务书也称设计任务书，它是根据可行性研究报告和主管部门的审批意见进行编制的，也是基建项目设计工作的依据。计划任务书的作用在于对拟建项目的设计工作提出应当遵循的设计原则、设计要求和指示。

根据我国现行的工程项目基本建设程序，所有新建、改建和扩建项目都要按照项目的类属关系，由主管部门组织编制计划任务书。当产品种类繁多、生产过程复杂时，也常吸收设计单位参加编制或委托设计单位进行编制。

计划任务书所包含的内容，一般可概括如下：
(1) 建设目的和依据。
(2) 建设规模和产品方案。

(3）建设地点和占地面积。
(4）工厂组成和生产方法。
(5）原材料、燃料、水、电、汽、运输等协作条件。
(6）抗震和消防要求。
(7）劳动定员的控制数。
(8）要求达到的经济效益和技术水平。
(9）建设工期。
(10）投资控制数。

计划任务书编制完成后，须经主管部门批准，方可进行厂址选择和开展初步设计与施工图设计工作。

四、初步设计与施工图设计

工厂设计一般采用由浅入深、分段进行的方法，即先确定主要的设计原则，再进一步考虑技术上的细节。设计工作通常根据工程大小、技术复杂程度、设计水平高低等因素分阶段进行。对于大中型建设项目一般采用两段设计，即初步设计（又称扩大初步设计）和施工图设计。对重大工程项目或特殊项目，可根据需要采用三段设计，即初步设计、技术设计和施工图设计。对一些比较简单的项目，在设计人员工作经验丰富的前提下，也可采用一段设计。目前对中型以上的服装厂设计项目，一般都采用两段设计。

（一）初步设计

初步设计着重解决各有关专业的设计原则和主要的技术经济问题。具体包括：设计的依据和设计的指导思想，设计条件和原则，厂址概况、车间组成和设计分工，生产能力、产品方案和发展远景，设备特征和数量，原辅材料和水、电、汽等公用工程的用量、规格及来源，工厂总平面布置及原则，厂内外运输方案，各生产车间、辅助车间、生活福利设施、建筑物及构筑物的设计原则，厂区给排水及环境保护的设计原则和方案，供电、供热系统的设计原则，采暖通风的设计原则，劳动组织和定员，综合概算基建投资及存在的主要问题等。

上述各项内容，主要通过文字说明（包括总论说明书和各专业说明书）及相应的图（包括总平面布置图、工艺流程图、车间布置与机器排列图等）和各种表（包括设备表、定员表、原辅材料及公用工程消耗量汇总表、概算表等）的形式表达出来。

初步设计的作用是供筹建单位的主管部门进行设计审查之用。在初步设计经审查批准后，设计中所确定的原则便成为下阶段施工图设计的依据。

(二) 施工图设计

施工图设计是在初步设计的基础上进行的,它使初步设计中所确定的各项原则进一步具体化,也是设计工作的最后阶段。施工图设计阶段的成品,就是工艺设备布置和安装图,管道设计图,建筑和结构等有关专业的施工图,供电、供水、供汽等各专业的设备、管线施工和安装图,以及必要的文字说明、工程预算书等。施工图设计的成品,是施工部门和安装部门进行订货与施工准备、施工安装等工作唯一的依据。

施工图设计完成后,即可着手进行生产准备、竣工、验收和投产工作。在上述工作中,有些工作是交叉进行的。

为了保证决策的科学性,应当严格遵照审批程序进行,对企业利用自有资金建设的中、小型服装项目等由于风险较小,有时为了提高工作效率和缩短建设周期,在项目建议书、可行性研究和初步设计等阶段,有些地方可以简化审批手续。但是,对于征地、厂区总平面布置、土建施工图等仍须到当地的规划、建设、消防等部门办理审批手续。可行性研究、施工图设计等应当由有服装工程咨询和设计资质的单位承担。

第三节 服装厂规划设计的内容和特点

成衣生产是对各种服用材料的深加工。由于制衣原料的多样性以及服装品种和用途的差别,常将服装厂划分成不同类型的工厂。根据服装加工使用的面料种类不同,可将服装厂划分为丝绸服装厂、毛呢服装厂、化纤服装厂、裘革服装厂、针织服装厂等;根据服装的品种和用途,可将服装厂划分为衬衫厂、西服厂、童装厂、雨衣厂、运动衣厂、羽绒服装厂和特种服装厂等专业化工厂。在进行工厂设计时,虽然不同类型的服装厂在加工设备、技术要求和质量标准等方面都有自己的特点和要求,但是,它们在本质上遵循的是相同的工艺规律。本书就是围绕服装厂规划与设计的共性,以加工典型产品为例,阐述服装厂规划与设计的主要问题,帮助读者了解和掌握服装厂设计的基本内容和主要方法。

无论建设哪种类型的服装厂,工厂设计的内容都离不开以下几方面。

1. 总图设计

确定厂区建筑群体的相互关系及厂区道路和工程设施布置的原则,使建筑、环境和城镇面貌相协调,通过工厂总平面图的形式表现出来。

2. 主厂房设计

服装厂的主厂房包括缝料的准备和裁剪车间、缝纫车间、整烫和包装车间等。

3. 辅助生产部门设计

指为工艺生产服务的各辅助部门的设计，如变电所、锅炉房、给排水设施、原辅料仓库、成品仓库、电脑设计室、中心试验室、机修间和电修间等部门的设计。

4. 行政与生活福利部门设计

包括厂部行政办公楼、传达室、餐厅、医务室、托儿所等部门设计。

5. 安全、消防系统设计

由于服装生产属纺织工业的下游产业，也是纺织材料加工层次和产品附加值最高的行业，发展服装工业建设新的服装厂不仅具有"建设周期短、投资少、见效快、创汇多、耗能低、无污染"等特点，而且也是吸纳社会劳动力就业容量较大、投入较少的行业。根据我国现有国情，大力发展服装工业也是促进国民经济发展、提高纺织工业经济效益和社会效益的一条有效的途径。

思考题

1. 一个基建项目从提出建议到项目建成投产，一般应当遵循哪些程序，为什么？
2. 什么是可行性研究，可行性研究一般包括哪些内容？
3. 服装工业的发展有哪些特点，服装厂规划设计通常包括哪些内容？

工厂设计基础——

厂址选择与工厂总平面布置

> **课题名称**：厂址选择与工厂总平面布置
>
> **课题内容**：厂址选择的基本原则和主要条件
>   工厂总平面布置的原则
>   工厂总平面布置的内容和要求
>
> **课题时间**：3课时
>
> **教学目的**：1.让学生了解工厂厂址选择的重要意义及厂址需要满足的主要条件。
>   2.让学生了解并掌握工厂总平面布置设计的内容和要求。
>
> **教学方式**：由教师讲解选择工厂厂址的原则及条件；通过具体的选择实例，阐述工厂总平面布置设计的原则、内容及要求。
>
> **教学要求**：1.通过实例分析，让学生充分认识到厂址选择的合理性与工厂投产后的经济效益和社会效益的密切关系。
>   2.通过课堂与课后练习，让学生了解并掌握工厂总平面布置设计的原则和要求。
>   3.通过具体实例的讲解，让学生熟悉并掌握服装厂总平面布置设计的各项内容。

第二章　厂址选择与工厂总平面布置

第一节　厂址选择的基本原则

厂址选择是根据国民经济发展计划和工业布局的要求,结合服装工业生产的特点,选定工厂的建设位置。一个工厂厂址的选择是否合理,将直接影响建厂的进度、建设投资和生产成本以及城镇建设和生产发展。因此,厂址选择是工业建设前期工作的一个重要环节,也是一项政策性和科学性很强的综合性工作。

厂址选择应当遵循下列基本原则:

(1)根据国家建设规划要求,从当地城乡发展的总体规划出发,考虑工厂位置的选择与合理布局,使之符合社会经济利益和美观要求。

(2)节约用地,力求不占或少占农田,充分利用荒地、山坡和劣地。

(3)注意环境保护,避免对生态和自然风景的破坏与影响。

(4)节约投资,尽可能利用现有的公用设施,如道路、供水、供电及供热系统,以及住宅和文化设施。

(5)注重调查研究,对建厂的基本条件,包括自然条件、技术条件和经济条件,进行科学的分析和比较。一般应有几个可供选择的厂址方案加以比较和评价。

第二节　厂址选择的主要条件

在选择厂址时,设计人员必须深入现场实地勘察,调查访问,掌握第一手资料。对一般性的技术资料,可在初步设计时收集,或由建设单位提供。确定厂址方案,应当从全局观点出发,进行综合分析并比较下列各项条件。

一、自然条件和技术条件

包括厂址的地理位置、面积、外形、地势、地貌、坡度、水文与气象条件,土方工程量,交通运输条件,现有管线利用条件以及生产协作与施工等条件。

1. 地形与地质

厂址的地形和面积要能满足生产工艺流程和厂内运输的需要。地势力求平坦,尽量减少平整场地的土方工程量。厂区、生活区和交通运输线要选在不受洪水淹没的地段。厂址地质应符合建筑工程要求,避免在矿藏、古迹、滑坡、断层、熔岩、土崩及地震烈度在九度以上的地区建厂。

2. 气象

要考虑高温、高湿、云雾和风沙对生产的不良影响。注意雷电、雷暴、台风以及冰冻对建筑物及地下敷设管线的影响。

3. 给水和排水

要保证工厂生产与生活供水的可靠性和对水质的要求,污水要便于排入城市下水系统或经处理后排入附近江河。

4. 动力供应

工厂用电和用汽应有可靠的来源。自设锅炉房,应考虑燃料供应的地点和贮煤、贮灰的场地。

5. 交通运输与施工条件

根据工厂货运量大小及当地交通条件,确定工厂采用的运输方式,力求运输路线短捷,工程量最小。建筑施工应尽量利用当地的建筑材料,施工用的水电、机械设备与劳动力等问题应能就地解决。

二、经济条件

对于不同的厂址方案,所需的基建费用(指一次性投资总额),区域开拓费(包括拆迁费、青苗费、场地平整费等),交通运输费,给水、排水及防洪措施费,各种管线的投资费及日常经营费(包括原辅材料的供应、成品的运输与销售等)都不会相同。选择厂址时,应在综合分析比较的基础上,选择最优方案。

第三节　工厂总平面布置的原则

工厂总平面布置又称工厂总平面设计,它是在选厂报告经过上级主管部门审查批准后,正式开展工厂设计的基础上进行的。根据计划任务书所确定的工厂建设规模,合理地布置厂区内的各种建筑物、构筑物、堆场和道路,并使建筑群体获得必要的艺术效果,创造一个良好的、舒适的劳动和工作环境。

在进行工厂总平面布置时应当遵循下列原则。

一、合理进行功能分区

根据工厂的生产特点和建（构）筑物的使用功能要求，对厂区内的各种建筑物和构筑物进行分区布置。例如，将整个厂区划分为生产区、动力设施区、仓储区、公共活动中心区等。在具体布置时，应尽量做到布局紧凑、合理。辅助厂房和生活福利设施房屋的安排应有利于生产和方便生活。

二、满足生产工艺要求

生产工艺流程是进行工厂总平面布置的主要依据。根据生产工艺流程的要求和特点，合理安排和确定各种建筑物和构筑物的位置，以满足它们之间的联系和要求。

三、正确选择厂内外运输方式，合理组织好人流和货流

在工厂总平面布置中确定各个车间的相对位置时，应使货流和人流的路线短捷，避免或尽量减少人流与货流之间互相交叉，以确保通畅和安全。

人流是指职工上下班行走的路线。货流是指物料以原料形式运进工厂和制成品运出工厂在厂内的运行路线。合理组织人流、货流路线的关键，在于正确选择人流和货流入口的位置。一般工厂的主要出入口都布置在厂前区，面向工人居住区或城市的主要干道，也是人流路线的主要出入口，这样布置可使工人上下班的路线短而方便。职工人数多的车间应靠近工厂的主要出入口。货流入口大多布置在厂区后部邻近仓库区，可使物料进厂和成品出厂方便，以避免人流与货流形成交叉。

四、合理确定各建筑物的方位与间距

在布置厂区各种建筑物的相对位置时，必须考虑建厂地区的主导风向，尽可能将工厂的生产区布置在生活区的下风向位置。主厂房方位的确定，应当考虑厂房类型、所在地区的位置、日照条件和城镇的总体规划要求等因素，通常应保证主厂房有良好的自然通风和自然采光。

设计时应注意保持各建筑物的外形规整、简洁，并使其面积大小、形状与厂内道路管网所形成的区带相协调。综合考虑建筑物的防火、采光及卫生要求，合理地确定各建筑物及构筑物的间距。为了节约用地，可将几个相关厂房合并在一起，以缩短生产工艺流程、减少道路和管线的长度；也可增加多层建筑物的层数，层数越多，占地面积越少。

五、适当考虑工厂发展与扩建要求

在进行工厂总平面布置时，应当综合考虑远近期的发展规划要求，本着节约

用地的原则,为以后工厂的发展扩建合理地预留用地。

六、满足卫生、安全、消防等要求

在工厂总平面布置中,应注意遵守国家有关建筑物的防火规范和满足安全、卫生等要求。

第四节 工厂总平面布置的内容和要求

一、工厂总平面布置的内容

工厂的总平面布置就是根据工厂的生产特点、建设规模,结合建厂地区的条件,经济合理地对厂内各种建筑物和构筑物进行平面布置与竖向布置(将拟建的厂区的自然地形、地貌,因地制宜进行人工改造整平,合理地确定建设场地上的标高关系,使厂区内外之间和工厂的各建筑物、构筑物、道路、堆场等相互间的生产运输和工艺联系方便,并设法减少土石方工程量,使场地排水组织合理),安排交通运输线路和各种工程管网,进行厂区绿化和美化。从而为工厂创造良好的生产管理条件,为职工创造良好的工作环境,为城乡的建筑群体增添新的内容。

服装工厂的总平面布置,一般包含以下几方面内容。

(1)生产建筑的布置:包括由原辅材料的准备、裁剪、缝纫到整烫、包装等各主要的生产车间。

(2)动力建筑的布置:包括供应动力和照明用电的变电所和供应蒸汽和热水的锅炉房等。

(3)辅助建筑的布置:辅助建筑是指为生产车间服务的部门,包括机修间、电修间、空压机站等。

(4)仓储及运输设施的布置:包括原料、辅料、机物料、成品、燃料和其他材料仓库、露天堆场及运输设施等。

(5)行政福利建筑的布置:包括厂部行政办公楼、餐厅、托儿所、医务室、传达室和俱乐部等。

二、建筑物的功能分区

如果厂区占地面积比较大,如几百或上千亩的服装工业园区、纺织服装工业园区等,在园区内各建筑物群应按功能进行分区,整个园区可划分为如下几部分:

(1)生产区:布置主要的生产厂房(车间)。由于生产区是工业园的主要组成部分,必须布置在园区的中心位置。

(2) 辅助生产区：主要布置各种辅助厂房（车间）。

(3) 动力区：布置各种动力设施。

(4) 仓储区：布置各种类型的仓库和堆场。一般布置在厂区的后部，并注意尽可能缩短运输距离。

(5) 厂前区：布置行政管理、生活福利、文化科教等设施。一般位于城市干道或厂区主干道两旁，以利职工通过厂前区的主要入口进出厂区。

三、总平面布置的要求

不同地区的工厂一般都有自己的特点和风貌，但是工厂的总平面布置又都是根据工业企业的生产和管理要求以及用地特征进行设计的。对于新建的服装厂，各个组成部分的布局一般需要满足下列要求。

1. 生产功能要求

服装生产过程包括原辅材料进厂、检验、铺料、裁剪、缝纫、整烫、成衣检验与包装等工艺过程。为了保证服装生产的顺利进行，厂房布置必须满足生产的连续性和顺序性要求。生产工艺路线的组织，不仅要有利于工人操作，减少在制品的迂回周转，提高生产效率和降低生产成本，还应为节约用地、便于生产管理创造良好的条件。

服装生产过程往往是同面料、辅料、裁片、半成品和成品的频繁运输紧密联系在一起的。因此，工厂总平面布置应当合理进行运输系统的配置和生产工艺路线的组织。力求半成品和成品的运输路线顺直、短捷，物流畅通，避免货流与人流交叉。

生产过程所需的动力供应和各种工程管线布置应合理。动力供应设施，如车间变电所的位置应靠近动力负荷最大的车间；工程管线的布置应力求短而直。

2. 安全防火和卫生要求

服装厂的原料、半成品和成品都属易燃物。因此，生产厂房的耐火等级和厂房之间防火间距，必须符合建筑设计防火规范的要求（见附录1）。布置各种建筑物的相对方位时，还应考虑建厂地区全年（或夏季）的主导风向，建厂地区的主导风向可从当地气象部门编制的风玫瑰图中查得。生产区一般应布置在生活区的下风向。厂区布置必须注意保护环境和搞好厂区的绿化与美化，厂区绿化设计面积一般不应低于厂区总面积的10%。

3. 发展要求

对工厂的远期发展规模，一般在计划任务书中已有规划，但是还要预计到工厂投产以后，随着工艺技术的革新与技术进步，生产的品种与产量的进一步扩大，往往要求工厂进行扩建。因此新建的工厂，在总平面布置中应适当考虑和安排预留用地。规划工厂的远期发展规模,还需考虑初期的投资额与工厂积累的合理平衡。

四、工厂总平面布置图例

工厂总平面布置常见的部分图例见下表,更多的图例请见附录2厂房建筑常用图例。

工厂总平面图布置常见图例

图 例	名 称	图 例	名 称
□	新设计的多层建筑物,右上角以点数表示层数	∨∨∨	铁丝网、篱笆围墙
□	原有的建筑物	▽154.20	室内地平标高
⌐ ⌐	计划扩建的建筑物或预留地面积	▼143.00	室外整平标高
⊠	拆除的建筑物	═══	道路 (厂外)主干道16m (厂外)次干道9m (厂内)双车道≥5.5m (厂内)单车道3.5m 圆角9~12m
⊠	其他材料露天堆场或露天作业场	═╱═	公路桥
⊥⊥⊥	砖石、混凝土围墙	⊕	烟囱
❀❀❀	树木	▨	绿地

五、工厂总平面布置的技术经济指标

工厂总平面布置必须满足规划部门的要求,通常用以下几项指标来评估总平面布置的效果。

(1)征地面积。

(2)可用地面积。

(3)单建筑物基底面积。

(4)建筑物基底总面积。

(5)建筑物总面积。

(6)建筑密度。建筑密度=建筑基底总面积/征地面积。

(7)容积率。容积率=建筑物总面积/征地面积。

(8)绿化面积。

(9)绿化率。绿化率=绿化面积/征地面积。

六、服装厂总平面设计实例

(1)主厂房采用多层厂房的服装厂总平面设计实例(图2-1)。

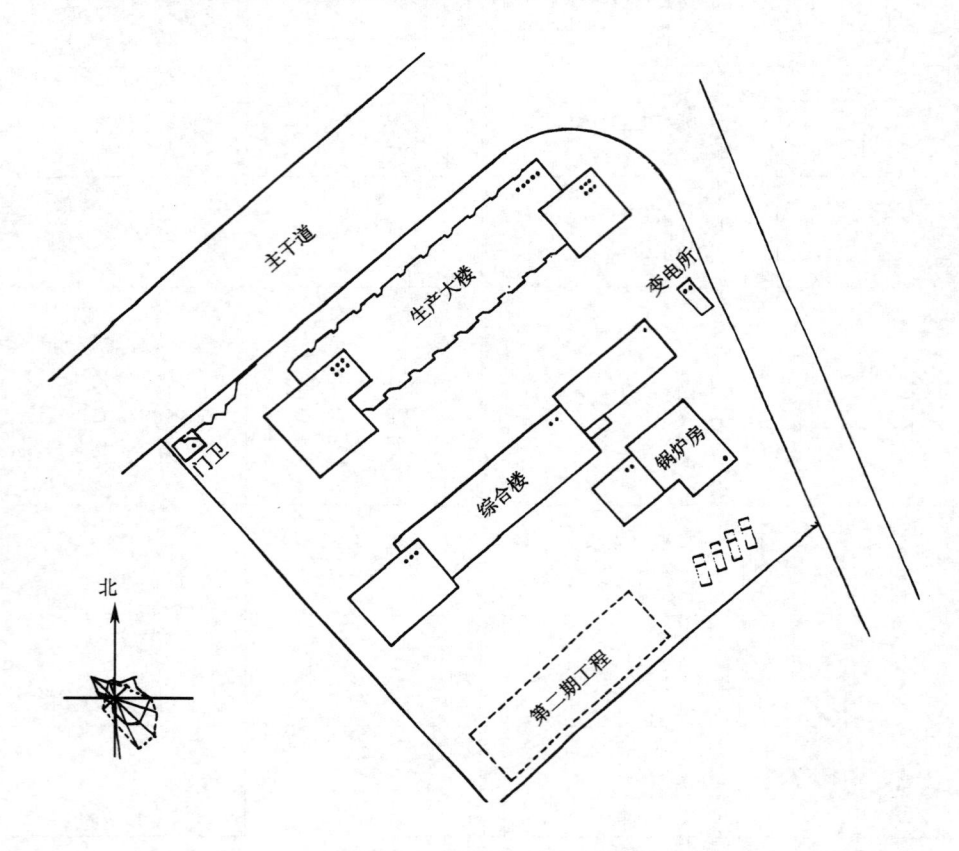

图2-1 主厂房采用多层厂房的总平面布置图

(2)主厂房采用单层庭院式服装厂总平面设计实例(图2-2)。

(3)与同类工厂集中布置的服装厂总平面设计实例(图2-3)。

(4)国外某服装厂主厂房与行政生活楼成直角配置的总平面设计实例(图2-4)。

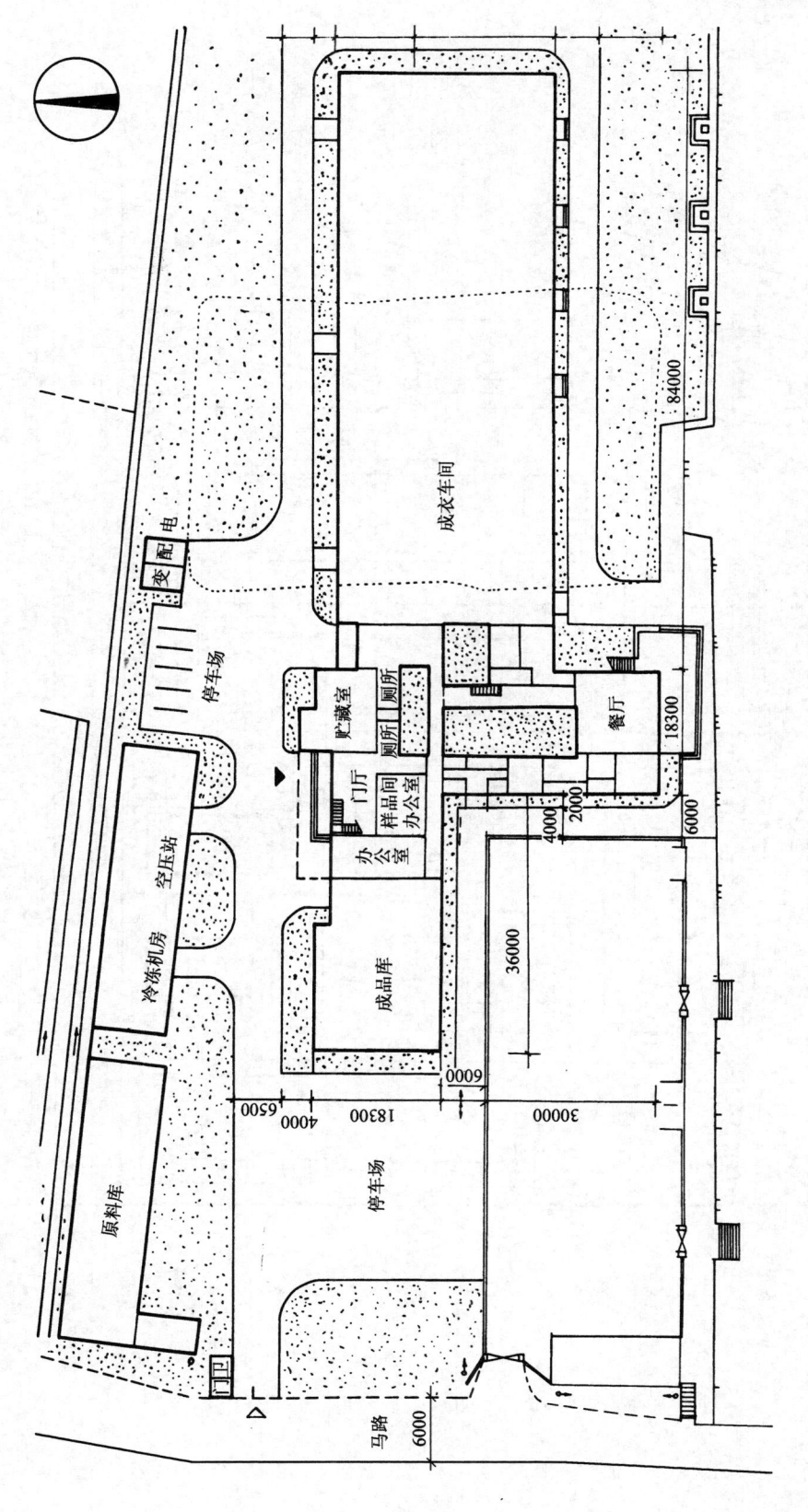

图 2-2 主厂房采用单层厂房庭院式总平面布置图

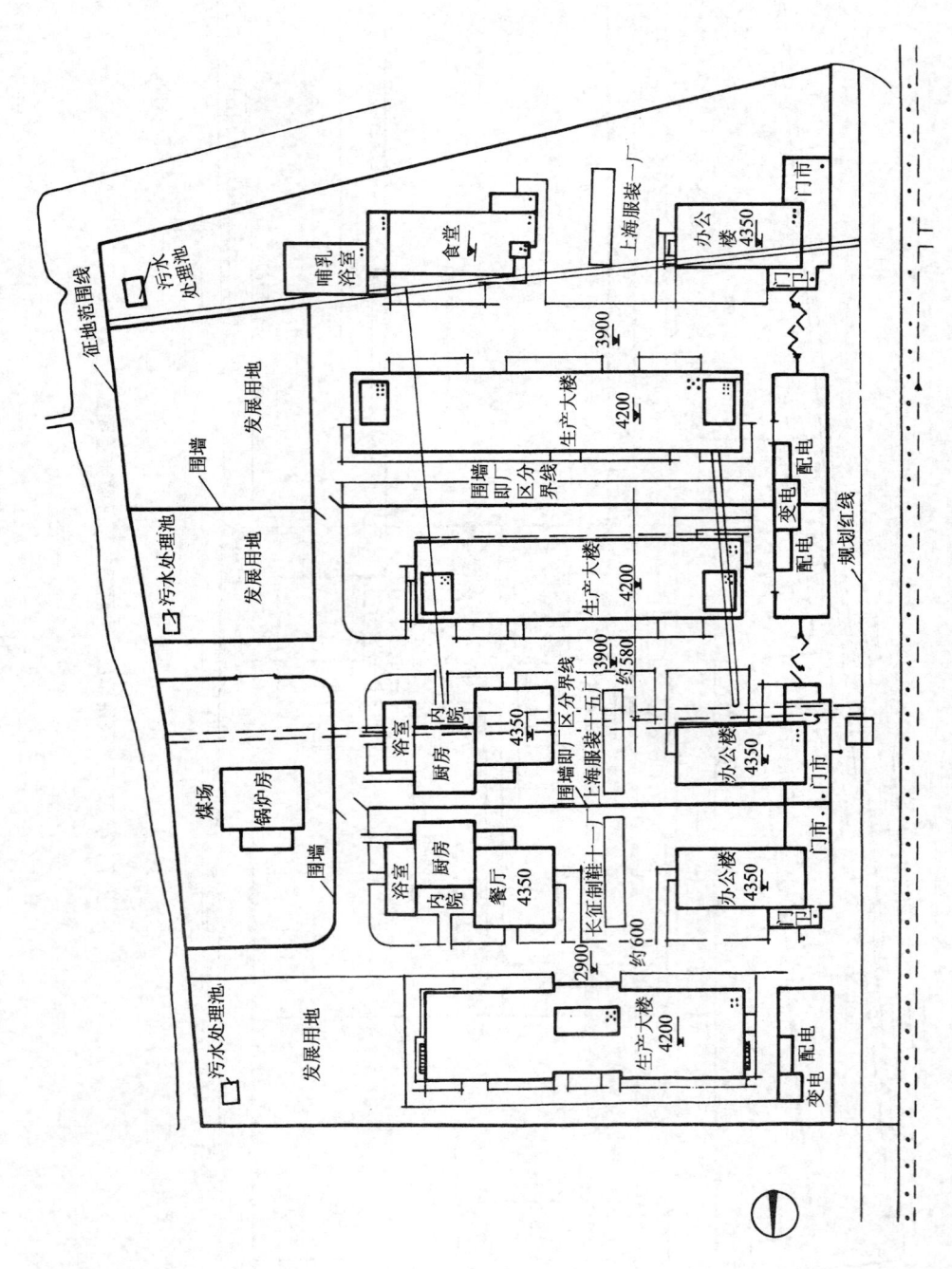

图 2-3 同类工厂集中布置的总平面设计图

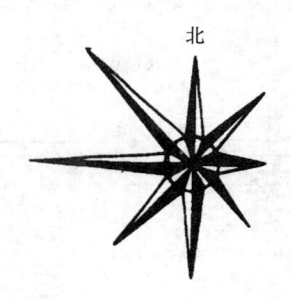

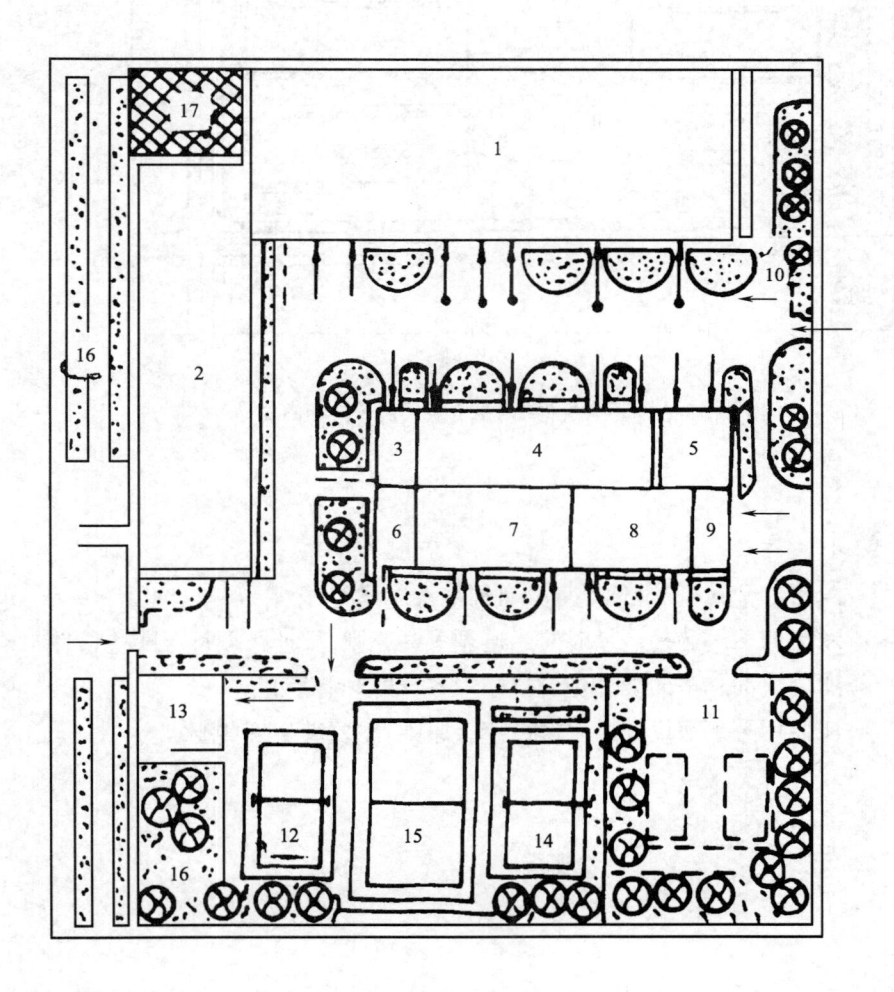

图 2-4 主厂房与行政生活楼成直角配置的总平面设计图

1—厂房　2—行政、生活楼　3—热力站　4—机修间　5—电动搬运车库　6—空压机站
7、8、9—仓库　10—警卫室　11—贮水池　12—运动场　13—运动物品陈列室
14—排球场　15—篮球场　16—工厂前广场　17—私人车辆停车场

(5)国内某服装厂总平面图布置实例(图2-5)。

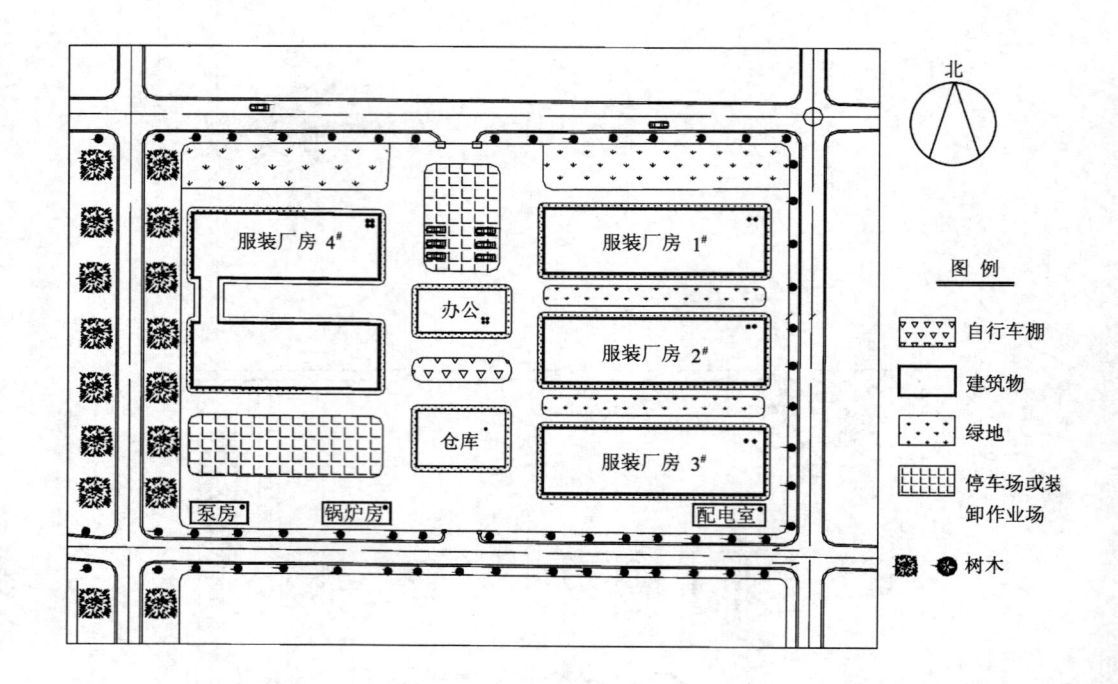

图2-5 国内某服装厂总平面布置图

思考题

1. 要建一个新工厂,选择厂址有何重要意义?
2. 新建的工厂选择厂址时应当遵循哪些原则,厂址必须符合哪些条件?
3. 服装厂的总平面设计包含哪些内容,试举例说明。
4. 服装厂总平面设计应当遵循哪些原则,需要满足哪些要求?

产品与工艺设计——

产品方案与原辅材料

课题名称：产品方案与原辅材料

课题内容：市场调查与预测

产品方案的选择

服装原辅材料的选择

用料计算

课题时间：3课时

教学目的：1.认识在新厂设计中选择产品方案的重要意义及需要考虑的主要因素。

2.熟悉并掌握常用的服装面料和辅料的品种、规格及用料计算。

教学方式：由教师讲解新建工厂确定产品方案的方法和步骤；结合某个典型服装产品，讲解面料及辅料的选择方法。

教学要求：1.通过教师讲解使学生了解进行市场调研的方法和步骤。

2.结合具体实例让学生认识产品方案所包含的具体内容。

3.通过教师讲解让学生认识并掌握典型服装产品面料和辅料品种与规格的选择。

4.通过教师讲解和课堂练习，让学生了解并掌握服装用料的计算方法。

第三章 产品方案与原辅材料

第一节 市场调查与预测

一、市场调查

在确定产品方案时,要求先进行深入的市场调研,掌握市场动态,预测市场的发展趋势。应充分了解和掌握与本企业竞争的有关企业产品情况以及国际服装和纺织品市场的发展动向。

(一)市场调查的主要内容

1. 市场容量调查

(1)供应状况。

①调查国际市场相关产品总的生产能力、总产量、总贸易量以及在各大洲、各地区和各国的分布,应列出各主要生产企业的名称、生产能力、产量、品种、产品性能及档次情况。

②调查国内市场相关产品总的生产能力、总产量及各地区分布,应列出国内各主要生产企业的名称、生产能力、产量、品种、产品性能及档次情况。

③调查产品进口情况,包括进口数量、品质、国别、贸易方式、进口数量占国内产量及贸易量的比例、进口数量占国际产量及贸易量的比例。

(2)需求状况。

①调查国际市场对该产品的需求状况,包括消费总量及各大洲、各地区或各国的分布、消费结构及不同消费群体对产品的需求。

②调查国内市场对该产品的需求状况,包括国内消费总量及区域市场消费量、消费结构及不同消费群体对产品的需求。

③产品出口状况,包括产品出口数量、品质、国别、贸易方式、出口数量占国际产量及贸易量的比例。

2. 产品价格状况调查

产品价格状况调查包括调查国内产品价格及变化情况、国际产品价格及变化情况和进出口价格及变化情况。

3.竞争力状况调查

竞争力状况包括产品在国内外市场的竞争程度、市场主要竞争对手的生产、营销、市场份额及其竞争力状况。

(二)市场调查方法

市场调查方法包括文案调查、实地调查(问卷调查、抽样调查)、统计分析及解释。

统计分析是在文案调查和实地调查的基础上,对项目的产出品的市场容量、价格、竞争力、营销策略以及市场风险进行分析预测和研究,一方面为确定项目建设规模和产品方案提供依据,同时也为项目建成后的市场开拓打下基础。

二、市场预测

市场预测是用一定的资料、方法和技巧对市场未来的发展进行科学估算和测定的过程。预测的目的是揭示市场的发展规律,更好地把握市场未来的发展动态,为方案决策提供必要的信息。

(一)预测的作用和目的

(1)预测是对方案作出决策的前提。

(2)预测是制定与执行规划、决定技术与经济发展方向和速度的重要依据。

(3)通过预测以增强产品竞争能力,为生产部门改进技术、提高经济效益明确方向。

(二)预测的特点

(1)科学性。预测是应用调查和统计资料,通过一定的程序、方法和模型,以取得未来的信息。这些信息反映了事物诸因素之间的相互关系和相互制约关系及其程序,基本上反映了事物发展的规律性,所以预测具有科学性。

(2)近似性。事物的发展受到各方面不断变化的影响,或者掌握的资料不全面,预测的结果总会同实际有一定的偏差,所以预测具有近似性。

(3)局限性。由于受到各方面的限制,预测的结果不可能表达事物发展的全体,所以预测出来的信息具有一定的局限性。

(三)预测的分类

(1)按预测范围可分为宏观预测和微观预测。

(2)按预测时期的长短可分为长期预测、中期预测、短期预测和近期预测。

(3)按预测内容的性质可分为技术预测和经济预测。

(4)按预测的方法可分为定性预测、定量预测和综合预测。

定性预测是指利用直观材料、依靠个人和群体的经验及分析判断能力,对事物未来的发展进行预测,也称直观预测。常用的典型方法是特尔菲法、趋势外推法等。

定量预测是指根据历史数据和资料,应用数理统计或利用事物的发展的因果关系等预测事物未来发展的方法。如回归预测法、消费系数法、弹性系数法。

综合预测是指采用两种以上不同的预测方法进行预测。

(四)供需预测的内容

市场预测的内容,是市场调查内容在实践上的延伸。国内服装市场的需求预测主要是预测需求潜量和销售潜量。需求潜量是指未来市场上有支付能力的需求总量。销售潜量是指拟建项目的产品在未来市场上的销售量。销售潜量,一般可通过估计市场占有率来测算,即销售潜量=需求潜量×市场占有率。

1. 供应预测

预测一定时期内市场总供给量,含现有、在建、拟建、国际市场可供给量、可进口量,还要预测项目产品目标市场的供给量。

2. 需求预测

预测一定时期内国内市场总需求量,含现有、在建、拟建、国际市场可需求量、可出口量,还要预测项目产品目标市场的需求量。

3. 供需平衡分析

在供需预测的基础上,分析产品在项目计算期内的供需平衡状况,以及可能导致供需失衡的因素和波及范围。

(五)预测的程序

市场预测是根据上述市场调查得到的一系列数据(包括当前数据和历史数据),采用适当方法预测未来一段时期内的产品供需状况,一般应预测5~10年。

预测过程可视为一个输入、处理、输出的动态反馈系统。通常,可将全过程分为图3-1所示的7个主要步骤和一个反馈过程。

(1)明确预测的目的。

(2)搜集和分析历史资料。

(3)选择预测方法、建立预测模型。

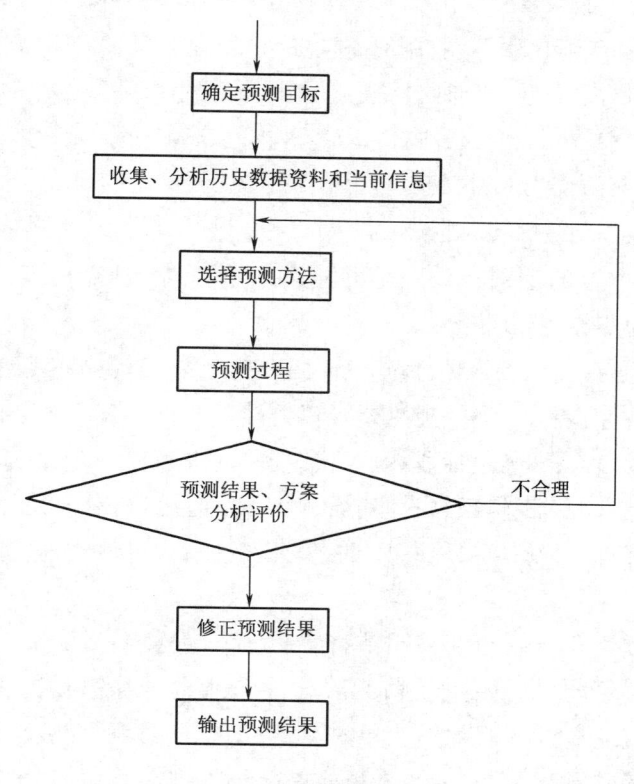

图 3-1 预测程序

(4) 预测过程。
(5) 预测结果、方案分析评价,模型修正。
(6) 修正预测结果。
(7) 输出预测结果、提供预测方案。

第二节 产品方案的选择

一、服装产品的种类

服装是人们日常生活和从事生产劳动的必需品,它除了具有防寒、防暑、遮体、保健等多种实用功能外,还具有装饰美化人体和显示人的个性、职业及地位的社会功能。服装功能的多样性必然导致服装品类的多样化。服装产品的种类繁多,但是目前还没有一个国内外统一的服装分类标准。常用的服装分类方法主要有以下几种:

(1) 按服装的使用功能分类,可分为礼服、制服、职业服、劳动保护服、运动服、戏剧服、特种服及日常生活服等。其中有一些服装还可以细分,比如,礼服又可分为婚纱礼服、燕尾服、晚礼服等不同品种;职业服又可分为海关服、铁路服、邮电服、民航服、公安服、交通监督服、护士服等;日常生活服包含的品种更多,如衬衣、睡衣、泳衣、外衣、大衣、雨衣以及各种休闲衣等。

（2）按服装所使用的材料分类,可分为毛呢服装、丝绸服装、棉布服装、麻布服装、化纤服装、羽绒服装、裘革服装、人造毛皮服装、非织造布服装等。

（3）按穿着者的性别、年龄分类,可分为男装、女装、老年装、中年装、青年装、童装、婴幼儿装、褴褓装等。

（4）按服装所遮盖的人体部位分类,可分为上装、下装及全身装。其中上装又包括西服、中山装、青年装、夹克衫、猎装、衬衫、中式上衣、牛仔服、棉袄、羽绒服、防寒服、背心等;下装包括西裤、西式短裤、中式裤、背带裤、马裤、灯笼裤、裙裤、牛仔裤、喇叭裤、棉裤、羽绒裤、斜裙、喇叭裙、超短裙、褶裙、节裙、筒裙、西服裙等;全身装包括雨衣、风衣、披风、斗篷、大衣、连衣裙、旗袍、睡袍、睡衣裤及套装等。

除以上分类方法外,还可按季节将服装分为春秋装、夏装和冬装;按服装面料的织造方法不同,将服装分为机织服装、针织服装或编织服装;根据服装的厚薄和衬垫材料的不同,将服装分为单衣类、夹衣类、衬绒服、羽绒服、丝绵服等;按照不同的民族或国家着装的特点和风格进行分类,如纱丽服、和服等。

二、产品方案的选择

新建的服装厂应当生产什么产品,一般在计划任务书中已经明确。在初步设计中,产品方案的选择是指确定工厂所生产的具体品种、规格及各品种的产量比例。例如,在我国某城市新建一个西服厂,产品以在国内市场销售为主,计划任务书确定该厂的生产规模为年产 9 万件(套)男式西服,该厂选定的产品方案如表 3-1。

表 3-1 某西服厂的产品方案

序号	产品品种	规格	产量比例(%)	产量[件(套)/年]
1	全毛西服	三件套	35	31500
2	毛涤混纺西服	两件套	45	40500
3	化纤西服	两件套	20	18000
	合　　计			90000

产品方案是工厂制定生产工艺的依据,它与工厂建成后各车间机器设备的配置和定员等都有密切关系。另外,服装产品的品种、款式及花色等经常会受到

市场需求变化的影响,因此在确定产品方案时应当充分了解和掌握市场需求。若产品方案选择得不合理,将会直接对工厂投产后的经济效益产生负面影响。

第三节 服装原辅材料的选择

一、服装面料的分类与选择

成衣生产使用的材料包括面料和辅料,其中面料是构成服装的主体材料。由于服装的种类非常多,可以用作服装面料的材料品种及花色也异常丰富。许多天然纤维织物、各种人造纤维及合成纤维织物、动物的毛皮以及新型非织造布等均被广泛用作制衣材料。

(一)服装面料的分类

用于制作服装的材料很多,概括起来常见的制衣材料可分为以下几类(图3-2)。

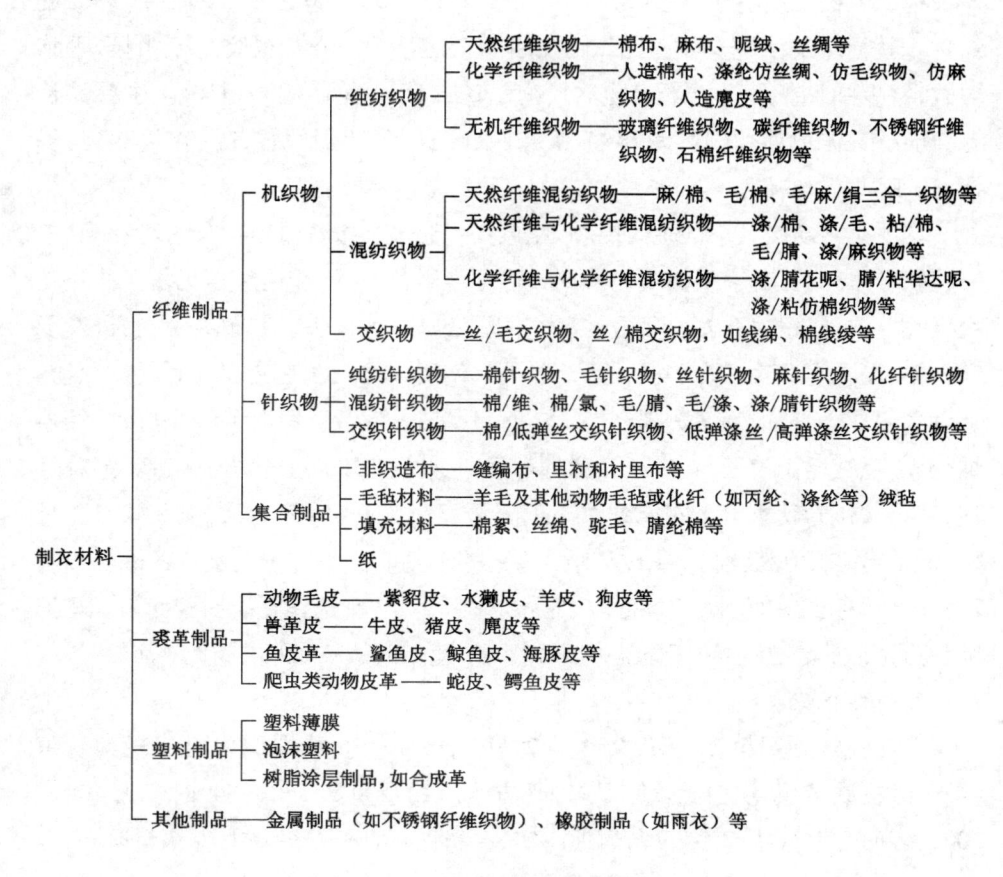

制衣材料分类如下:

- 纤维制品
  - 机织物
    - 纯纺织物
      - 天然纤维织物——棉布、麻布、呢绒、丝绸等
      - 化学纤维织物——人造棉布、涤纶仿丝绸、仿毛织物、仿麻织物、人造麂皮等
      - 无机纤维织物——玻璃纤维织物、碳纤维织物、不锈钢纤维织物、石棉纤维织物等
    - 混纺织物
      - 天然纤维混纺织物——麻/棉、毛/棉、毛/麻、绢三合一织物等
      - 天然纤维与化学纤维混纺织物——涤/棉、涤/毛、粘/棉、毛/腈、涤/麻织物等
      - 化学纤维与化学纤维混纺织物——涤/腈花呢、腈/粘华达呢、涤/粘仿棉织物等
    - 交织物——丝/毛交织物、丝/棉交织物,如线绨、棉线绫等
  - 针织物
    - 纯纺针织物——棉针织物、毛针织物、丝针织物、麻针织物、化纤针织物
    - 混纺针织物——棉/维、棉/氯、毛/腈、毛/涤、涤/腈针织物等
    - 交织针织物——棉/低弹丝交织针织物、低弹涤丝/高弹涤丝交织针织物等
  - 集合制品
    - 非织造布——缝编布、里衬和衬里布等
    - 毛毡材料——羊毛及其他动物毛毡或化纤(如丙纶、涤纶等)绒毡
    - 填充材料——棉絮、丝绵、驼毛、腈纶棉等
    - 纸
- 裘革制品
  - 动物毛皮——紫貂皮、水獭皮、羊皮、狗皮等
  - 兽革皮——牛皮、猪皮、麂皮等
  - 鱼皮革——鲨鱼皮、鲸鱼皮、海豚皮等
  - 爬虫类动物皮革——蛇皮、鳄鱼皮等
- 塑料制品
  - 塑料薄膜
  - 泡沫塑料
  - 树脂涂层制品,如合成革
- 其他制品——金属制品(如不锈钢纤维织物)、橡胶制品(如雨衣)等

图3-2 制衣材料的分类

(二)服装面料的选择

成衣生产对面料的选择主要依据服装的用途和要求。例如:生产内衣产品时,应考虑到内衣要同人体肌肤直接接触,其材料必须对人体无毒、无刺激性,因此,内衣材料应当选择柔软贴身、吸湿、透气、对皮肤无刺激的材料,通常选用纯棉、丝绸、再生纤维素纤维及其混纺的针织物;生产外衣产品时,就应考虑到外衣大多被要求显示穿着者的个性或身份以及保暖,所以外衣面料较多选用中高档的天然纤维(棉、毛、麻或丝)织物或混纺织物,以达到服装外形美观、挺括或耐穿等要求。

现以生产毛呢类服装为例,概述如何根据服装用途和设计要求选择呢绒面料。

按照我国的纺织品经营习惯,通常根据织物的外观特征,将毛织物分为精纺呢绒、粗纺呢绒、长毛绒和驼绒四大类。以下是这些毛织物的主要品种、特征及用途。

1. 精纺呢绒

精纺呢绒是用精梳毛纱(27.78~16.67tex,即36~60公支,双股)织成的毛织物。其特点是:织物质地紧密,比较细薄,表面平滑光洁,织纹清晰明显,手感柔软,富有弹性。每平方米织物重量为130~600g,多为300~400g。主要品种有:凡立丁、派力斯、花呢、驼丝锦、哈味呢、哔叽、华达呢、女衣呢、直贡呢、马裤呢、巧克丁、板司呢等。

花呢是精纺呢绒中的主要品种,花色变化繁多。按其重量可分为薄花呢、中厚花呢和厚花呢三类;根据表面特征又可分为素色、条格和夹丝等花色。薄花呢爽挺、舒适、透气性好,适合夏季穿用;中厚花呢适宜春秋季节做男女上衣、裤子和套裙;厚花呢适宜初春和深秋季节作外衣使用。哔叽和哈味呢都属斜纹织物。前者系织成毛坯后染色,外观鲜艳、匀净、不起毛;后者系用混色纱织造,再经缩绒处理,毛绒浮于表面,斜纹线条隐约可见。这两种织物呢身均匀、挺括、穿着舒适,适宜选作春秋季节男女上衣和裤子面料。女衣呢的种类较多,其特点是身骨较薄,手感柔软,呢面细洁,织纹清晰,色泽鲜艳,适宜选作春秋女装或冬季女棉衣面料。精纺呢绒中的凡立丁和派力斯属轻薄品种,适宜选作夏季衣着面料。马裤呢和巧克丁是精纺呢绒中比较厚的织物品种,适宜选作冬季外衣或大衣面料。

2. 粗纺呢绒

粗纺呢绒是用粗梳毛纱(250~62.5tex,即4~16公支,单纱)织成的毛织物,毛纱支数较粗,织物比较厚重,每平方米织物重量为170~840g,多为400~500g,表面经缩绒或起毛处理,质地厚实,保暖性好。根据织物的用途与风格,又分为纹面整理、绒面整理和呢面整理三种类型。主要品种有:麦尔登呢、制服呢、海军呢、大众呢、大衣呢、粗花呢、女士呢、海力司、法兰绒、钢花呢、制帽呢等。

粗纺呢绒中的麦尔登呢一般采用83.3~71.4tex毛纱做经纬纱,用二上二下的织法经缩绒而制成。呢面丰满、细洁、平整、不露底纹,身骨紧密耐磨、有弹性、不易起球,适宜选作秋冬两季服装面料,如用于制作两用衫、上衣、裤子或短大衣等。制服呢和海军呢原属一个品种,制服呢使用的毛纱较粗,成品重量稍重;海军呢品质要求较制服呢高,呢面细洁、平整、丰满,手感挺实、有弹性、不易起球。大衣呢主要用于制作大衣,其种类很多,常见的品种有粗大衣呢、细大衣呢、花式大衣呢、银枪大衣呢、拷花大衣呢等。女式呢一般以素色为主,色泽较鲜艳,通常选作春秋季节妇女中西式上衣面料。法兰绒是一种毛染混色缩绒的粗纺织物,手感柔软而富有弹性,呢面有一层丰满而细洁的绒毛,不露织纹,色泽呈混色夹花风格,保暖性好,美观大方,适宜选作男女春秋上衣和裤子面料。

3. 长毛绒

又称"海勃龙"或"海虎绒",是一种起毛织物。正面有9mm长的毛丛,绒面毛丛有纯毛的,也有羊毛和人造毛混纺的。手感柔软,保暖性强,弹性好。主要品种有衣面绒、衣里绒、沙发绒和地毯绒等。在服装生产中,长毛绒多用于冬季大衣的衬里、大衣的领子或帽子及手套等。

4. 驼绒

也称骆驼绒,但它不是骆驼毛制成的,只是织物外观与骆驼的毛皮类似而得名。驼绒底板系由棉纱组成,绒面则是纯羊毛或羊毛与粘胶纤维混纺。成布多用针织机织造,经拉毛起绒,使织物正面有平坦而蓬松的毛绒。手感厚实,绒面丰满,质地柔软,保暖性强。主要用于制作秋冬季男女服装及鞋、帽、手套等衬里,也可用作童装和外衣面料。

由于面料的选择与产品设计有非常密切的关系,要使所选的面料能充分体现服装设计的要求,除织物的材质、纹理和性能满足服装造型的要求外,织物的花色和图案的选择也应符合服装设计的要求。

服装面料的材质与性能的选择还与产品的生产成本密切相关。选择高档面料,如全毛精纺呢绒或真丝绸等,织物品质好,价格高,应当用于制作高附加值的服装。选择中低档面料,如各种混纺毛织物、混纺棉织物或化纤仿毛、仿麻、仿丝绸织物等,面料的价格较低,经济实惠,可用于制作工作服、学生服等中低档服装。所以,在成衣生产中选择服装面料必须结合产品的档次、用途和消费对象等综合考虑,合理选用。

二、服装材料的新发展

随着社会经济的发展和科技的进步,人们对服装功能的要求也在日益提高。

服装除了具有遮体和御寒保暖的基本功能外,还应具有安全、环保、舒适、保健及便于穿着等多种功能。近年来涌现的新型服装材料,一方面是以服务于人的肌体和精神为目的,另一方面以有利于保护环境为目标。新型服装材料的种类很多,既可以把它们看作传统服装材料的新成员,也可以将它们单独进行分类。

(一)新型服装材料分类

1. 按服装新材料的纤维种类分类

(1)天然纤维类。

①植物纤维:如有机棉、天然彩色棉、汉麻、竹纤维、菠萝叶纤维等。

②动物纤维:如彩色毛、彩色蚕丝、蜘蛛丝等。

(2)再生纤维类。

①再生纤维素纤维:如天丝(Tencel)、莱赛尔(Lyocell)、莫代尔(Modal)等。

②再生蛋白质纤维:如大豆纤维、牛奶纤维等。

③其他纤维:如甲壳素纤维、珍珠纤维等。

(3)合成纤维类。主要是各种差别化纤维,包括超细纤维、复合纤维、异形截面纤维、弹性纤维、高吸水纤维等。

2. 按服装新材料的性能分类

(1)功能性服装材料。

①舒适性服装材料:保暖调温材料、吸湿透湿材料、凉爽透气材料、柔软贴肤材料、变色反光材料、抑菌消臭材料及香味材料等。

②卫生功能性服装材料:防霉防污材料、抗菌防臭材料等。

③医疗保健性服装材料:磁疗材料、电疗材料、药物材料、抗菌保健材料等。

④安全性服装材料:阻燃材料、防燃材料、防辐射材料等。

⑤环保功能性服装材料:生态服装材料和可降解材料等。

(2)智能型服装材。智能型服装材料包括导电纤维、形态记忆纤维、变色纤维、调温纤维等。

(3)高性能服装材料。高性能服装材料包括耐热纤维、高吸湿纤维等。

(二)新型服装材料的性能和用途

现以常见的天然彩色棉、竹纤维、大豆纤维和甲壳素纤维等为例介绍其主要性能和用途。

1. 天然彩色棉纤维

普通的棉织品须经过化学漂染工艺后才能变得五颜六色,而使用天然彩色棉纤维制成的纺织面料,根本不需要化学染整工艺即可拥有缤纷的色彩,可谓真正意义上的绿色环保产品。因此一经问世,立即受到广大消费者的欢迎。自20世纪80年代以来,彩色棉的培植及其制品受到了世界各国的普遍重视。

1972年,美国科学家运用转基因技术培育彩色棉获得成功。1994年,我国引进此项技术。目前,世界上开发利用彩色棉的国家有中国、美国、秘鲁、墨西哥、澳大利亚、埃及、法国、巴基斯坦及欧盟国家等。培育出的彩色棉颜色种类有浅黄、紫粉、粉红、奶油白、咖啡、绿、灰、橙、黄、浅绿和铁红等多种颜色。

目前我国四川、甘肃、湖南、新疆等地已开始大批培育、种植天然彩色棉,其品种有棕色、绿色两大系列共5种颜色。这种棉纤维纺成纱后可直接用于针织或机织,并成功开发出各种彩色服装,包括内衣、睡衣、T恤衫、婴幼儿服装、床单、被褥、毛巾、浴巾、卫生用品等一百多种,并获得国家环保总局、中国环境产品认证。

彩色棉纱常用的加工方法有:与白色棉纤维混纺、与合成纤维混纺、与其他功能型纤维混纺及以合成纤维长丝为芯丝进行包缠纺。目前,彩色棉的不足之处是色彩比较单调。

2. 竹纤维

竹纤维也是一种天然纤维,并且可在泥土中自然降解,对周围环境不会造成损害,是比较理想的环保材料。它既可以从竹子中直接获得,也可以用竹子为原料经特殊处理,把其中的纤维素提取出来,再经制胶、纺丝等工序制造出再生纤维素纤维。

竹纤维具有优良的着色性、回弹性、悬垂性、耐磨性,特别是具有良好的抗菌性和吸湿放湿性。

(1)抗菌性:竹子与其他木材相比,自身就具有抗菌、抑菌、防紫外线等特征。由竹纤维制成的纺织品,24h抗菌率可达74%。在生产过程中,采用高新技术工艺处理,可防止抗菌物质被破坏,始终结合在纤维素大分子上,保持了竹纤维的抗菌性,即使经过反复洗涤、日晒也不会失去抗菌作用。竹纤维在服用上也不会对皮肤造成过敏反应,这与在后整理过程中加入抗菌剂的纤维织物有很大的区别。

(2)吸湿性:竹纤维的横截面上布满了大大小小的孔隙,可以在短时间内吸收并蒸发大量水分。运用天然竹纤维生产的纺织产品,其最大的特点是凉爽、柔滑、光泽好、吸湿性好。测试表明,在100%的相对湿度条件下,竹纤维的回潮率以及回潮速度都是其他纤维无法比拟的。这说明竹纤维比其他纤维具有更优的吸湿快干性。炎热的夏季,穿上竹纤维面料制作的服装,能使人感到特别的清凉。因此,竹纤维面料也被誉为"会呼吸的面料"。

竹纤维因其吸湿性、透气性、悬垂性、抗皱性好及易染色等优点,被广泛用作

内衣裤、衬衫、运动装和婴儿服装,也是制作夏季各种时装及床单、被褥、毛巾等纺织品的理想材料。竹纤维面料还广泛用于床上用品,为寝具业走向功能型开辟了一条新思路。

3. 大豆纤维

大豆纤维又称大豆蛋白纤维,商品名为"天绒",是由我国自主开发并在国际上率先实现工业化生产的纤维材料,这是我国唯一获得知识产权的纤维发明,从而使我国成为世界上唯一能生产这种纤维的国家。由于大豆纤维的主要原料是榨掉油脂的大豆豆粕,加工后的豆粕仍可用作饲料和肥料。据了解,大豆纤维的成本较低,约为羊绒的几十分之一,真丝的几分之一,可与羊绒混纺或与真丝交织,服用性能均可与羊绒和纯真丝产品媲美,其发展前景十分广阔。

大豆纤维是利用生物工程新技术,把豆粕中的球蛋白提取提纯,通过助剂、生物酶的作用,使提纯的球蛋白的空间结构改变,再添加羟基和氰基高聚物,配制成一定浓度的蛋白纺丝液,经熟成后,用湿法纺丝工艺纺成单纤维线密度为 0.9~3.0dtex 的丝束,通过醛化稳定纤维的性能,再经过卷曲、热定型、切断即可生产出各种长度规格的纺织用新型再生植物蛋白质纤维。大豆纤维与其他纺织纤维性能的比较见表 3-2。

表 3-2 大豆纤维与其他纺织纤维的性能比较

性能	纤维种类	大豆纤维	棉	粘胶纤维	蚕丝	羊毛
断裂强度 (cN/dtex)	干	3.8~4.0	1.9~3.1	1.5~2.0	2.6~3.5	0.9~1.6
	湿	2.5~3.0	2.2~3.1	0.7~1.1	1.9~2.5	0.7~1.3
干断裂延伸度(%)		18~21	7~10	18~24	14~25	25~35
初始模量(10^6 kPa)		6.87~12.77	8.35~11.78	8.35~11.29	6.38~12.28	
钩接强度(%)		75~85	70	30~65	60~80	
结节强度(%)		85	92~100	45~60	80~85	
回潮率(%)		8.6	9.0	13.0	11.0	14~16
密度(g/cm³)		1.29	1.50~1.54	1.46~1.52	1.34~1.38	1.33
耐热性		在120℃左右泛黄、发黏(差)	150℃长时间处理变棕色(好)	150℃以上长时间处理强力下降(较好)	148℃以下稳定(较好)	(较好)
耐碱性		一般	好	好	较好	差
耐酸性		好	差	差	好	好
抗紫外线性		较好	一般	差	差	较差

大豆纤维既具有天然蚕丝的优良性能，又具有合成纤维的机械性能，既能满足人们对穿着舒适性、美观性的追求，又符合服装免烫、洗可穿的潮流。用这种纤维制成的织物具有以下特点：

(1)外观华贵：服装面料在外观上给人们的良好感觉体现在光泽、悬垂性和织纹细腻程度三个方面。大豆纤维面料具有真丝般的光泽和飘逸潇洒的悬垂性；用大豆纤维高支纱织成的织物，表面纹路细洁、清晰，是制作内衣、运动衣、床上用品、纱巾、晚装等的优选原料。

(2)舒适性好：大豆纤维面料不仅具有优良的视觉效果，还有不凡的穿着舒适性。以大豆纤维为原料的针织面料柔软、滑爽、轻盈，具有柔软滑糯的羊绒般手感，其吸湿性与棉相当，而导湿透气性远优于棉，穿在身上既舒适又卫生。

(3)染色性好：大豆纤维本色为淡黄色，很像柞蚕丝色。可以用酸性染料、活性染料对其进行染色，尤其适合用活性染料染色，染色后的产品颜色鲜艳、有光泽，而且染色牢度好，耐日晒、耐汗渍牢度非常好。与真丝产品相比，解决了鲜艳度与染色牢度差的矛盾（真丝产品耐日晒、耐汗渍牢度极差，很容易褪色）。

(4)物理机械性能好：大豆纤维具有高强度的抗拉性，单纤断裂强度在3.0cN/dtex以上，比羊毛、棉、蚕丝的强度都高，仅次于涤纶等高强度纤维，而线密度可达到0.9dtex。目前，用1.27dtex的棉型大豆纤维在棉纺设备上已可纺出6dtex的高质量纱，可开发高档的高支高密面料。由于大豆纤维的初始模量偏高，而沸水收缩率低，故面料尺寸稳定性好。在常规洗涤条件下不必担心织物的收缩，抗皱性也非常出色，且易洗快干。

(5)具有保健功能：大豆纤维与人体皮肤亲和性好、干爽舒适，且含有多种人体所必需的氨基酸，具有良好的保健作用。在大豆纤维纺丝工艺中加入定量的杀菌消炎作用的中草药与蛋白质侧链以化学键相结合，药效显著且持久，避免了棉制品采用后整理方法开发的功能性产品药效难以持续的缺点。

目前已成功研制出大豆丝提花绸、大豆蛋白丝、蛋白绸、舒雅花呢、雪纺、生态蛋白丝呢绒、弹力蛋白丝重绉等系列产品，通过与真丝、羊毛混纺，还可以满足不同用户的需求。

4. 甲壳素纤维

近年来，国内外的科学家从虾、蟹、蛹及菌类、藻类的细胞中提炼出一种宝贵的天然生物高聚物——甲壳素（几丁质）和甲壳胺（壳聚糖），并制成甲壳素纤维。甲壳素纤维的分子结构与纤维素的分子结构非常相似，它不仅具有很强的反应性能及耐热、耐碱、耐腐蚀、可生物降解等特点，而且与人体有极好的生物相容性,对人体无毒、无刺激,并且可被生物体内的溶菌酶分解而吸收。此外它还具有消炎、止血、镇痛的作用,可用于制作人造皮肤、手术缝合线及针织保健内衣等。目前日本在甲壳素研究与开发方面处于领先地位。甲壳素纤维主要用于医疗卫生领域,因纯甲壳素纤维作为纺织材料的成本太高,纺织企业大多使用甲壳素纤维与其他纤维混纺,以降低成本,扩大应用领域。

甲壳素与纤维素共混而成的甲壳素粘胶纤维(Crabtex 纤维),可用于制作内衣、童装、工作服和家用纺织品等。

5. 珍珠纤维

珍珠纤维是近几年东华大学和上海新型纺纱中心合作开发的一种新型功能性再生纤维,它是采用高科技手段将纳米级珍珠粉与粘胶共混纺丝制成。用这种材料制成的面料手感十分光滑、柔软且吸湿、透气性好。织物中的珍珠微粒含有多种氨基酸和微量元素,长期与人体肌肤接触会有护肤、养颜、清热、美白的作用。珍珠微粒中的碳酸钙成分,还具有发射远红外线和抗紫外线功能,对人体有良好的保健作用。珍珠纤维面料可用于制作文胸、短裤、背心、睡衣、泳装、T 恤及运动服装等。

三、服装辅料的品种与选择

在成衣生产中使用的缝制辅料品种很多,如各种服装里料、衬料、填充料、缝纫线、纽扣、拉链及花边、网扣材料等。辅料的选用主要根据服装的种类、造型要求、花色及穿着保养方式等确定。通常要求选用的辅料在外观、质地和性能上与服装面料相匹配。辅料选配得当,可以提升服装的整体效果和档次;反之,则会影响服装的质量与销售。

(一)里料

服装里料是用以辅助服装面料的造型,部分或全部覆盖服装里面的材料。里料大多采用轻软、耐磨、表面光滑的织物,以减少衣服层间的摩擦阻力,保证穿着方便、舒适。成衣生产常用的里料品种有羽纱、棉线绫、袖里绸、美丽绸、电力纺、涤棉绸等。其中,羽纱是用有光粘胶丝作经纱、棉纱作纬纱交织而成的斜纹组织,正面光滑,光泽度好,反面则暗淡无光,一般多用于毛呢服装的前后身里布,在不另配袖里绸的情况下,也可用作袖里和裤腰里使用;美丽绸不同于羽纱之处在于经纬纱全部采用人造丝,织物经向密度很大,所以正面光泽度特强,手感柔软,其用途和羽纱相同,是中高档服装常用的里料;电力纺(早期叫纺绸)是一种真丝织物,在毛料服装中多用作裤膝绸或袖里绸;涤棉绸是用涤纶短纤维纱和纯棉纱交织而成的里布,耐磨性较羽纱、美丽绸好,但光泽不如羽纱和美丽绸。

以上几种里布的缩水率一般都较大,在服装制作前应当进行预缩处理或预放适当的缩率。

近年来,随着化纤原料的开发,市场上出现不少里料新品种,如尼龙绸、涂层尼丝纺、斜纹绸、色织条格塔夫绸等,都是目前广泛应用的服装里料。这些织物柔软、光滑,缩率极小,制作服装前一般不需进行预缩处理;但是,这些里料的吸水性差,易产生静电,不宜用作夏季服装里料。采用铜氨纤维材料制作的里布,如宾霸里布,具有吸湿、透气、柔软、滑爽、防静电、可生物降解等优点,一般多用作高档服装里布。

(二)衬料

衬料是服装加工时衬垫在面料和里料之间的一种辅助材料,它构成服装的骨架,有利于服装造型、保型,可使服装丰满、挺括,增强穿着的舒适性。

目前成衣生产中常用的衬料,包括粘合衬、毛衬(黑炭衬和马尾衬)、布衬、非织造布衬等很多品种。

1. 粘合衬

粘合衬是在基布的表面均匀涂布一层热熔胶而制成,又称热熔粘合衬。粘合衬的基布可以采用机织物、针织物或非织造布(目前使用的比例为30%、10%和60%)。

一般对基布有以下要求:

(1)织物表面组织较疏松,便于起绒和热熔胶的浸润。

(2)织物的经纬密度要低,以获得柔软的手感并降低成本。

(3)织物的尺寸稳定性要好。

(4)布面要平整(少竹节与棉结)。基布表面涂布的热熔胶的品种较多,主要有聚乙烯(PE)、聚酰胺(PA)、聚酯(PET)、聚氯乙烯(PVC)、乙烯醋酸乙烯共聚物(EVA)、聚氨酯(PU)等。

一般对热熔胶性能的要求为:

(1)与各类织物都有较好的粘合力。

(2)有较低的熔融温度范围,便于涂布和压烫加工。

(3)有适宜的热流动性,能在较短时间内完成压烫加工而不出现渗胶现象。

(4)有良好的耐洗涤性能,干洗或水洗若干次数后不起泡、不脱胶。

根据热熔胶涂布的加工方式,粘合衬又可分为撒粉衬、粉点衬、浆点衬、双点衬与薄膜复合衬等多种类型。

粘合衬主要用于制作男女外衣、童装、制服、衬衫类服装,其应用的范围和使用的部位见表3-3。

表3-3 粘合衬的应用范围

应用范围	使用部位		粘合衬种类
男装 女装 童装	上装 (套装、夹克、大衣、背心)	前身衬、挂面衬、领衬、下摆贴边衬、后身衬	全面粘合衬
	下装 (裤子、裙子)	袋口加固衬、袋衬、袖窿衬、领口衬、领脚衬、袖口衬、领面衬、贴边衬、开衩衬	局部粘合衬
		腰衬、门里襟衬、袋口衬	局部粘合衬
制服 棉布服装	工作服 办公服 运动衫 连衣裙 女罩衫	领衬、门襟衬、袖口衬、袋口衬	局部粘合衬
	宽松衫	衣衬、袖口衬	局部粘合衬

粘合衬的品质和性能直接影响服装的质量和使用价值,在选用时须慎重考虑。通常要求粘合衬与面料粘合后应有适当的剥离强度;洗涤和熨烫后尺寸的变化小;粘合后的衣片应有良好的可缝性;制成成衣后应能保持服装面料原有的风格,且使穿着舒适。

粘合衬的推广应用,使服装加工不需再用扎缝固定覆衬的方式就能赋予服装挺括、成形、补强和稳定性,所以大大简化了服装缝制工艺,增强了服装的舒适性。目前粘合衬已成为服装工业生产中被广泛应用的服装辅料。

2. 毛衬

包括黑炭衬和马尾衬,主要用于毛料上衣或大衣的胸衬、驳头衬、肩衬和袖窿衬等。黑炭衬是用棉纱或棉混纺纱作经纱,以牦牛毛或山羊毛纱作纬纱,交织后经树脂整理加工而制成,其纬向弹性强、挺括、不易变形;马尾衬是用棉纱或棉混纺纱作经纱,以马尾鬃或马尾包芯纱作纬纱交织而成,其弹性较黑炭衬更佳,是高档服装使用的衬布。

3. 麻衬

以黄麻或亚麻为原料制成的平纹麻布,又称黄衬。这种衬不易伸缩,硬挺度较好,与面料搭配协调。

4. 棉衬

又称布衬或软衬。采用中低支棉纱或涤棉混纺纱织成的衬布。多用于传统方法加工的服装,如衬衫或女装的领驳、袖口、门襟、挂面等部位。

5. 非织造布衬

又称无纺衬,是用涤纶、粘胶等化学纤维通过针刺、缝编、浸渍、热轧或熔喷等多种方法加工而成。根据衬布的加工方式和使用性能又分粘合型无纺衬和一般无纺衬,后者广泛用于男装、女装、童装、针织服装、风雨衣等。其特点是品种多,重量轻($20\sim70g/m^2$),保型性、透气性和保暖性较好,价格低廉,是目前服装生产中应用面广且应用量大的服装衬布。

近年来,衬布生产发展很快,品种不断增加,选用衬布时如果对其性能特点、用途和用法不了解,就有可能选错和用错,从而影响产品质量,所以选用衬布时必须慎重。选择衬布时需要考虑与其匹配的服装面料的性能、服装造型要求、洗涤和压烫加工的条件以及生产成本等因素。

(三)填充料

用于增加服装厚度,赋予服装保温或其他特殊功能的絮填材料。常用的填充料有棉絮、丝绵、羽绒、驼毛与羊毛等。随着化纤工业的发展,用作服装填充料的品种日益增多,除常用的腈纶棉外,还有涤纶中空棉和仿丝绵等,此外还有金属棉和其他具有特殊功能(如防辐射)的材料也可用作填充料。

(四)胆料

用于填充料的套件。制作防寒服时如果不用絮片而使用分散蓬松的填料,必须用胆料来赋予稳定的形态。胆料所用的织物,大多根据填充料的种类而定。一般要求织物组织紧密而柔软,如常用的细棉布和防绒布等。

(五)缝纫线

缝纫线是服装缝制加工的主要辅料之一。市场上缝纫线的品种很多,性能各异。为了使缝纫线在缝料缝制过程中有良好的可缝性,使缝制的服装具有良好的外观和内在质量,一定要正确、合理地选用缝纫线。选择缝纫线时主要考虑下列要求。

1. 缝纫线性能应与缝料的性能相同或接近

这样可使缝纫线与缝制品在缩率、耐热性、耐化学腐蚀性及使用寿命等方面相匹配,避免由于缝纫线与缝料性能的差异而引起服装外观出现皱缩的弊病。缝纫线的粗细应与缝料的厚度和重量相适应;缝纫线的色泽和回潮率也应与缝料相配。缝纫线与缝料的合理选配,可参见表3-4。

2. 缝纫线应符合线迹和接缝要求

采用多根线包缝,应使用蓬松的线或变形线,而对线迹标准为400类的双线线迹,则应选择延伸性较大的缝线。对某些特种缝纫或专用缝纫机应分别选用细支或透明线;档缝或合肩缝处应使用坚牢的缝线;而缝锁扣眼则应选用光滑耐磨的缝线。

表3-4 缝纫线选用表

缝料		缝线	包缝线	锁眼线	缭缝线	擦线	钉扣线	针迹密度	针号
棉布	薄	蜡光线 丝光线 涤纶线 14.8~9.8tex/2~3股(40~60英支/2~3股)	软线 丝光线 14.8~9.8tex/3~6股(40~60英支/3~6股)	丝光线 涤纶线 14.8~9.8tex/3~6股(40~60英支/3~6股)	同缝线 丝线 透明线(纱支较缝线稍粗)	软线 19.7~7.5tex/2~3股(30~80英支/2~3股)	丝光线 涤纶线 14.8~9.8tex/2~3股(40~60英支/2~3股)	16~18	9~11
	中厚	蜡光线 丝光线 涤纶线 14.8~9.8tex/2~3股(40~60英支/2~3股)	软线 19.7~9.8tex/3~6股(30~60英支/3~6股)	涤纶线 29.5~19.7tex/3股(20~30英支/3股)	同上	同上	丝光线 涤纶线 29.5~14.8tex/3~6股(20~40英支/3~6股)	15~17	12~14
呢绒	薄	丝光线 涤纶线 14.8~9.8tex/2~3股(40~60英支/2~3股)	丝光线 14.8~9.8tex/3~6股(40~60英支/3~6股)	丝线 涤纶线 14.8~9.8tex/3~6股(40~60英支/3~6股)	同上	同上	丝线 涤纶线 19.7~11.8tex/2~3股(30~50英支/2~3股)	16~18	9~11
	中厚	丝光线 涤纶线 14.8~9.8tex/2~3股(40~60英支/2~3股)	丝光线 软线 19.7~9.8tex/3~6股(30~60英支/3~6股)	丝线 涤纶线 29.5~19.7tex/3股(20~30英支/3股)	同上	同上	丝线 涤纶线 丝光线 锦纶线 29.5~14.8tex/3~6股(20~40英支/3~6股)	15~17	12~14
	厚	丝光线 涤纶线 19.7~11.8tex/2~3股(30~50英支/2~3股)	丝光线 软线 19.7~9.8tex/3~6股(30~60英支/3~6股)	丝线 涤纶线 29.5~19.7tex/3股(20~30英支/3~6股)	同上	同上	丝线 涤纶线 丝光线 锦纶线 29.5~14.8tex/3~6股(20~40英支/3~6股)	14~16	14~16

续表

缝料		缝线	包缝线	锁眼线	缭缝线	擦线	钉扣线	针迹密度	针号
化纤布	薄	涤纶线 14.8~9.8tex/2~3股（40~60英支/2~3股）	软线 涤纶线 14.8~9.8tex/3股（40~60英支/3股）	涤纶线 14.8~9.8tex/3股（40~60英支/3股）	同缝线 丝线 透明线（纱支较缝线稍粗）	软线 19.7~7.5tex/2~3股（30~80英支/2~3股）	涤纶线 锦纶线 14.8~9.8tex/2~3股（40~60英支/2~3股）	16~18	9~11
	中厚	涤纶线 14.8~9.8tex/2~3股（40~60英支/2~3股）	涤纶线 软线 19.7~9.8tex/3~6股（30~60英支/3~6股）	涤纶线 29.5~19.7tex/3股（20~30英支/3股）	同上	同上	涤纶线 锦纶线 29.5~14.8tex/3~6股（20~40英支/3~6股）	15~17	12~14
	厚	涤纶线 19.7~11.8tex/2~3股（30~50英支/2~3股）	软线 涤纶线 19.7~9.8tex/3~6股（30~60英支/3~6股）	涤纶线 29.5~19.7tex/3股（20~30英支/3股）	同上	同上	涤纶线 锦纶线 29.5~14.8tex/3~6股（20~40英支/3~6股）	14~16	14~16
丝绸	薄	丝线 丝光线 涤纶线 9.8~7.5tex/2~3股（60~80英支/2~3股）	丝光线 14.8~9.8tex/2~3股（40~60英支/2~3股）	丝光线 14.8~9.8tex/3股（40~60英支/3股）	同上	同上	涤纶线 丝光线 丝线 14.8~9.8tex/2~3股（40~60英支/2~3股）	16~18	9~11
	中厚	蜡光线 丝光线 涤纶线 14.8~9.8tex/2~3股（40~60英支/2~3股）	软线 19.7~9.8tex/3~6股（30~60英支/3~6股）	涤纶线 29.5~19.7tex/3股（20~30英支/3股）	同上	同上	涤纶线 丝光线 丝线 29.5~11.8tex/3~6股（20~50英支/3~6股）	15~17	12~14

续表

缝料		缝线	包缝线	锁眼线	缲缝线	擦线	钉扣线	针迹密度	针号
裘皮	薄	锦纶线 涤纶线 19.7~8.4tex/2~3股(30~70英支/2~3股)	—	丝光线 涤纶线 锦纶线 29.5~19.7tex/3股(20~30英支/3股)	—	软线 19.7~14.8tex/2~3股(30~40英支/2~3股)	锦纶线 涤纶线 29.5~14.8tex/3~6股(20~40英支/3~6股)	6~10（皮）	12~14（皮）
	中厚	锦纶线 涤纶线 29.5~11.8tex/2~3股(20~50英支/2~3股)	—	涤纶线 锦纶线 29.5~19.7tex/3股(20~30英支/3股)	—	同上	同上	—	14~16

3. 缝纫线种类应与服装的用途相适应

缝纫弹力织物,如弹力府绸、弹力牛仔布等,为提高服装穿着的舒适性,应当选用富有弹性的缝纫线。而对具有特殊用途的服装(如消防服),应选用经特殊处理的缝线,以适应阻燃、耐高温和防水等特殊要求。

4. 缝纫线的质量与价格应与缝料相适应

缝制强度较低的缝料,没有必要选用强度高的缝纫线;同样缝制弹性较小的缝料也不用选弹力大的缝纫线。尽管缝纫线的成本在服装整体成本中所占的比重较低,但是也应合理选用,以降低成本,提高缝纫效率。缝纫线的质量要求应与缝料的质量相近,避免相差过大,既要保证缝制品的质量又要注意降低生产成本。

第四节　用料计算

产品方案及生产所需的原辅材料选定之后,下一步就是确定单位产品的用料定额。产品用料定额的高低将直接影响产品的生产成本和企业的经济效益,因此用料计算就成为设计工作中的一项重要内容。

用料计算涉及服装的品种、款式、规格及衣料的门幅(幅宽)。用料计算还与采用的排料方法有关。采用的排料方法不同,每件服装的用料数量也不相同。单件裁剪制作的用料一般高于多件服装套裁的用料。

在成衣大批量生产中,通常可根据产品的排料图来计算单位产品的原料耗用量。

一、面料用量计算

（1）一般的机织面料，用料可按下式计算：

$$S = H \times b$$

式中：S——用料面积，m^2；

　　　H——铺料长度，m；

　　　b——布幅，m。

　　其中：

$$H = H_C(1+K)$$

式中：H_C——样板排料长度，m；

　　　K——排料损耗率（与门幅、铺层层数有关）。

$$H_C = \frac{S_C}{(1-B) \times b} \qquad B = \frac{S - S_C}{S} \times 100\%$$

式中：B——排料面积空余率；

　　　S_C——所有样板的排料面积之和，m^2。

（2）对针织成衣，单位产品用料量（耗用毛坯重量，不包括罗纹长度）可按下列公式计算：

$$成衣单位产品用料量 = \frac{门幅 \times 段长 \times 坯布干重}{每段长成品件数} \times (1+毛坯回潮率) \times$$

$$(1+裁剪段耗率) \times (1+染整损耗率)$$

原料坯布回潮率均采用公称回潮率，如棉为 8.5%，羊毛为 15%，真丝为 11%，腈纶为 2% 等。裁剪段耗率是指裁剪时按样板互套开裁，其中挖掉的合理下脚料的重量占衣片重量与裁耗重量的百分比。裁剪段耗率和染整损耗率可根据企业生产同类产品的统计资料得出。

二、缝纫线用量计算

在成衣生产中缝纫线的用量因受线迹种类、接缝形式、衣料厚薄、缝口厚度、缝线粗细、缝线张力等因素的影响，难以进行十分精确的计算。一般采用估算的方法，主要算法有以下几种：

1. 实测估算

投产前先按实物样品进行缝纫，测出接缝长度与所需的缝线量，估计出一件服装的用线量。最后根据服装实际生产的件数并考虑一定的损耗率，确定用线定额。例如,通过实测估算一件男式长袖衬衫的实际用线量为110m。

2. 经验估算

根据以往生产同类产品的实际耗线量,并考虑衣料性能、厚薄和缝线粗细的变化等进行估算。例如,在同样缝纫长度下,粗线比细线耗用量大,针织料比机织料用线多(因线迹松)。在实际生产中应注意积累经验和资料。

3. 几何运算

利用线迹的几何图形,结合缝料厚度、针密、缝线等条件,进行几何运算,计算单位缝纫长度的用线量。

在实际生产中估算用线量时,还应考虑生产组织形式、多台车用线个数、宝塔线长度、用线的颜色、换线的次数以及公用机台数(如包缝机、锁钉机)用线个数等因素,一般要较实际用线量多估10%~15%。否则,将会影响正常生产。

三、面辅料单耗参考指标

服装面辅料单耗的参考指标可参见表3-5。

表3-5 服装面辅料单耗参考指标

产品品种	面料		里料		缝纫线单耗(m)
	幅宽(m)	单耗(m)	幅宽(m)	单耗(m)	
大衣	1.45~1.5	2.4	1.4	1.9	520
西服套装	1.44	2.65	1.4	1.35	480
女裤	1.44~1.5	0.97	—	—	270
女半大衣	1.44~1.5	1.7	1.1	1.55	200
男西裤	1.4	1.2	—	—	270
男女衬衣	0.9	2.0			110

思考题

1. 在建设新厂时,确定产品方案应当考虑哪些因素?
2. 选择产品方案通常是指确定哪些内容?
3. 试以中高档男西服产品为例,列出常用的面料、里料和衬料的品种、规格,并计算每套西服的生产用料量(按号型规格170/88A计算)。

产品与工艺设计——

生产工艺设计

课题名称：生产工艺设计

课题内容：选择生产工艺流程的原则
生产工艺流程设计
工序分析表和设备表
设备的选择
流水生产与流水线设计
成组技术

课题时间：9课时

教学目的：1.认识工艺流程的长短及先进与否对产品质量和经济效益的影响。
2.了解并掌握典型服装产品生产工艺设计的内容及方法。
3.认识并掌握服装流水生产的特点及单一品种流水线的设计方法。

教学方式：教师通过对典型服装产品工艺设计实例的分析，讲解选择工艺流程的原则，介绍工艺流程图、工序分析表及设备表的设计步骤与方法；讲解流水生产的特点与流水线的工艺设计；介绍服装生产中如何应用成组技术。

教学要求：1.让学生了解并掌握在产品方案确定之后，选择怎样的工艺路线和加工设备来保证产品方案的实现。
2.通过对典型产品生产工艺的分析，让学生了解并掌握确定工艺流程图、工序分析表和设备表的步骤和方法。
3.让学生通过比较认识批量服装生产与单件服装生产方式的区别，学会如何组织流水生产的方法。
4.让学生了解服装企业现有生产模式的弊端及成组技术应用于服装生产的方法。

第四章 生产工艺设计

第一节 选择生产工艺流程的原则

在初步设计中,产品方案和原辅材料选定之后,接下来要选择和确定生产方法和工艺流程。选定产品的生产工艺流程是工艺设计的核心内容。因为生产工艺流程反映了产品加工的步骤和顺序,它不仅是计算和确定设备的种类和数量、车间劳动组织、人员定额和车间布置的基础,而且对投产以后的产品质量、产量和各项技术经济指标有直接影响。

随着科技的进步,微电子和计算机等高新技术被推广应用,服装加工设备的连续化和自动化程度不断提高,服装制作工艺也在不断革新。选择合理的工艺流程及先进、高效的设备,对保证设计方案达到预期的技术经济效果起决定性作用。缩短生产工艺流程和采用高效加工设备,不仅有利于厂房面积、生产成本和基建投资额的降低,而且对促进整个服装产业的健康发展具有十分重要的意义。

为了使新建厂的设计方案在投产以后收到预期的技术经济效果,在选择裁剪、缝纫、整烫和包装工艺流程时,应当掌握下列基本原则。

一、先进性

生产工艺流程的先进性是一个综合性指标,它包括工艺流程的技术先进与经济合理两个方面。在设计方案中,应充分注意运用成熟先进的最新科技成果,通过采用新技术和新工艺来提高劳动生产率和设备利用率。在确保产品质量的前提下,尽可能地缩短生产工艺流程。当生产同一产品可有多种方案选择时,应当研究和比较各种方案的生产能力大小,原辅料和公用工程单耗的高低,产品质量指标的优劣,厂房占地面积的大小,建厂周期的长短,基建投资额的多少,产品生产成本、劳动生产率的高低与投资回收期的长短等因素,择优选择。

二、可靠性

在设计方案中,产品的生产方法和工艺流程应当建立在成熟可靠的技术路线的基础上。如果采用的技术不成熟,投产后不但会影响工厂的正常生产和产品质量,甚至还会造成浪费。因此,在设计方案中对那些尚处于试验阶段的新技术、新工艺、新材料或新设备,应采取积极、慎重的态度,避免只看到"新"的一面,而忽视其不成熟和不稳定的一面。凡未经过鉴定和生产实践考验的新技术、新设备,一般不能用于工厂设计。

三、符合国情

兼顾效率和就业的关系,不能只考虑技术的先进性,还需考虑投资、用人及管理等诸多因素。

我国人口众多,服装工业原有的基础比较薄弱,在进行工厂设计时,不能单纯从技术角度考虑问题,还需要考虑我国的具体国情,应根据国民经济发展的具体情况进行选择。正确处理好选用高效、自动化程度高、用人少的设备与合理安排劳动力就业的关系;同时应在确保产品质量的前提下,积极采用国产设备和国产原辅材料等。

第二节 生产工艺流程设计

在初步设计中,生产工艺流程设计是对工艺技术路线的概括和具体反映,它将生产过程中的主要加工步骤和设备,以方框图的形式表现出来。工艺流程图集中概括了生产过程的全貌,其作用不仅是为了设计审查需要,而且也是施工图设计的基础。

由于服装产品的种类繁多,而且各类产品所用的原辅材料也不尽相同,产品加工技术要求也有差别,因此,在制定工艺流程时,必须充分了解和掌握本设计中产品的结构特点、工艺要求、生产方法与设备性能,以便合理地确定工艺流程。目前对大部分工业化生产的成衣而言,其生产工艺流程可以大体分成以下三部分:衣片的准备和加工;衣片(部件)的组合缝纫;成衣的后整理。以男西服为例,在图4-1~图4-5中列出了男西服的生产工艺流程。

一、裁剪工艺流程

缝料的裁剪是缝纫之前的准备工序。裁剪工艺包括预缩、验料、排料、铺料、裁剪、验片、分包、编号和扎包等。裁剪流程结束后,标志着衣片的准备部分基本完成。但是在进行缝纫加工前,某些衣片还需压烫粘合衬,如西服的前身、挂面、衣领、下摆、袋口、袖窿、袖衩、裤腰等部位。压烫作业可以放在裁剪车间,也可以放在缝纫车间完成,主要根据企业的管理形式确定。传统手工裁剪工艺流程如图 4-1(a)所示,全自动裁剪工艺流程如图 4-1(b)所示。

验料 → 排料 → 铺料 → 裁剪 → 验片 → 分包 → 编号 → 扎包 → 送缝纫车间

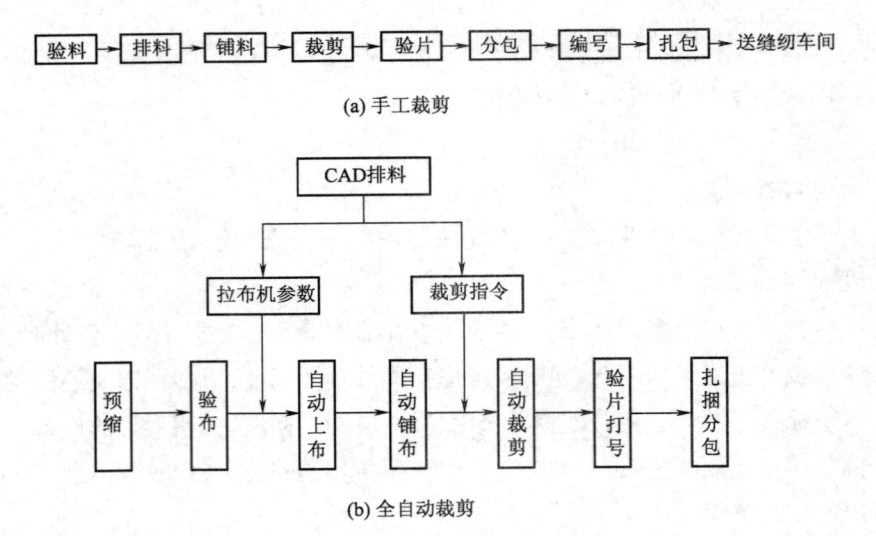

(a) 手工裁剪

CAD排料 → 拉布机参数、裁剪指令

预缩 → 验布 → 自动上布 → 自动铺布 → 自动裁剪 → 验片打号 → 扎捆分包

(b) 全自动裁剪

图 4-1　裁剪工艺流程

二、缝纫工艺流程

(一)西服上衣缝纫工艺流程(图 4-2)

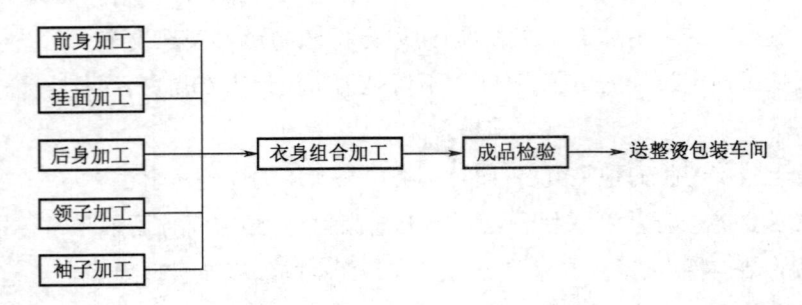

前身加工、挂面加工、后身加工、领子加工、袖子加工 → 衣身组合加工 → 成品检验 → 送整烫包装车间

图 4-2　西服上衣缝纫工艺流程

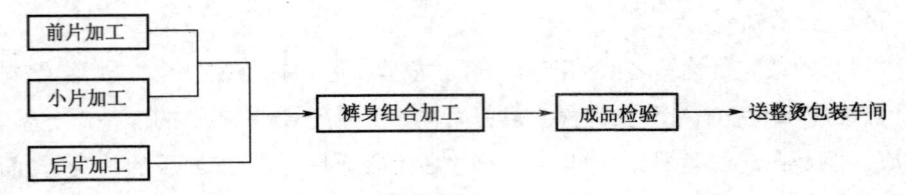

(二)西裤缝纫工艺流程(图 4-3)

前片加工、小片加工、后片加工 → 裤身组合加工 → 成品检验 → 送整烫包装车间

图 4-3　西裤缝纫工艺流程

三、整烫与包装工艺流程

（一）西服上衣整烫与包装工艺流程（图4-4）

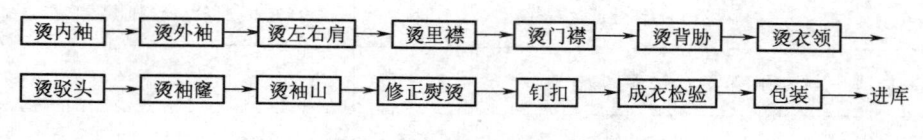

烫内袖 → 烫外袖 → 烫左右肩 → 烫里襟 → 烫门襟 → 烫背胁 → 烫衣领 →
烫驳头 → 烫袖窿 → 烫袖山 → 修正熨烫 → 钉扣 → 成衣检验 → 包装 → 进库

图4-4 西服上衣整烫与包装工艺流程图

（二）西裤整烫与包装工艺流程（图4-5）

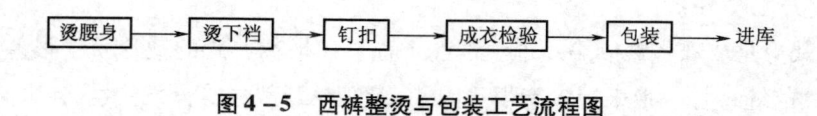

烫腰身 → 烫下档 → 钉扣 → 成衣检验 → 包装 → 进库

图4-5 西裤整烫与包装工艺流程图

第三节 工序分析表和设备表

一、工序分析

工序是构成流水作业分工的单元，它可以由几部分组成，也可以是分工上的最小单位。按照不同的性质，工序可分为工艺工序、检验工序和运输工序三类。工序分析是一种基本的现状分析方法，可明确现有的加工顺序和加工方法，并作为基础资料，进行工序的改进和完善。

在服装生产中，工序单元的划分主要根据工厂的生产规模和产品品种及款式。对某个具体产品的工序分析，通常以工序分析表的形式反映出来。工序分析表又称工序组织表，它反映某个产品加工的先后顺序、工序名称、作业时间和加工方法（手工或机械）。工序分析表也是合理组织服装流水生产的基础。工序分析表中常用的基本记号见表4-1，缝纫及熨烫作业记号见表4-2所示。

表4-1 基本记号

工序分类	记号	内容说明
加工	○	指原辅料、零部件、产品等加工物品，按生产要求使其形状或性质产生变化的过程
搬运	○	指物品由一个位置移到另一个位置的状态（相当于加工记号的1/2或1/3）
检查	□	检查物品的数量和性能，将其结果与基准进行比较后作出评定
停滞	△	物品加工完成后处于停滞不动或储存状态

表 4-2 缝纫和熨烫记号

记号	说　明	记号	说　明
○	主作业,指平缝作业或包缝作业	⊘	特殊作业,指特种缝纫机缝纫作业
◎	附随作业,指熨斗手烫作业	□	数量检查
⊘	指烫衣机整烫作业	◇	质量检查
▽	裁片、半成品停滞	△	成品停滞

二、裁剪工序分析

裁剪是成衣生产的第一道关键性工程。如果裁剪后的裁片质量很差,必将给后续的缝纫加工带来很多麻烦。因此,缝料在开裁之前,需要做好各项必要的准备工作,包括验料、性能测试、复米、预缩、整纬、分幅宽、排料划样、铺料等,然后才能开裁。所以,裁剪工序分析应当包括裁剪的各项准备工作。裁剪工序分析如图 4-6 所示。

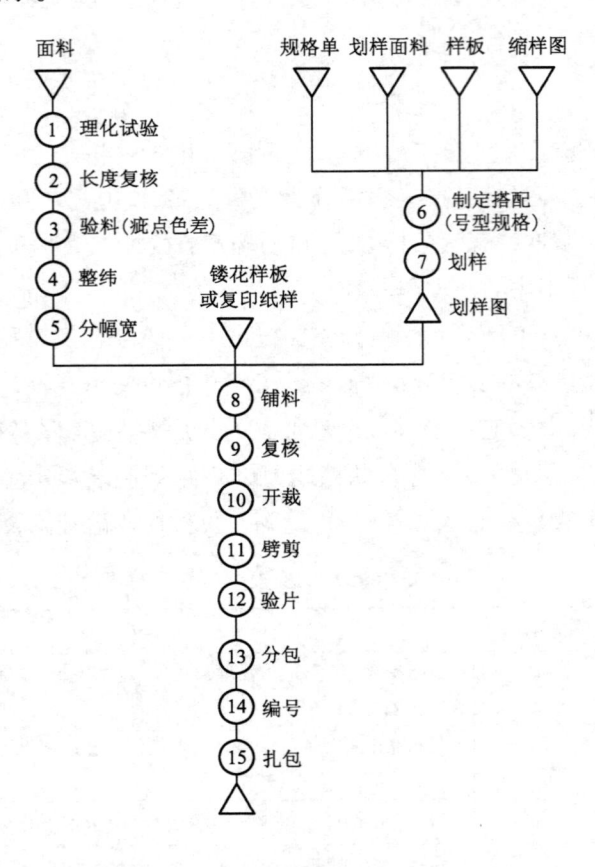

面料 ▽　　　　　规格单 ▽　划样面料 ▽　样板 ▽　缩样图 ▽
① 理化试验
② 长度复核
③ 验料(疵点色差)　　　　　　　　⑥ 制定搭配(号型规格)
④ 整纬　　　镂花样板　　　　　　⑦ 划样
⑤ 分幅宽　　或复印纸样 ▽　　　　　划样图 △
　　　　　　　　　⑧ 铺料
　　　　　　　　　⑨ 复核
　　　　　　　　　⑩ 开裁
　　　　　　　　　⑪ 劈剪
　　　　　　　　　⑫ 验片
　　　　　　　　　⑬ 分包
　　　　　　　　　⑭ 编号
　　　　　　　　　⑮ 扎包
　　　　　　　　　　△

图 4-6 裁剪工序分析

三、缝纫工序和熨烫工序分析

（一）西装上衣的缝纫和熨烫工序分析（图4-7）

（二）西裤的缝纫和熨烫工序分析（图4-8）

四、设备表

工序分析表完成后,即可根据工序流程和每道工序的作业内容,按每道工序的作业要求配备相应的机器设备和工具,然后汇总列出所需设备的明细表。现以西服产品为例,分别列出西服生产线所配备的裁剪、缝纫和整烫设备的明细表。

（一）西服生产裁剪设备明细表（表4-3）

表4-3 西服生产裁剪设备明细表

编号	设备名称	台数（台）		备注
		上衣	下衣	
1	电动铺布机	1		
2	带式裁剪机	2		
3	电动裁剪机（电剪刀）	10		20cm(8英寸)和25cm(10英寸)
4	电钻孔机	5		
5	打号机	10		
6	表面卷取机	1		
7	对条对格工作台	1		
8	工作台	10		
9	裁剪工作台	10		
10	纸样复印机	1		

（二）西服生产线缝纫设备明细表（表4-4）

表4-4 西服生产线各类缝纫机明细表

编号	机种名称	工序号 上衣	工序号 下衣	用途	台数（台) 上衣 200件/日	台数（台) 上衣 500件/日	台数（台) 下衣 200件/日	台数（台) 下衣 500件/日	备注
1	高速单针自动切线缝纫机	5,6,15,16,19,20,23,29,34,39,41,42,43,14,22,30,38,47,60,64,65,74,82,85,90,92,97,101,102	2,10,12,14,15,16,17,18,19,23,24,25,27,32,35,38,42,43,51,55,58,64,67,68	平缝	18	41	10	17	备用机6台
2	高速单针自动切线差动上送布量可变缝纫机	61		缝夹里、背线、牵带	2	4	0	0	备用机3台
3	高速单针自动切线差动上送布量可变缝纫机	66		双肩暗缝	1	2	0	0	备用机3台
4	高速单针自动切线差动上送布量可变缝纫机	69		缝摆缝	1	3	0	0	
5	高速单针针送布自动切线缝纫机		65	缝门襟	0	0	1	1	
6	高速单针差动送布自动切线缝纫机		46	缝制腰里	0	0	1	1	
7	高速单针带切刀及卷夹平缝机	78		修领角	1	1	0	0	
8	高速单针带切刀及卷夹自动切线平缝机	9	20,36,37	割缝袋盖暗线	1	1	2	2	
9	串联式双针双链缝纫机		58	割后缝	0	0	1	1	
10	单针双链自动切线缝纫机		40,66	缝腰里暗缝	0	0	2	4	
11	双针针送布自动切线平缝机		7	缝门襟拉链	0	0	1	1	
12	单针平缝钉扣机	96		钉袖口纽扣	1	1	0	0	

第四章　生产工艺设计

续表

编号	机种名称	工序号 上衣	工序号 下衣	用途	台数(台) 上衣 200件/日	台数(台) 上衣 500件/日	台数(台) 下衣 200件/日	台数(台) 下衣 500件/日	备注
13	单针平缝套结机	24,44	54,69	封口袋、香烟袋口	1	2	2	3	
14	单针平缝扣眼套结机	113	73	圆头纽孔套结	1	1	1	1	
15	单针同步送布平缝附衬机带切线器	27,56,68,88,87		缝门襟衬、前身缝、肩缝夹里、后背下口缲边	4	10	0	0	备用机1台
16	筒形单针同步送布平缝机	107		缝垫肩	1	2	0	0	
17	高速单针平缝、曲折缝缝纫机	72		缝领里	1	1	0	0	
18	单针链缝缲缝缝纫机	53,76,77		缲缝前止口边、领部、领里	1	3	0	0	
19	单针平缝钉裤带环套结机		63	缝裤带环	0	0	1	2	
20	高速三线包缝机		6,9,30,31	锁边	0	2	3	3	备用机1台
21	自动缝裤带环缝纫机		49	缝裤带环	0	0	1	1	
22	双针平缝自动开袋机		33	开后口袋	0	0	1	1	
23	自动钉裤带环缝纫机		50	钉裤带环	0	0	1	1	
24	双针平缝自动开袋机	11,35		缝大袋暗线、缝里袋上嵌暗线	1	2	0	0	可开斜袋
25	单针单线链缝扎驳头机	52,57		叠前身缝、纳前身驳头	1	3	0	0	
26	单针单线链缝扎驳头机	26		门襟衬花祥缝	1	1	0	0	
27	单针链缝缲缝机	59	62	背中缝卷边缝、封缝腰衬	1	2	0	0	

59

续表

编号	机种名称	工序号 上衣	工序号 下衣	用途	台数（台） 上衣 200件/日	台数（台） 上衣 500件/日	台数（台） 下衣 200件/日	台数（台） 下衣 500件/日	备注
28	单针筒形差动送布(上送布量可变)装袖机	106		缩袖子	2	4	0	0	
29	袖子归拢缝纫机	104		袖子归拢	1	2	0	0	
30	圆头锁眼机	111,112	72	锁圆头扣眼	1	2	1	1	
31	单针平缝缲缝边机	89		叠底边	1	2	0	0	
32	单针平缝垫肩机	109		缝钉肩袢	1	3	0	0	
33	钉搭钩机		53	钉裤钩	0	1	1	1	
34	电子绕线钉扣机	129		钉大纽扣	1	2	0	0	
35	自动送扣单针链缝钉扣机		76	钉纽扣	0	0	1	1	

（三）西服烫衣设备明细表（表4-5）

表4-5 西服烫衣设备明细表

编号	机种名称	工序号 上衣	工序号 下衣	用途	台数（台） 上衣 200件/日	台数（台） 上衣 500件/日	台数（台） 下衣 200条/日	台数（台） 下衣 500条/日
1	贴边烫衣机	115		烫贴边	1	2		
2	外袖烫衣机	116		烫外袖	1	1		
3	内袖烫衣机	117		烫内袖	1	2		
4	双肩烫衣机	118		烫左右肩	1	2		
5	里襟烫衣机	119		烫里襟(右)	1	1		
6	门襟烫衣机	120		烫门襟(左)	1	1		
7	侧缝烫衣机	121		烫侧缝	1	2		
8	后背烫衣机	122		烫后背	1	2		
9	领部烫衣机	123		烫领部	1	1		
10	领头烫衣机	124		领头成形	1	2		
11	驳头烫衣机	125		烫驳头	1	2		
12	袖隆烫衣机	126		烫袖隆	1	1		

续表

编号	机种名称	工序号		用途	台数(台)			
		上衣	下衣		上衣		下衣	
					200件/日	500件/日	200条/日	500条/日
13	袖山烫衣机	127		烫袖山	1	2		
14	真空烫台(肩连袖)	128		修正熨烫	3	5		
15	手动下裆烫衣机		74	烫下裆			1	2
16	手动腰身烫衣机		75	烫腰身			1	2
17	液滴式电蒸汽熨斗				12	25	5	9
18	真空烫台(平面台)	11,13,21,22,47,48,1,4,28,56,57	1,28		21	21	7	7
19	真空烫台(平面台)	81	52	烫前身背侧缝	1	1	1	1
20	真空烫台(平面台)		41	烫口袋等	0	0	1	1
21	真空烫台(平面台)	108		烫袖山、肩缝	1	1	0	0
22	真空烫台(平面台)	48,60		前身贴边缝	1	1	0	0
23	真空烫台(平面台)	67		肩连袖修正熨烫	1	1	0	0
24	真空烫台(平面台)	86		缝烫串口	1	2	0	0
25	粘合衬压烫机		5,8,29,44	粘烫门襟衬、里襟衬、后袋牵带、腰衬	0	0	1	1
26	粘合前身压烫机	70		粘烫领角衬	1	1	0	0
27	贴边烫衣机	54		烫门襟边	1	2	0	0
28	侧缝烫衣机		71	分烫侧缝、下裆缝	0	0	1	1
29	拔裆烫衣机			拔裆	0	0	1	1
30	收袋烫衣机	13,37	34	烫外袋、内袋及后袋嵌线	2	5	1	1
31	袋盖定形机	10		翻烫袋盖	1	1	0	0
32	分烫后中缝烫衣机		61	分烫后缝	0	0	1	1
33	袖侧缝烫衣机	93,94		收袖缝、开袖衩	1	1	0	0
34	领部烫衣机	114		烫领子	1	1	0	0
35	工作台				12	30	3	3

第四节 设备的选择

初步设计中所选择的生产工艺流程是否先进合理,在很大程度上取决于所选用的设备是否先进合理。因为设备的性能和质量,对新建厂的生产能力、产品质量、原辅材料和公用工程的单耗等将有直接影响。购置设备的费用,在建厂投资和生产成本中也占有相当的比重。所以,选择什么样的设备,需要经过慎重考虑。设备的选择必须应当遵循先进、经济、实用的原则,综合考虑投入和产出的关系。在一般情况下,选择设备是同选择生产方法和工艺流程同时进行的。

一、设备选择的原则

选择设备也同选择工艺流程一样,应当从技术、经济和国情出发,遵循以下基本原则。

(一)技术上先进,经济上合理

选择的设备必须同工厂的生产规模相适应,并且能够满足生产工艺要求,确保产品质量。在选择加工设备时,首先应坚持选用连续化和自动化程度较高的设备,以降低工人的劳动强度和提高劳动生产率;所选的设备还须满足产品的技术要求,并具有一定的适应性;同时还应易于保养和维修,公用工程(水、电、汽)的单耗要低。

(二)安全可靠

在选择设备时,尤其是一些关键设备,必须选用经过技术鉴定和生产实践考验合格的产品。避免选用那些技术上不够成熟或未经技术鉴定和生产考验的设备,以确保工厂建成后,一次试产成功。

(三)立足国内

在选择设备时,首先应考虑选用那些性能优、质量好、经济耐用的国产加工设备,以节约建设投资和降低生产成本,同时也便于维修管理。

近年来我国的服装机械制造业,经过大规模的技术改革或技术引进,或通过与国外合作办厂、合作生产等方式,服装机械产品的质量有了显著提高。某些缝纫机械产品,如高速平缝机、高速包缝机和钉扣机等,已经赶上或接近国外同类产品水平。国产裁剪设备和熨烫设备也有较大的改进。尽量选用国产设备不仅可以节约大量外汇,而且还会促进我国服装机械工业的发展。至于某些专用的服装加工设备,目前在国内尚无配套的情况下,可以选用进口设备。在选择进口设备时,应注意设备的先进性和可靠性,同时还要适合我国国情。

二、服装设备的分类和选型

服装设备的种类很多,根据这些设备在服装加工过程中的作用或用途,可以

第四章 生产工艺设计

划分为设计、裁剪、粘合、缝纫、饰绣、锁钉、熨烫、包装、辅助和其他设备等十大类,如图4-9所示。

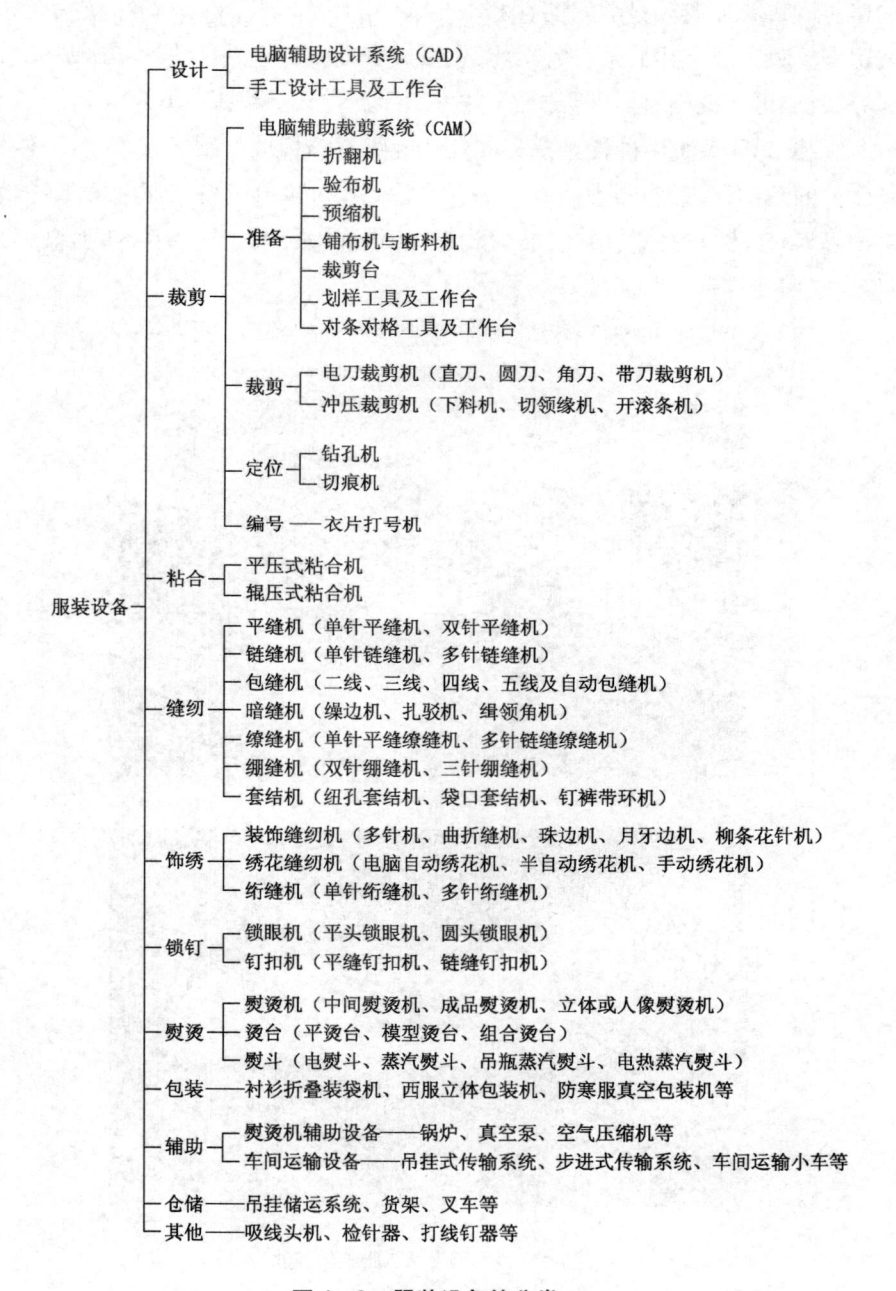

服装设备
- 设计
  - 电脑辅助设计系统(CAD)
  - 手工设计工具及工作台
- 裁剪
  - 电脑辅助裁剪系统(CAM)
  - 准备
    - 折翻机
    - 验布机
    - 预缩机
    - 铺布机与断料机
    - 裁剪台
    - 划样工具及工作台
    - 对条对格工具及工作台
  - 裁剪
    - 电刀裁剪机(直刀、圆刀、角刀、带刀裁剪机)
    - 冲压裁剪机(下料机、切领缘机、开滚条机)
  - 定位
    - 钻孔机
    - 切痕机
  - 编号——衣片打号机
- 粘合
  - 平压式粘合机
  - 辊压式粘合机
- 缝纫
  - 平缝机(单针平缝机、双针平缝机)
  - 链缝机(单针链缝机、多针链缝机)
  - 包缝机(二线、三线、四线、五线及自动包缝机)
  - 暗缝机(缲边机、扎驳机、绱领角机)
  - 缲缝机(单针平缝缲缝机、多针链缝缲缝机)
  - 绷缝机(双针绷缝机、三针绷缝机)
  - 套结(纽孔套结机、袋口套结机、钉裤带环机)
- 饰绣
  - 装饰缝纫机(多针机、曲折缝机、珠边机、月牙边机、柳条花针机)
  - 绣花缝纫机(电脑自动绣花机、半自动绣花机、手动绣花机)
  - 绗缝机(单针绗缝机、多针绗缝机)
- 锁钉
  - 锁眼机(平头锁眼机、圆头锁眼机)
  - 钉扣机(平缝钉扣机、链缝钉扣机)
- 熨烫
  - 熨烫机(中间熨烫机、成品熨烫机、立体或人像熨烫机)
  - 烫台(平烫台、模型烫台、组合烫台)
  - 熨斗(电熨斗、蒸汽熨斗、吊瓶蒸汽熨斗、电热蒸汽熨斗)
- 包装——衬衫折叠装袋机、西服立体包装机、防寒服真空包装机等
- 辅助
  - 熨烫机辅助设备——锅炉、真空泵、空气压缩机等
  - 车间运输设备——吊挂式传输系统、步进式传输系统、车间运输小车等
- 仓储——吊挂储运系统、货架、叉车等
- 其他——吸线头机、检针器、打线钉器等

图4-9 服装设备的分类

(一)计算机辅助设计(Computer Aided Design,CAD)系统

自20世纪80年代以来,服装款式设计和衣片结构设计,已逐步由传统的手

工设计方式向计算机辅助设计(CAD)方式过渡。目前的服装CAD系统,主要具有以下功能:服装款式设计,服装色彩搭配,衣片或样板输入,样板设计和修正,推档、排料,衣片或排料图的储存和输出,用料计算及样板切割等。该系统可以被用来单独完成上述的某一种功能,也可成套使用。它具有快速、方便、灵活、准确等特点,可使推档、排料等的工作效率比手工操作效率提高6~10倍。

服装CAD系统由硬件系统和软件系统两部分构成。服装CAD的硬件系统是软件的载体,一般包括数字化输入设备、电脑和输出设备。服装CAD的软件系统是CAD的灵魂,它包括服装款式设计系统、服装纸样设计系统、服装样片放码系统、服装样片排料系统等。

服装CAD系统的硬件配置,通常包括以下几个部分(图4-10):

(a)

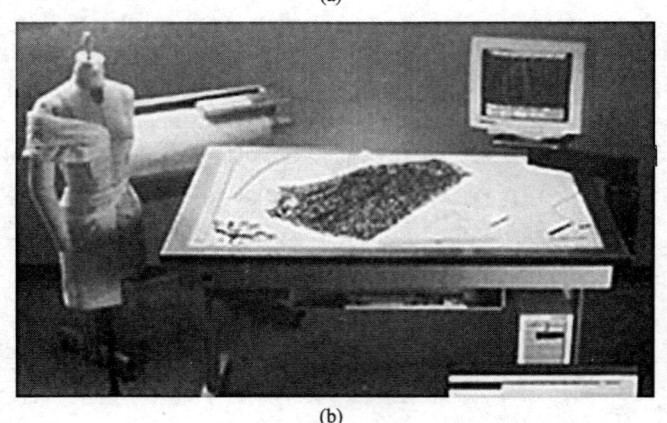

(b)

图4-10　服装CAD系统组成

(1)一台或多台工作站。其中主机多用奔腾系列微型计算机;彩色显示器多用42.5cm(17英寸)~50cm(20英寸)的高分辨率显示器,采用光电二键式的光标控制器(Mouse)。

(2)数字化仪,一般工作幅面为$1m \times 1.5m$。

(3) 绘图机,可采用平板式或滚筒式,幅宽 0.9~1.8m,长度不限。

(4) 打印机,可选用喷墨式单色或彩色打印机。

(5) 款式设计系统的输入设备,可以选用彩色扫描仪或摄像机。

(二) 裁剪设备

工业化的服装生产,通常是按成衣的式样和规格先制成样板并在技术上加以规范,然后再根据样板将缝料裁剪成衣片,供给缝纫部门制成成衣。因此,广义说来,服装裁剪工程也就是缝制的准备工程。它包括缝料的准备及推档、排料、铺料、裁剪、验片、分包、编号、扎包等全过程。在此过程中所用的设备,应当包含在裁剪设备的范围之内。目前在成衣生产中常用的裁剪设备主要有验布机、预缩机、铺布机、裁床、裁剪机、钻孔机、切口机和打号机等。

1. 验布机

缝料(包括面料、里料和衬料)在投料之前,一般都需进行质量检验和长度复核。缝料检验的项目,包括布面疵点、色差、色花、纬斜和幅宽等,同时还须对缝料的实际长度进行复核。以上检验项目都是通过验布机进行的。通过检验可以剔除缝料中的疵品,确保裁片质量。

验布机(图 4-11)的选择主要根据所用缝料的品种和幅宽进行。不同的服装厂可根据所加工缝料的特点选用不同系列的验布机。验布机的主要技术特征见表 4-6。

图 4-11 验布机

表4-6 验布机的主要技术特征

型号、制造厂（国别） 项目	YB170 上海黎明服装机械厂 （中国）	IC—1800/ IC—2000 KAWAKAMI （日本）	NS—58L 艺诚（余氏） 发展有限公司 （中国）	NS—59L 艺诚（余氏） 发展有限公司 （中国）	NS—60 艺诚（余氏） 发展有限公司 （中国）
最大工作宽度[mm（英寸）]	1700	1800/2000	2337(92)	2286(90)	2023(80)
验布速度(m/min)	0~24可调	0~6			
适应缝料品种	各类织物	各类织物			针织物
电动机功率(W)	600	AC150×2 DC150×2	1471	735.5	735.5
额定电压(V)	220	100	380	220	380
机器尺寸(mm)	3150×2800×1900	1800×2200/ 2400×1650	2000×2900×2200	1000×2600×1450	1800×2550×2100
机器重量(kg)	1000	300	750	630	700
性能、用途说明			具有自动对边卷布功能，可调张力		设码布表

2. 预缩机

对产品质量要求高的缝料，一般在裁剪之前须进行预缩处理。在服装生产中，对普通的棉、麻缝料，目前多采用浸水后摊平晾干的方法进行预缩处理；对针织物缝料，通常经轧光定形或放置一定时间，待自然回缩后再进行裁剪；对一般的毛呢缝料，大多用喷湿烫平的方法进行预缩处理。目前，生产规模较大的服装厂，多采用预缩机对缝料进行机械预缩整理。

预缩机品种多样，预缩过程都是先对缝料进行均匀给湿、整幅，然后加热烘干，继而完成预缩工作。其作用原理是在一定的温度、湿度和压力下，借助织物本身的弹性收缩变形以及织物和纤维的渗透与溶胀原理，消除缝料的潜在收缩，达到预期收缩的目的。国内目前专供服装厂使用的预缩机已实现国产化，但服装厂现有的预缩机，大多采用进口设备，如日本朝日公司制造的NTS—771型预缩机，是采用超声波水汽雾化方式对缝料进行预缩处理的。

选用预缩机时应注意选用不锈钢材质，以保证产品的使用寿命。在一般情况下，预缩机采用一次加水、加温，就可以使缝料达到良好的预缩效果，对于要求高的服装也可以选用二次加水、加温的预缩机。对针织物缝料和弹性缝料可选用低缩率的环保型预缩机。

预缩机的工作宽度一般在1800~2200mm，蒸汽用量为100~200kg/h。蒸汽预缩机的外形特征如图4-12所示。

图 4-12 蒸汽预缩机

3. 铺布机

铺布机又称拉布机或拖布机(图 4-13),是用来将成卷的缝料铺叠在裁剪台上的设备,有手动式铺布和自动式铺布两种机型。手动式铺布机是利用人工手推(或电动机传动)的铺布机沿铺布台往返铺叠。自动式铺布机采用电脑控制,可自动调换布卷、拉布,自动理边和断料,并且具有自动记录铺叠长度和自动显示铺层数等多种功能。当铺布达到预定的铺层数时,机器自动停止作业。

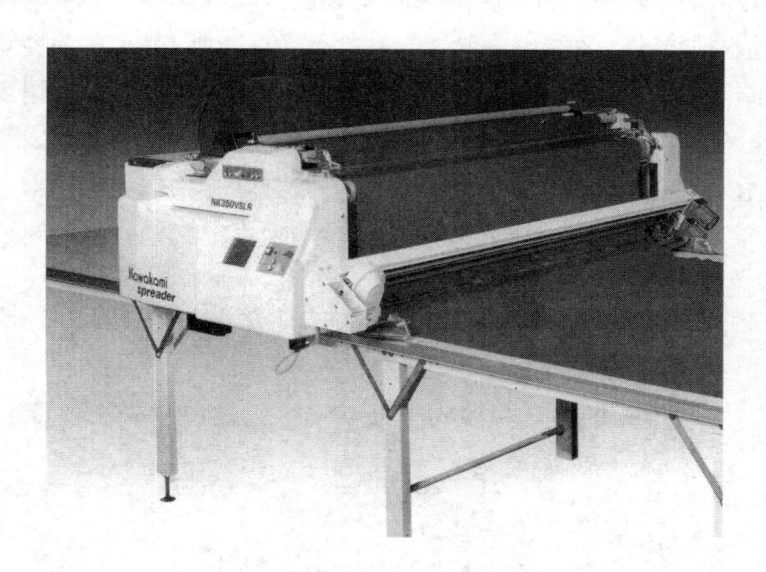

图 4-13 自动铺布机

铺布机的主要技术特征见表 4-7。

表4-7 铺布机的主要技术特征

型号、制造厂（国别） 项目	NK—2500MK 川上制作所 （日本）	NK—350VSL 川上制作所 （日本）	TB 上海服装(集团) 服装机械有限公司 （中国）	XL—1 NCA （日本）	NA—600 EASTMAN （中国）
工作宽度(mm)	880	1350，1660，1750，1950，2050，2150	1300，1500，1800，2000，2200，2400	1300，1600，1800，2000，2200，2400	1655，1955，2255
最大拉布速度(m/min)		70		70	97
最大堆叠高度(mm)	180	180（单向拉布） 150（往返拉布）		180（单向拉布） 140（往返拉布）	200
布料最大重量(kg)	30	40			60
布卷最大直径(mm)		400			50
电源	2相1.5kV·A 3相1.5kV·A	220～240V，2kW		220V，1kW	220V，1kW

4. 裁床

又称裁剪台，也可用作铺料台（图4-14）。目前服装厂使用的裁床主要有两种类型：一种是普通裁床；另一种是气垫吸附式裁床。普通裁床多用木质台板制作，板厚5cm，表面平整、光滑，有较高的强度，台面高度80～90cm，宽度可根据裁剪缝料的幅宽要求选用，一般为1.4～2m，长度随加工产品的品种和规模而定，一般有6m、12m和24m等几种，其中每节的长度为1.2m；气垫吸附式裁床是在台面上均匀设置若干小孔，孔内装有特制的喷嘴，通过管道与气源相连，铺布完成后，在表层缝料上覆盖一层塑料薄膜，开裁时启动吸气装置，使多层缝料互相紧贴，以避免缝料的移动，裁剪后又可通过喷嘴吹气，在台面和缝料之间形成

图4-14 裁床

气垫,可轻易移动缝料而不致发生牵拉现象。

5. 裁剪机

成衣批量生产中所使用的裁剪机主要有三种类型,即电剪刀裁剪、冲压裁剪和自动裁剪。

(1)电剪刀裁剪:是将裁剪台上铺好的多层缝料裁成所需的衣片。根据电剪刀刀片的形状,又可分为直刀式裁剪、圆刀式裁剪、角刀式裁剪和带刀式裁剪四种形式。按控制电剪刀刀片运转的形式,又可分为手提式和伺服式,后者又分为摇臂裁剪和龙门架裁剪两种形式。

①直刀式裁剪机(图4-15)采用垂直安装的刀片,借助曲柄滑块机构,由电动机传动做上下切割运动,对缝料进行裁切,常用于裁剪较大的衣片。直刀刀刃高度为101.6~330.2mm(4~13英寸)。裁剪外衣缝料时,常用高度为

图4-15 直刀式裁剪机

101.6~254mm(4~10英寸)的直刀;裁剪内衣料时,多用高度为177.8~228.6mm(7~9英寸)的直刀。裁剪缝料的厚度,一般以刀刃高度减去38.1mm(1.5英寸)。直刀刀片的刃口形状有细牙、中牙、粗牙和波纹形四种,分别适用于裁剪丝绸、棉布、呢绒和帆布等不同的缝料。直刀裁剪机的转速一般有1500r/min、1800r/min、2800r/min和3600r/min等。为了适应裁剪不同性能的缝料,直刀裁剪机已开发出双速和无级调速等机型。另外,有些机种还装有自动磨刀装置。

直刀式裁剪机主要技术特征见表4-8。

②圆刀式裁剪机(图4-16)采用圆刀片,借助电动机传动旋转裁切缝料。圆刀刀片直径有63.5mm、76.2mm、88.9mm、101.6mm、127mm、139.7mm、152.4mm、177.8mm、203.2mm、304.8mm(即2.5英寸、3英寸、3.5英寸、4英寸、5英寸、5.5英寸、6英寸、7英寸、8英寸、12英寸)等多种规格。裁剪缝料的厚度约为刀片直径的1/2。这种裁剪机适宜裁剪外衣布料、装潢用布料、衬里布、针织物以及单件制作的裁剪。

图4-16 圆刀式裁剪机

③角刀式裁剪机。外形类似圆

表 4-8 直刀式裁剪机的主要技术特征

项目	型号、制造厂（国别）									
	ZCD110—M 上海服装（集团）服装机械有限公司（中国）	ZCD160—M 上海服装（集团）服装机械有限公司（中国）	ZCD210—ML 上海服装（集团）服装机械有限公司（中国）	ZCD260—ML 上海服装（集团）服装机械有限公司（中国）	CDZ—103 飞跃缝纫机公司（中国）	8627 EASTMAN（中国）	8629 EASTMAN（中国）	SL—729X 星菱缝纫机公司（中国）	SL—729XH 星菱缝纫机公司（中国）	KS—AUV KM（日本）
额定转速（r/min）	110	160	210	260	2800/3460	2850	2850	2850,3450	2850,3450	
最大裁剪高度 [mm（英寸）]	110	160	210	260	160/210/260	88.9, 114.3, 139.7, 165, 190.5, 215.9, 254, 279.4, 292 (3.5、4.5、5.5、6.5、7.5、8.5、10、11.5)	88.9, 114.3, 139.7, 165, 190.5, 215.9, 254, 279.4, 292 (3.5、4.5、5.5、6.5、7.5、8.5、10、11.5)	依刀片尺寸减 2 寸	依刀片尺寸减 2 寸	110~210
额定电压（V）	110,220,380	110,220,380	110,220,380	110,220,380	220/110	220,380	220,380	单相：110、110/120、220/240 三相:220,380,415	单相：110、110/120、220/240 三相:220,380,415	100,200
额定功率（W）	550	550	750	750	550	919（单相） 1618（三相）	478（单相） 684（三相）	500（单相） 700（三相）	700（单相） 900（三相）	500
刀片规格 [mm（英寸）]						127、152.4、177.8、203、228.6、254、279.4、330（5、6、7、8、9、10、11.5、13）	127、152.4、177.8、203、228.6、254、279.4、330（5、6、7、8、9、10、11.5、13）	152.4、177.8、203、228.6、254、279.4、330（6、7、8、9、10、11.5、13）	152.4、177.8、203、228.6、254、279.4、330（6、7、8、9、10、11.5、13）	150、180、200、230、250
外形尺寸（mm）					200×400×310（包装尺寸）	770×400×300（包装尺寸）	770×400×300（包装尺寸）			
机器重量（kg）	14	15	16.5	17	16	16.87	15.42	16.5	20	14.5
性能、用途说明					适用于棉、毛、麻、丝绸、化纤、皮革织物的成批裁剪，带有自动磨刀装置	适用于牛仔布、灯芯绒、帆布等		自动磨刀，自动润滑系统及各项安全装置	自动磨刀，自动润滑系统及各项安全装置	

刀裁剪机,仅刀片形状呈钝角圆周形、波形或牙形,这种刀片适宜裁剪易熔融的材料,如化纤布、人造革和塑料薄膜等。

④带刀式裁剪机(图4-17),又称带锯式裁剪机,采用一条环状带刀,借助电动机传动做高速回转,刀刃部分做上下运动切割缝料,主要用于精确裁剪弯曲度大的裁片及小裁片,用于裁片尺寸的精修,比如衣领、口袋、袋盖等小衣片或零料的裁剪。有些带刀式裁剪机还配有气垫吸附式工作台。带刀刃片长度为2800~4400mm,刀片宽10~13mm,刀片厚0.5mm。带刀裁剪速度有定速和无级变速两种,变速范围一般在500~1200m/min,最大裁剪厚度可达300mm。

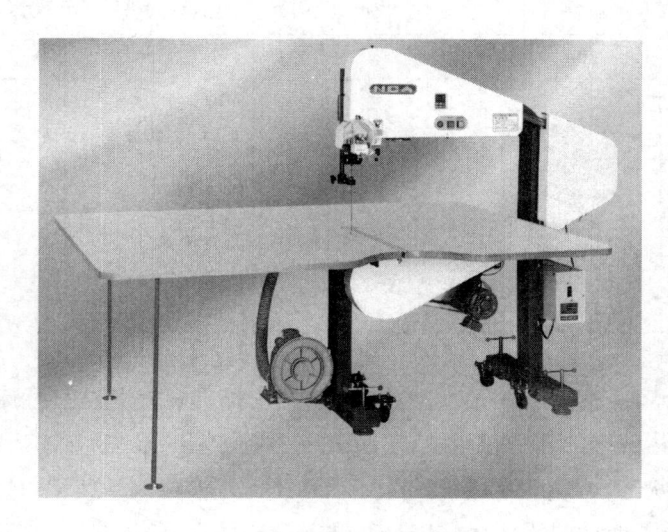

图4-17 带刀式裁剪机

带刀式裁剪机的主要技术特征见表4-9。

表4-9 带刀式裁剪机的主要技术特征

型号、制造厂（国别） 项目	NS—810—700 艺诚（余氏）发展有限公司 （中国）	DZ—3 上海黎明服装机械厂 （中国）	EBK—SA NCA （日本）	EC—700N EASTMAN （中国）	EC—900N EASTMAN （中国）	DS—4560 广州鲍鱼 （中国）
工作台尺寸（mm）	1200×1800	1200×2300	1500×1800	1500×1800	1500×2100	1500×2400
最大裁剪高度（mm）		250	210	180	180	200
带刀左跨度（mm）	700	820	900	700	900	1200
带刀规格（mm）	0.45×10×3500	3900~4150	0.45×10×3960	0.45×10×3500	0.45×10×3960	0.45×10×4560

续表

型号、制造厂（国别） 项目	NS—810—700 艺诚（余氏）发展有限公司 （中国）	DZ—3 上海黎明服装机械厂 （中国）	EBK—SANCA （日本）	EC—700N EASTMAN （中国）	EC—900N EASTMAN （中国）	DS—4560 广州鲍鱼 （中国）
裁剪速度（m/min）	690~1200		无级变速	570~1140	570~1140	无级变速
电机功率(W)	735.5	1500	750	175	750	
吹风电动机	184W		220~240V750W	220V180W	220V180W	
机器重量(kg)	280	500	370	280	300	340
性能、用途说明			带磨刀装置、具有水平调整功能	轻触式控制可调切割速度，适用于不同种类布料，具有自动磨刀、自动冷却功能	同左	

⑤摇臂式裁剪机（图4-18）是一种伺服裁剪机。摇臂可沿裁床平行移动，裁剪机头可达裁床的任一位置。该机的主要特点为：一是裁刀的运行始终与台面保持垂直状态，可使上下层裁片的形状和尺寸规格保持一致；二是刀头底盘的尺寸较小，裁剪时的阻力小，转动灵活，裁剪效率较高。

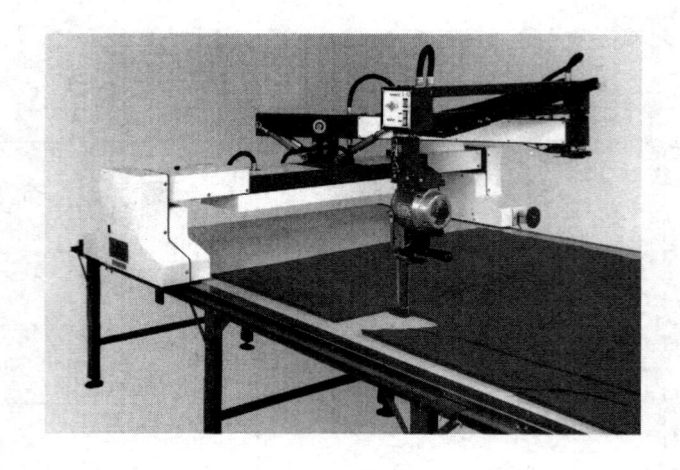

图4-18 摇臂式裁剪机

（2）冲压裁剪机：包括下料机、切领缘机和开滚条机等设备。多用于冲裁小衣片，如衣领、衣袋、袋盖和滚条等。裁片外形准确，尺寸一致，裁切效率较高。

冲模一般用硬质合金制作,冲模的刀口按衣片尺寸加缝边的外形尺寸加工,通常采用液压控制冲切压力。

(3)自动裁剪系统:包括自动刀具裁剪系统、激光裁剪系统和高压水射流裁剪系统。

①自动刀具裁剪系统:又称电脑裁床,如美国Gerber公司制造的S—91型电脑裁剪系统(图4-19),由小型电脑或IBM兼容机、主控面板、磁带机、刀架与刀具变速控制及定位伺服装置等组成的控制中心,主要完成输入排料图信息;按工作指令自动计算刀架和刀座的位移并控制定位;根据裁片轮廓复杂程度,自动计算刀具落刀角度并控制裁刀的位移速度;根据刀侧所受的阻力大小,自动计算并控制刀具补偿;按照设定的时间和距离,控制刀座上裁刀的自动刃磨,以保持刀刃锋利。被裁缝料整体固定在特制的鬃毛砖床面上,刀具裁剪速度达8~9m/min,最大裁剪厚度可达76mm。

图4-19 自动刀具裁剪系统

各国制造的自动刀具裁剪系统的主要技术特征见表4-10。

表4-10 自动刀具裁剪系统的主要技术特征

型号、制造厂 (国别) 项目	VECTOR Lectra (法国)	S、DCS GERBER (美国)	INVESCUT INVESTRONICA (西班牙)	SC—707N 川上制作所 (日本)	TurbocutS2501cv Assist - bullmer (德国)
最大裁剪厚度 (mm)(压紧后布料高度)	单层,25,40, 50,70	单层,32, 52,72	19,40,63,70	70	25

续表

型号、制造厂（国别） 项目	VECTOR Lectra （法国）	S、DCS GERBER （美国）	INVESCUT INVESTRONICA （西班牙）	SC—707N 川上制作所 （日本）	TurbocutS2501cv Assist – bullmer （德国）
最大裁剪速度（m/min）	60	50.8	72~90	40	90
有效工作面积（mm）	1750×1800, 1800×2100, 2200×2100			1600×2000, 2000×2000	1800×1800
噪声[dB(A)]	<75 或 <85	<85	<75 或 <85		≤35
工作宽度(mm)					1800
布层定位	真空负压	真空负压	真空负压		真空负压
额定电压	220~440V 三相 50/60Hz	220~440V 单相或三相 50/60Hz	三相 220/380V （±10%） 50/60Hz	三相 220/240/380V	
主机功率(kW)	7.5	8	4,5.5	29	总功率20
压缩空气	50L/min, $6×10^5$Pa			80L/min, $6×10^5$Pa	
工作温度(℃)	15~36	15~35	15~35		
湿度	15%~80%	30%~80%	10%~80%		
真空泵(kW)	18,37	18,50	18,40	22	
机器重量(kg)	2600~5500			2400,2900	
性能、用途说明	Mosaic：对花及裁剪 Ecpise：物料传送过程中继续裁剪 Post Print：裁剪布料时打印标签			自动磨刀、打钻孔	

②激光自动裁剪系统：利用激光束聚焦产生高温，使该处纤维发生熔融而将缝料割断。激光裁剪可用于裁切任何复杂形状的缝料，裁剪速度可达 72m/min，裁剪控制可同 CAD 系统相连接，该系统适宜裁剪单层缝料或裁剪纸样。当裁剪的层数增加时，上下层裁片的边缘尺寸易产生差异而影响裁片质量。激光自动裁剪系统如图 4-20 所示。

③高压水射流裁剪系统：又称水切割，利用压强约 $3.92×10^8$Pa（4000 个大气压）的高压水，通过直径为 0.2~0.3mm 的喷嘴切割缝料。切割缝料的厚度可

图 4-20 激光自动裁剪系统

达 20mm,切割速度达 6~10m/min,切缝窄,精度高,可用于切割任何复杂形状的缝料;但设备投资大,维护要求高。

6. 钻孔机与切口机

钻孔机又称打孔机、钻布机,切口机又称切痕机或开眼刀机,是服装批量裁剪时,用于标记和定位使用的设备。其中钻孔机所使用钻棒的尺寸规格、钻孔深度及切口机切口深度均可根据要求进行选择。

(三)粘合设备

粘合机又称压烫机,是成衣生产中用于压烫热熔粘合衬的专用设备,如压烫领衬、胸衬、门襟衬、袖口衬、袋口衬及肩袢衬等。压烫温度通常在 100~180℃ 范围内,粘合压力一般在 0.98×10^4 ~ 24.5×10^4 Pa 范围内,根据面料种类和粘合衬的品种以及配伍要求选用适当的温度和压力。为使粘合衬与面料压烫后具有一定的剥离强度而又不产生渗胶现象,要求粘合机的温度应稳定,波动小,压力均匀,定时准确可靠。由于粘合机的种类较多,在选用时要求粘合机的温度、压力和时间的调节范围以及冷却方式,均应适合产品加工要求。

目前,常用的粘合机按其加压方式可分成两种类型:平压式粘合机和辊压式粘合机。两种粘合机的主要性能和特点列于表 4-11 中。

表 4-11 平压式与辊压式粘合机主要性能

项目 \ 类型性能特点	平压式	辊压式
工作方式	间歇式工作	连续式工作
加热方式	静态,直接加热	动态,间接加热

续表

项目	性能特点 类型	平压式	辊压式
加压方式		受压面均匀	成线形加压，长期使用后间与两端压力易产生差异
作业特点		加热与加压同步进行	先加热，后加压
操作要求		需熟练工人	操作简便
运转调试		容易调试	调试较复杂
设备投资		较低	较高

在确定设计方案中选用哪种类型粘合机时，应当考虑工厂规模、生产条件、产品品种和用途等因素。一般小型服装厂可选用平压式粘合机；中型以上的服装厂可选用辊压式粘合机。生产衬衫类产品的工厂可选用平压式粘合机；生产西服类产品的工厂可选用辊压式粘合机。

辊压式粘合机（图4-21）的主要技术特征列于表4-12中。

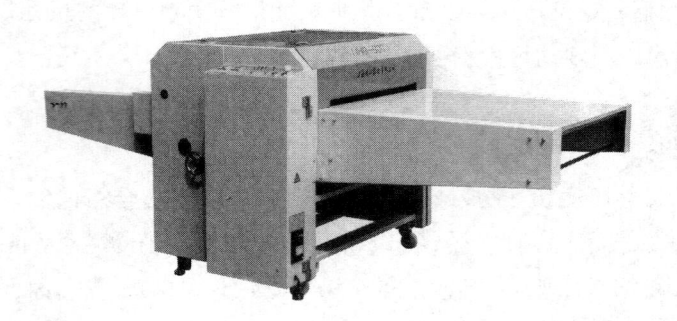

图4-21 辊压式粘合机

表4-12 粘合机的主要技术特征

项目	型号、制造厂（国别）	QP—Q1200 上海葵克机械制造有限公司（中国）	NHGF—900C 黄岩服装机械厂（中国）	DX1400CU VEIT KANN-EGIESSER（德国）	JSF—600 JUKI（日本）	HP—900LCS HASHIMA（日本）
工作面宽度(mm)		1200	900	1400	600	900
粘合长度(mm)		无限	无限	无限	无限	
工作速度(m/min)		0~10	0~8	1.7~10	0~9.85	无级变速10.2
加热温度(℃)		常温~200	0~250		常温~200	0~200
工作压力(Pa)		$0 \sim 4.9 \times 10^5$	$0 \sim 5 \times 10^5$	6.4×10^5	$0.5 \times 10^5 \sim 3.9 \times 10^5$	4.1×10^5

续表

型号、制造厂（国别）\项目	QP—Q1200 上海葵克机械制造有限公司（中国）	NHGF—900C 黄岩服装机械厂（中国）	DX1400CU VEIT KANN-EGIESSER（德国）	JSF—600 JUKI（日本）	HP—900LCS HASHIMA（日本）
加压方式	压辊	压辊		手动弹簧式硅胶辊筒加压	
额定电压（V）	380	380	380	380	380
总功率（kW）	20	12.0	30.5	7.7	加热:12 电机:0.28
外形尺寸（mm）	3900×1800×1200	2250×1200×1170	3160×1970×1240	3265×1290×1120	1200×1455×3300
机器重量（kg）	920	590	1260	410	450
性能、用途说明	针对男女衬衫的袖口、领子和门襟进行高温、高压粘合，耐水洗，采用双辊气动双加压系统，配置风冷系统	适用于大型面料的粘合，气动加压、纠偏，噪声低，粘合质量高	有多种工作面可供选择，布料冷却过程继续加压，上下两组加热器能严格控温	传送带控制方式为电动辊筒式蛇行控制方式	

（四）缝纫设备

各种类型的缝纫设备是服装缝制加工使用的主要设备，在服装行业已有多年的应用历史。近年来，随着服装工业的迅速发展，服装面料和服饰品种的不断开发，市场对成衣质量和交货期的要求日益提高，大大推动了缝纫设备制造业的发展。目前，缝纫设备不仅在结构上有了很大改进，而且车速和工作的稳定性也有了很大提高。尤其是电子、液压、气动和电脑等高新技术在缝纫设备上的广泛应用，显著提高了缝纫工作的效率，减轻了工人的劳动强度，促进了缝纫生产的连续化和自动化。

现在，世界各国生产的工业缝纫机已达4000多种，我国生产的各类缝纫机也有几百个品种。缝纫机的主要生产厂家有：日本重机、日本大和、日本兄弟、日本飞马、德国杜克普爱华、中国标准、中国上工、中国天工、浙江中捷、浙江飞跃、浙江宝石、浙江杰克等。如何按照各类服装产品的加工要求，合理地选用缝纫设备，是工厂设计中的一项重要内容。在服装生产中，常用的工业缝纫机按功能和用途可分成以下七种机型。

1. 平缝机

平缝机按其形成的线迹特点，又称为锁式线迹缝纫机。锁式线迹也叫平缝线迹，国际标准代号为"300"。由于这种线迹结构简单，牢固且不易脱散，用线量少，缝料正反两面的线迹相同，使用方便。平缝机在服装加工中承担着拼、合、绱、纳等多种工序任务，安装不同的车缝辅件，就可以完成卷边、卷接、镶条等复杂的作业，所以它是服装生产中使用面广而量大的一个缝纫机种。我国生产的工业平缝机，以 GC 型和 GB 型应用最广。该机可用于缝纫薄料和中厚型衣料，是服装厂和针织内衣厂配置的主要缝纫设备。平缝机的代表机型有国产 GC—15、GC—30 系列，日本公司制造的 DDL、DLN、DLD、LU、LH 等系列。近年来工业平缝机正在向高速和电脑化方向发展，缝纫车速已从 3000r/min 提高到 5000～6000r/min。其缝纫功能除具有一般的平缝功能外，还具有自动倒缝、自动切线、自动拨线、自动抬压脚和自动控制上下针位停针以及多种保护功能。

国产高速平缝机如图 4－22 所示，平缝机的主要技术特征列于表 4－13～表 4－16 中。

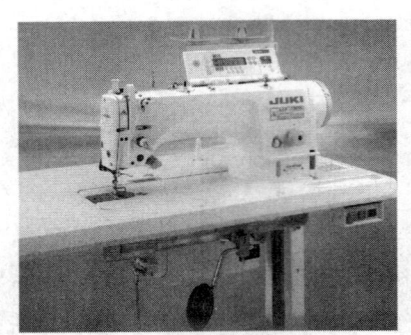

(a)高速平缝机

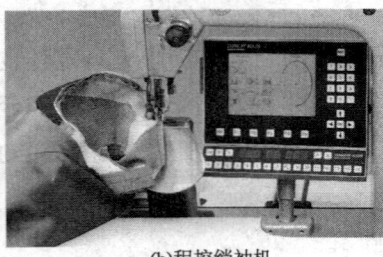

(b)程控绱袖机

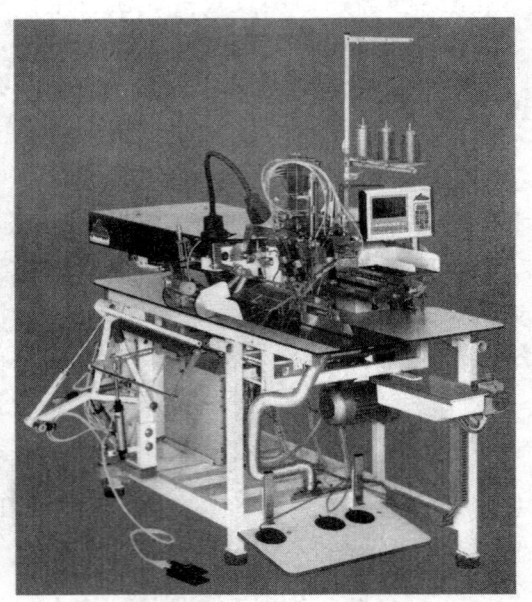

(c)自动开袋机

图 4－22　平缝机

表 4-13　单针平缝机的主要技术特征

型号、制造厂（国别）\项目	GC15—5—4D 上海工业缝纫机厂（中国）	GC30—1 上海工业缝纫机厂（中国）	271/272 DURKOPP（德国）	GC6—6 标准缝纫机公司（中国）	GC35—1 上海工业缝纫机厂（中国）
最高缝速（针/min）	5000	5500	4000~5500	2000	5000
最大线迹长度（mm）	4	5	4,6	9（倒缝5）	4
压脚升距（mm）	10	13	8	6.5/13	10
机针规格	DB×1#14	DB×1#14	70~120	DP×5　18~22	#14
电动机功率（W）	370	370	1000	370	400
性能、用途说明	1. 属GC15系列升级换代产品 2. 电脑控制，有自动剪线、自动倒缝、自动停针等功能	适宜缝中厚衣料，厚料可选用GC30—3型机，薄料可选用GC30—2型机	1. 内置直流电动机驱动，不会磨损，经久耐用 2. 集中油芯润滑，没有明油槽 3. 适合极薄、薄、中厚料	1. 线迹长度可调节 2. 上下同步送料 3. 大型旋梭，梭芯容量较普通平缝机大一倍 4. 适宜中厚衣料车缝	1. 装有滚轮辅助送料机构 2. 用于服装袖衩、门襟等特殊加工

型号、制造厂（国别）\项目	DDL—5550—3—WBAK JUKI（日本）	1181—34/31 PFAFF（中国）	S—7200A BROTHER（日本）	2691S300G SINGER（美国、中国）	DLU—5490N—7/EC—10B—F JUKI（日本）
最高缝速（针/min）	5000	5000	4000~5000	5000	4500
最大线迹长度（mm）	4	4.5	4.2~5	4	5
压脚升距（mm）	5.5/13	13	6~16	6/13	5.5/13
机针规格	DB×1#14		DB×1　DP×5	1955 09-18	DB×1#14
电动机功率（W）			450	400	370
性能、用途说明	适用于中厚料，有自动拨线、自动倒缝、压脚自动抬升功能	1. 干式机头，适于薄料、中厚料 2. 内藏式压脚抬升装置，倒缝机构，无需压缩空气 3. 挑线杆、送料牙及针杆运动都是电脑控制 4. 界面有PC连接口便于数据交换，软件下载升级	1. 电脑控制，直接驱动，自动切线 2. 可用于薄、中厚料、厚面料 3. 有微油式、针杆无油式、无油式	1. 带自动剪线装置，无漏油型全自动供油系统 2. 适宜中厚料的缝纫 3. 内置式时钟装置	1. 上送布量可调，最大为8mm 2. 针板有多种规格 3. 适用于上衣底边缝、衬衫缩缝及大衣装饰缝

表 4-14 双针平缝机的主要技术特征

型号、制造厂（国别）\ 项目	GC0501 上海江湾机械厂（中国）	GD—6 上海工业缝纫机厂（中国）	GC8—1/3 上海工业缝纫机厂（中国）	GC20201 标准缝纫机公司（中国）	GC20201—1 标准缝纫机公司（中国）
最高缝速（针/min）	4500	2300	3500	4000	3000
最大线迹长度（mm）	4	6（倒缝4）	4	5	7
压脚升距（mm）	6/10	9/10	6	7/13	7/13
针杆行程（mm）					
机针规格	DP×5 #11~12	DB×17 #14~21	GV3 #8~11	DP×5 90	DP×5 110
针间距离（mm）	3.2~38.1可调	3.2~12.7可调	3.2~12.7可调	标准3.2,4.8,6.4	标准3.2,4.8,6.4
电动机功率（W）	370	370	370	370	400
性能、用途说明	适宜缝纫中厚型棉、化纤衣料	1.针杆分离式 2.最大缝纫厚度为7mm 3.按需要可改双线为单线锁式线迹 4.用于加工大衣、雨衣、牛仔裤等中厚衣料	1.最大缝纫厚度为5mm 2.适宜加工丝绸、床上用品、篷帆等薄料及中厚料	1.用标准立式旋梭，自动加油 2.适宜加工衬衫、制服等薄料及中厚料	1.用大型立式旋梭，自动加油 2.适宜加工大衣、牛仔裤等中厚料及厚料

型号、制造厂（国别）\ 项目	LH3128S—7C JUKI（日本）	LH518 JUKI（日本）	1122—6/01 PFAFF（德国）	212U141BA SINGER（美国）	T—8722A BROTHER（日本）
最高缝速（针/min）	3000	1800	3500	4000	3000
最大线迹长度（mm）	5	4 或 7		4.2	7
压脚升距（mm）	5.5/12		7/13	9.5	7
针杆行程（mm）			33.3		
机针规格	DP×1 #14	DP×17	134R（DP 5）	1955	DP×5（#14,#22）
针间距离（mm）	4.0	25.4,28.6,30（标准）,31.8		3.2,4.8,6.4（标准）7.9,25.4	3.2,4,4.8,6.4,9.5
电动机功率（W）		550			450
性能、用途说明	针送布，适宜加工中厚料，加工薄料可选用LH3128A型机，加工牛仔裤厚料可选用LH3128G型机	适宜缝纫男、女裤及牛仔裤	1.适宜缝纫薄料及中厚料 2.自动切线，自动拨线，自动倒缝 3.微油润滑系统	1.有自动剪线、自动倒缝、自动抬压脚等装置 2.适宜缝纫紧身衣、牛仔裤及工作服等	1.电脑直接驱动，自动切线功能，大旋梭装置 2.微量供油式，无油污清洁缝制 3.适宜缝纫薄料、中厚料、厚料

第四章 生产工艺设计

表4-15 单针差动送布平缝绱袖机的主要技术特征

型号、制造厂（国别） 项目	550—16—26 DURKOPP ADLER （德国）	3834—4/11 PFAFF （德国）	SA—7740 BROTHER （日本）	DP—2100 JUKI （日本）	591E200A SINGER （美国）
最高缝速（针/min）	4000	4000	4500	3500	4500
最大线迹长度(mm)	1.5~5	0.6~4.5	5	1.5~6.0	6
压脚升距(mm)	8		13	最大3.5	6
机针规格	70~100	1.34~35R	DB×5	DP×17 #10~#14	1955
空气压力(Pa)	$6×10^5$				
空气消耗量	0.6NL	无			
电动机功率	3×190~240V，50/60Hz，1kW	230V，50/60Hz，550W	450W	单相200~240V，三相200~240V/560W	
性能、用途说明	1.程控缩缝，操作面板配图像显示，易操作 2.自动剪线，上下皮带送料，大旋梭 3.适宜夹克衫、女上衣及外衣等绱袖，480min完成250件男女西服绱袖	1.电脑程序控制，步进电动机驱动归拢工序，有49个不同程序 2.上下轮送布，特大立式旋梭，自动剪线与压脚抬升，自动线张力控制，适用于不同面料 3.用于男上衣、大衣及女外套等绱袖	1.上送布量5mm，下送布量5~8mm 2.电脑自动切线，上下差动送布，自动倒缝等功能	新型皮带送布机构，彩色液晶操作盘，数据易于输入，无油干机头，小型AC伺服电动机直接驱动绱袖	1.上下送布机构可分别调节 2.用于外衣、运动衣、便装、夹克等服装的袖子、侧缝及背部接缝

表4-16 双针平缝开袋机的主要技术特征

型号、制造厂（国别） 项目	APW—196N JUKI （日本）	BAS—6220 BROTHER （日本）	48 REECE（F、E） （中国香港）	100—58 DURKOPP （德国）	3582—1/01 PFAFF （德国）
最高缝速（针/min）	2500	3000	2200	3000	2000
线迹长度(mm)	1.0~3.4（返缝）	1.8~3.4		2.0~3.5	2.4
针距(mm)	8,10,12,14,16,18,20	8,10,12,14,16,18,20	8~20	8~20	10~20（标准12）
袋口长度(mm)	针距8~12：35~180 针距14以上：50~180		40~180	25~200	70~200

续表

型号、制造厂（国别）\项目	APW—196N JUKI（日本）	BAS—6220 BROTHER（日本）	48 REECE(F、E)（中国香港）	100—58 DURKOPP（德国）	3582—1/01 PFAFF（德国）
机针规格	DP×17 #16		19R 或 MT×190		
空气压力(Pa)	4.9×10^5		6×10^5	6×10^5	6×10^5
空气消耗量(L/min)	40	60		5NL	20
开袋种类	平行双嵌线，平行单嵌线，斜向双嵌线，斜向单嵌线，箱式缝（有无袋盖均可）	可缝平行口袋和斜袋		用于西服外直袋（双嵌线，带或不带袋盖），西裤口袋	
电源(V)	三相200	单相220 三相380		220	
耗电量(W)	500			700	
性能、用途说明	用于男装、女装上衣，女裤及西装外插袋等的开袋和袋盖缝制，可储存花样10个，带袋盖袋口长度为150mm时生产能力为2200个/8h			1. 双倍旋梭，程序控制，自动剪线，自动倒缝、密缝 2.8h 大约生产 1600～2500 个口袋	采用电、气动控制，操作方便；用于缝制西服、西裤式口袋

2. 链缝机

链缝机属于用针杆挑线、弯针钩线形成链式线迹的工业缝纫机。其结构与平缝机相比，除针杆结构相同外，其余主要结构都有较大的差异。因链缝机形成的链式线迹，尤其是双线链式线迹，其强力和弹性等性能都比锁式线迹好，不易脱散，常用于缝制针织服装及衬衫、睡衣、运动服和牛仔服等。链缝机按其具有的直针个数和线数，分为单针单线、单针双线、双针双线、双针四线、三针六线和四针八线等多种机型。直针的排列有横向和纵向两种。除单针单线链缝机外，其余都是一个弯针与一个直针配合，共同形成链式线迹。链缝机没有梭子，其底线是直接从线轴中抽出，这就大大地提高了生产效率。在工艺设计中，可根据加工服装的品种和线迹要求选定机型。

链缝机的主要技术特征列于表4-17中。

表4-17 链缝机的主要技术特征

项目＼型号、制造厂（国别）	GK28—2 上海工业缝纫机厂（中国）	GK19—1 天津缝纫机厂（中国）	GK28—1 上海工业缝纫机厂（中国）	GK28—3 上海工业缝纫机厂（中国）
最高缝速（针/min）	5500	5000	5500	5500
最大线迹长度（mm）	4	3.6	4	4
压脚升距（mm）	5.5/10	4.5	5.5/10	4.5/10
针杆行程（mm）				
机针数	1	1	2	2
机针规格	TV×7 #12~22	62/12	TV×7 #12~22	TV×7 #12~22
针间距离（mm）			3.2,4,4.8,5.6,6.4,7.9,9.5,12.7	4.8（前后距）
线数	2	2	4	4
电动机功率（W）	370	370	370	370
性能、用途说明	1.自动润滑，操作方便 2.适用于缝制针织服装、衬衫、牛仔裤等	用于一般机织和针织面料，缝制男女裤、运动裤的下档缝	用于缝制衬衫、针织服装及牛仔裤等	双针双线重叠线迹，可用于缝制衬衫、针织服装及牛仔裤等

项目＼型号、制造厂（国别）	MH—481—5—4B JUKI（日本）	792D100A SINGER（美国）	3801—10/071 PFAFF（德国）	DB2810 BROTHER（日本）	MH382 JUKI（日本）
最高缝速（针/min）	5500	6500	3200	5000	6000
最大线迹长度（mm）	4	4.2	2	3.6	4
压脚升距（mm）	5/10	7.9		7	5.5/10
针杆行程（mm）	30				30
机针数	1	1	1	4	2
机针规格	TV×7#11(#9~#18)	3651		UY113GS#75	TV×7#14(#9~#21)
针间距离（mm）				分等距和不等距，可根据用途选用	6.4
线数	2	2		8	4
电动机功率（W）					
性能、用途说明	1.单针双链缝线迹，有自动切线装置 2.用于缝制大衣、上衣领子、袖子暗缝，裙子侧缝，裤子侧缝及档缝等	用于薄型及中厚衣料的一般针缝和接缝	1.用于袖子预归拢和袖孔加布条 2.存储器中有35个缝纫式样 3.8h生产500对闭式袖子或550对开口袖子的预归拢	用于一般缝纫、缝松紧带、门襟、里衬和裤腰里	1.串联式双针双链缝 2.用于男女裤与裙子的后档、内档缝和侧缝

3. 包缝机

包缝机又称拷边机(图4-23),是服装加工的主要缝纫设备之一,主要用于切齐、缝合缝料的边缘,防止布边脱散。如缝料的包边、针织物衣片的缝合、袖口或下摆的卷边等。包缝线迹是由两根或数根缝线相互循环穿套在缝料的边缘上形成的,这种线迹的国际标准代号为"500"。包缝线迹有单线、双线、三线、四线和五线等几种。由于线迹形成方法及其成缝器的形式与平缝机不同,生产中不用频繁更换梭芯,因此生产效率较平缝机高。近年来,对使用包缝线迹的缝料,除要求边缘不易脱散外,还要求提高缝料的牢度和耐用性,因此,四线和五线包缝线迹应用比较广泛。缝纫加工中常用的包缝机多为三线包缝机、四线包缝机、五线包缝机。包缝机的车速,一般采用3000r/min,高速包缝机的最高车速已达9000~10000r/min。在选用包缝机时,除选用适当的车速外,还须注意缝料与缝针、缝线的合理配合。例如质地松软的缝料包缝时,宜选用$^\#$9~$^\#$11缝针和16.7tex三股缝线;质地坚硬的缝料包缝时,应选用$^\#$11~$^\#$14缝针和23.8tex三股缝线。

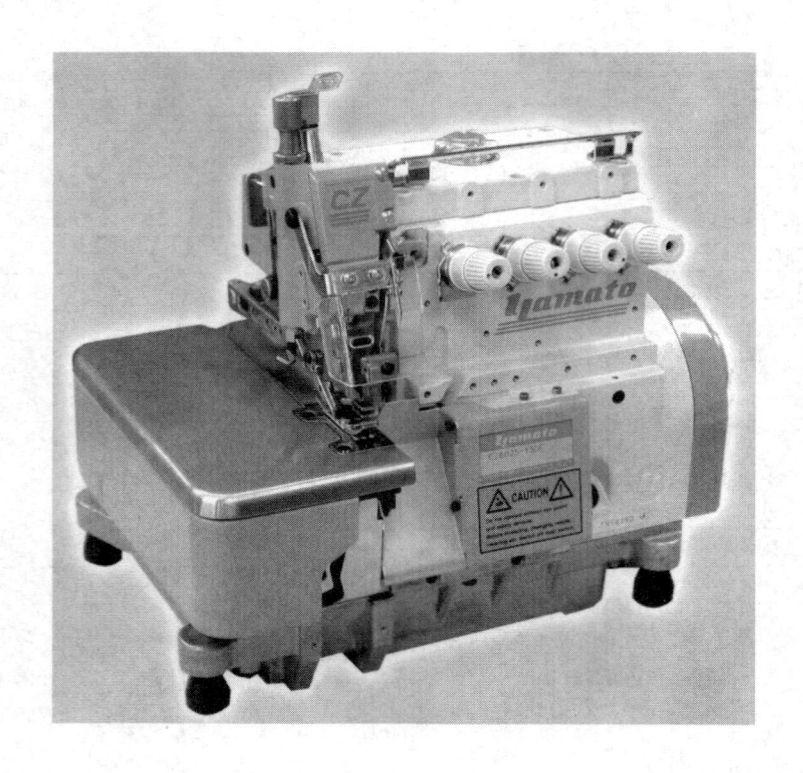

图4-23 三线包缝机

包缝机的主要技术特征列于表4-18和表4-19中。

表 4-18 三线包缝机的主要技术特征

型号、制造厂（国别） 项目	GN32—3 上海江湾机械厂 （中国）	GN7—3 上海缝纫机四厂 （中国）	L52—01 天马缝纫机公司 （中国）	MO—6704D JUKI （日本）	5704—180/ KH/PF PFAFF （德国）
最高缝速（针/min）	7500	6500	6500	6000	7000
针数	1	1	1	1	1
线数	3	3	3	3	3
包缝宽度（mm）	4	3~6	2~5	1.6,3.2,4.0,4.8	4.0
线迹长度（mm）	3.8	3.6	3.2	0.8~4.0	0.5~3.8
差动比	1:0.7~1:2	0.7~2.0	0.5~2	收缩1:2 伸缩1:0.7	0.7~1.7
针杆行程（mm）				24.5	
压脚升距（mm）	5	6	6	7	
机针规格	DC×27#11			DC×27	
电动机功率（W）	400				
线迹类型		504		504	504
性能、用途说明	操作简便，适应多品种；用于薄型与中厚型衣料	针线冷却，自动供油；用于薄型及中厚衣料、针织内衣	针线冷却，调节方便；用于暗缝卷边作业	无供油机头，用于薄型与中厚型衣料	1.真空吸入式剪切链线装置，气动式压脚抬升装置 2.适用于内衣

表 4-19 五线包缝机的主要技术特征

型号、制造厂（国别） 项目	GN7—5B 上海缝纫机四厂 （中国）	L52—38 天马缝纫机公司 （中国）	2800K063 SINGER （美国）	5716—86A/ KH/PF/F PFAFF （德国）	MA4—C3163 BROTHER （中国）
最高缝速（针/min）	6000	6300	6500	5500	6500
针数	2	2	2	2	2
线数	5	5	5	5	5
包缝宽度（mm）	3~5	3~6	4~7	6.0	3~7
线迹长度（mm）	3.6（标准）	3.2	3.6	0.5~5.3	0.9~3.8
针间距离（mm）	3	3	3		3
差动比	0.7~2.0	0.5~2	0.8~1.9	0.7~1.7	0.7~2.0
压脚升距（mm）			6.5		5
机针规格			6120(#11)		DC×27#14
线迹类型	516		516	516	505

续表

型号、制造厂（国别）　　项目	GN7—5B 上海缝纫机四厂（中国）	L52—38 天马缝纫机公司（中国）	2800K063 SINGER（美国）	5716—86A/KH/PF/F PFAFF（德国）	MA4—C3163 BROTHER（中国）
性能、用途说明	用于薄型及中厚型衣料包缝	用于裤子、衬衫及运动衣等直线包缝	用于针织物、运动装、外套等	1. 用于中厚料、厚料包缝 2. 带真空吸入式剪线、气动式压脚抬升及废料吸入装置	用于薄型及中厚衣料包缝

4. 绷缝机

绷缝机是用两根或两根以上的面线和一根底线相互穿套而形成的绷缝线迹的工业缝纫机。绷缝线迹的国际标准代号为"600"。绷缝线迹强度高，拉伸性好，可防止缝料边缘脱散，若配有装饰线还可美化线迹外观。由于绷缝线迹具有缝制面料边缘和在包缝线迹上再进行绷缝的特点，因而绷缝机广泛应用于针织成衣生产中，如针织女衫的领和袖边的绷缝以及滚边、滚领、滚带、卷边、拼接和装饰等缝纫工艺，由于绷缝线迹中有一定量的储备线，因而拉伸性能较好。绷缝机按其外形轮廓分为平形绷缝机和筒形绷缝机两种机型；根据加工要求又分为单面绷缝机和双面绷缝机。选择绷缝机时可根据所加工的产品品种和工艺要求进行选择。

绷缝机（图4-24）的主要技术特征列于表4-20中。

图4-24 筒形绷缝机

表 4－20　绷缝机的主要技术特征

项目＼型号、制造厂（国别）	GK31014 标准缝纫机公司（中国）	GK31010 标准缝纫机公司（中国）	GK980 上海服装（集团）服装机械有限公司（中国）	GK11—2 标准缝纫机公司（中国）	GK16—2 上海缝纫机四厂（中国）
最高缝速（针/min）	5000	4000	6000	3000	3500
最大线迹长度(mm)	1.5~3.3	1.5~3.3	1.2~4	1.5~4	1.8~3.2
压脚升距(mm)	3	3	7	6	6
针杆行程(mm)	30.8				29.5~32.5
绷缝宽度(mm)	6	6			
机针规格	GK16（DV×63）65~90	GK16（DV×63）65~90	UY128G AS#11	GK16（DV×63）65~100	#9~14
针间距离(mm)	3		4.0,5.6,6.4	5.4 或 4.8	
针数			2,3		
线数			4,5		
差动比			1:0.3~1:2.9		
性能、用途说明	1. 高速三针绷缝 2. 用于缝制针织内衣、运动衣等搭接缝、覆盖缝、装饰缝工序	同左	台式绷缝，用于针织内衣、运动衫裤绷缝	筒式底板，双针绷缝，用于针织内衣，尤其口径较小的管状制品的覆盖缝、加固缝、装饰缝	用于筒式针织内衣绷缝

项目＼型号、制造厂（国别）	MF—7822 JUKI（日本）	MFC—7823 JUKI（日本）	CB2710—0031 BROTHER（日本）	CB272—0031 BROTHER（日本）	41—46411—01 PFAFF（德国）
最高缝速（针/min）	6500	6500	6500	6000	4200
最大线迹长度(mm)	0.9~3.6	0.9~3.6	4.2	3.6	1.5~2.5
压脚升距(mm)	5(8)	5(8)	7	5	
针杆行程(mm)					
绷缝宽度(mm)					
机针规格	UY128G AS#9S~#14S(标准#14S)	UY128G AS#9S~#14S(标准#14S)			MY1041B 或 MY1041H
针间距离(mm)	4.8	5.6	3.2,4.0,4.8,5.6,6.4	3.2,4.0,4.8,5.6,6.4	5.6,6
针数	2	3	2,3	2,3	4
线数	4	5	3,4	4,5	6,7
差动比	1:0.9~1:1.8	1:0.9~1:1.8	0.7~1.8	0.7~1.8	
性能、用途说明	双针双面绷缝	三针双面绷缝	平台式单面绷缝	平台式双面绷缝	1. 线迹长度可无级调节 2. 适宜缝制衬衣、外衣和针织服装

5. 暗缝机

在服装生产中,缝制上衣下摆和大衣衣领或裤脚绲边以及纳驳头等作业,都要求在产品正面不能显露线迹,通常使用暗缝机来达到这些要求。暗缝线迹大多属于单针单线链式线迹,目前在国内服装生产中使用的暗缝机大多为进口设备。

暗缝机(图4-25)的主要技术特征列于表4-21中。

图 4-25 暗缝机

表 4-21 暗缝机的主要技术特征

型号、制造厂（国别） 项目	CB640 JUKI （日本）	68—18321—01 PFAFF （德国）	JC—9331 BROTHER （日本）	6SS/7SS SINGER （美国）	35800 UNION SPECIAL （日本）
最高缝速（针/min）	2500	3000	3000	2500	4500
最大线迹长度（mm）	3~8	8	8.5	8	2.8~4.8
压脚升距（mm）	9		10	7	9
机针规格	TV×6T #11,#14,#16	29~34 或 LW×6T		7425-61	130GS
电动机功率（W）	184	250/370/550 （视装配件附件而定）	184	250	
性能、用途说明	1.缝西服、大衣衣领和领嘴用CB—638型 2.裤脚绲边及衬衫、内衣、大衣等下摆绲边用 CB—641型	1.配有3:1号跳针装置 2.可配剪线器TMC20和车针定位装置913/52 3.用于中厚型机织和针织衣料暗缝	可用于裤子、中山装及女裙等服装暗缝,带自动切线装置	1.6SS型机臂直径为58mm,7SS型机臂直径为44mm 2.用于礼服、罩衫、短裙、运动衣及女装绲边	最适合缝制牛仔夹克的侧缝、袖口缝、牛仔裤的内裆缝,侧缝以及其他各种厚料的卷缝等

6. 套结机

成衣生产中用于缝裤带环、钉商标签条或进行各种形式的打结加固，都要使用套结机。

国产和进口套结机（图4-26）的主要技术特征列于表4-22中。

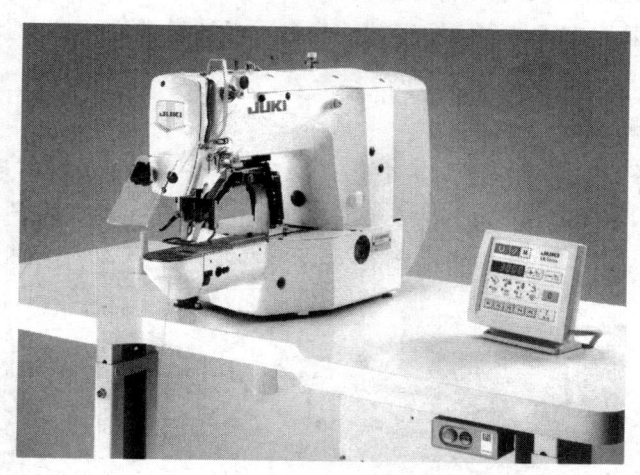

图4-26 高速电子套结机

表4-22 套结机的主要技术特征

型号、制造厂（国别） 项目	LK1850 JUKI （日本）	KE—430D BROTHER （日本）	LK1900S JUKI （日本）	1369AT00A SINGER （美国）	510—211 DURKOPP （德国）
最高缝速（针/min）	2300	3200	2700	2700	2700
套结针数	42（标准）	任意		14~64	
套结长度（mm）	8~16（标准）	40	40	40	40
套结宽度（mm）	1.5~3（标准）	30	20	20	20
针杆行程（mm）	41.2		41.2		
压脚升距（mm）	17	17	17	17	13（17）
机针规格	DP×5#16（标准）		DP×5（#16）	DP×5、DP×17	80~110
电动机功率（W）	250	500	500	250	1000
性能、用途说明	1.低张力缝制，底面线可同时切断 2.简化了减速装置等，提高了操作性 3.用于男女装及针织内衣的套结，以及缝钉按扣、附加带条、钉商标签条	1.AC伺服电动机，电脑控制，最多可存储缝纫数据200种 2.用于薄料、中厚料、厚料	400W直接驱动伺服电动机，内置记忆30种标准打结，用于一般服装类	1.直控伺服电动机 2.用于西服衬衫的下摆开衩部分、袋口、前后身的加固缝，缝制花样有帽眼、半圆、假眼等线迹	1.步进电动机，程序控制，缝式存储容量最大99个 2.用于薄料、中厚料

(五) 饰绣设备

饰绣设备是指进行服装装饰和美化缝纫的专用缝纫设备。利用这些设备可以缝出各种美观、漂亮的装饰线迹，常用于各种女装、童装、内衣、泳衣、运动衣及台布、餐巾、商标、床上用品等装饰缝纫。

近年来随着服饰用品和装饰用纺织品需求量的日益增长，饰绣设备发展很快，种类也越来越多。概括起来，这些设备分为三种类型。

1. 装饰用缝纫机

装饰用缝纫机的机种很多，其中常用的有曲折缝机(也叫之字缝机或锯齿缝机)、月牙边机、珠边机、柳条花针机、打褶机和多针装饰机等。其中曲折缝缝纫机如图 4–27 所示。部分装饰用缝纫机的主要技术特征列于表 4–23 和表 4–24 中。

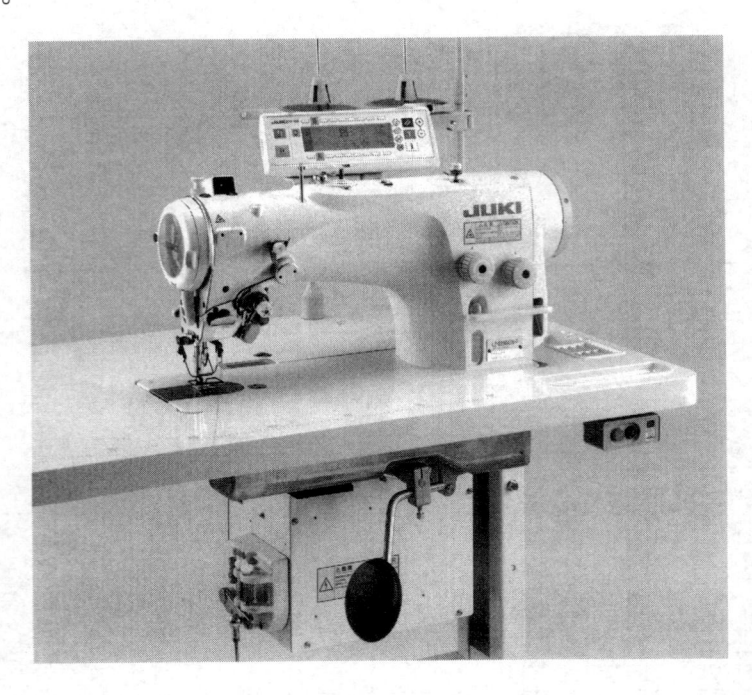

图 4–27　曲折缝机(之字机)

表 4–23　曲折缝机和月牙边机的主要技术特征

型号、制造厂 (国别) 项目	CK10—6 (A、B) 标准缝纫机公司 (中国)	LZ—2290ADS—7 JUKI (日本)	1457A505—M SINGER (美国)	ZE—8580 BROTHER (日本)	937 PFAFF (德国)
最高缝速(针/min)	4000	4000	5000	5000	5000
线迹长度(mm)	1.8~3.3	5	5.1	2.5	2.5
针杆摆动振幅(mm)	3	10	8	8	6

续表

型号、制造厂（国别） 项目	CK10—6 (A、B) 标准缝纫机公司 （中国）	LZ—2290ADS—7 JUKI （日本）	1457A505—M SINGER （美国）	ZE—8580 BROTHER （日本）	937 PFAFF （德国）
压脚升距(mm)	4	5.5/10	6.35		
机针规格	#9~#16	DP×5(#10)	1955—01		438
线数	5,2	2	2	2	2
线迹类型	406/401,401	304			
电动机功率(W)	370	600			
性能、用途说明	1.每4针成一曲牙 2.A型机左边为双针三线包缝,右边为双线链式线迹;有差动式针距调节机构;可缝弹性较大的织物	干机头(无加油),小型伺服电动机(直接驱动式),自动切线,带电子控制盘,内部记忆20个花样,每花样最大500针,可用于内衣、女装和男装	适宜中厚料的粗缝、套结缝和一般之字形缝纫,具有自动剪线功能	电脑自动切线,单针之字缝,切边宽度1.5~9.5mm,缝制图案多种	配有可调上送布装置,应用范围广泛,同时根据用户需要可加配自动剪线装置

表4-24 打褶机的主要技术特征

型号、制造厂（国别） 项目	AML—136 JUKI （日本）	VC2840P—254—X02B/UT—A50 YAMATO （日本）	475E125 SINGER （美国）	MN120 VAR1·0·MATIC （日本）	268 PFAFF （德国）
最高缝速(针/min)	4200	4000	3500	2000	2100
线迹长度(mm)	3.2	1.4~3.6	5		4.5
针间距离(mm)	3.2	8.5		4.8(总52.4)	
机针规格	UY128GAS #75(标准)	TU×5#90	1906—01	DV×57	130R系
针数	2	4		12	
线数	3	8			
电动机功率(W)					184
性能、用途说明	1.装有放料架和自动压脚与自动切线器 2.用于细条打褶,可缝运动裤的中间细皮 3.8h产量1200条	用于宽紧带的面缝及睡衣、童装等类衣物的卷边	1.有上下齿推布机构,针迹长度可调 2.可用于缝纫花边、褶带、弹性圈带等	1.有标准凸轮18只,附加凸轮22只 2.可用于打褶或加花式线,形成打褶刺绣图案	1.装有横向双旋转旋梭、连动提线装置和平送机构 2.可用于缝合、刺绣、花式线迹及织补缝纫

2. 绣花机

绣花机是近年来发展较快的一种饰绣缝纫设备。绣花机的种类很多,概括起来大致可分为三种类型:电脑控制的自动绣花机,用穿孔带等控制绣架运动的半自动绣花机,手动绣花机。

目前应用较广的电脑绣花机,其生产厂家及型号较多。不同型号的机头数和针距也不等,其中机头数最多的已达28头,机头间距从100mm到900mm不等,刺绣速度最高已达900针/min。绣花机功能除平缝外,有些还能进行卷绣、凸绣及花带绣。多头绣花机能够一次完成多件绣品的花型图案刺绣,生产效率很高。选用绣花机时,应当考虑工厂的生产规模、产品品种、绣花范围和工艺要求,选用合适的绣花设备。

多头电脑绣花机如图4-28所示,各种绣花机的主要技术特征列于表4-25～表4-27中。

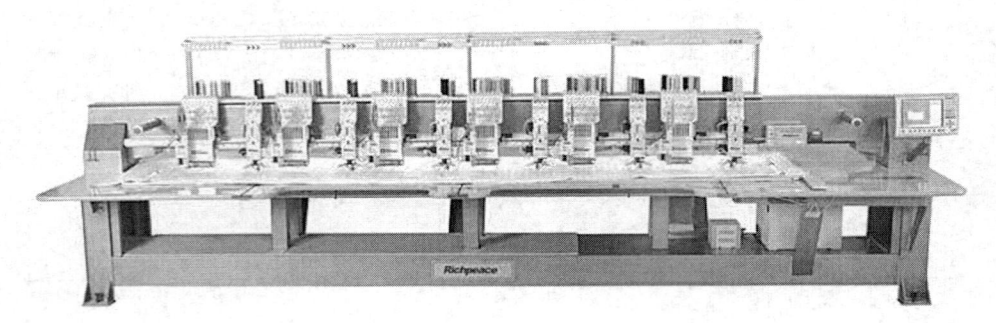

图4-28 多头电脑绣花机

表4-25 单头绣花机的主要技术特征

型号、制造厂（国别） 项目	GG1—1/1—2 标准缝纫机公司 （中国）	20U42 SINGER （美国）	260,261 PFAFF （德国）	LZ—391N JUKI （日本）	TEJT—C TAJIMA （日本）	BE—1201D—AC BROTHER （日本）
最高缝速(针/min)	2000	2000	2100	2000	1200	1200
线迹长度(mm)		5	4.5	5	0.1～12.1	
绣花范围(mm)					353×500	300×450
针杆摆动振幅(mm)	0～12	0～12	4	0～12		0.7～12.7
针杆行程(mm)				33.4		
压脚升距(mm)	6	12	7	8		
机针规格	DB×1 65～100	1955	130R系	DB×1 #9～#16		
针数	1	1	1	1	1/9/12/15	1
线数	2	2	2	2	1/9/12/15	1
电动机功率(W)	250	250	183.8 (1/4HP)	250	单相220V 225W	

续表

型号、制造厂（国别）\项目	GG1—1/1—2 标准缝纫机公司（中国）	20U42 SINGER（美国）	260,261 PFAFF（德国）	LZ—391N JUKI（日本）	TEJT—C TAJIMA（日本）	BE—1201D—AC BROTHER（日本）
性能、用途说明	1. 操作方便，绣品具有手绣风格 2. 用于薄料及中厚料绣花	专用绣花机，针杆摆幅由膝动控制装置控制	用于刺绣、花式线迹、缝合与织补	平缝、绣花、人字缝兼用，全回转式旋梭	可在帽子、高尔夫衫、夹克、婴儿帽、手袋、围裙等物品上绣15种颜色	单针单头

表4—26 多头绣花机的主要技术特征

型号、制造厂（国别）\项目	KSM PFAFF（德国）	TMLH—112 TAJIMA（日本）	BEMR BARDUDAN（日本）	1040 SAURER（瑞士）	CG—21 平岗（日本）	BE—1206A—BC BROTHER（日本）
针头数	5~28	6~12	8~20	2×340,2×504,2×708	上轴736针 下轴736针	12
针距(mm)	108~520	345	240~480			
线迹长度(mm)	0.1~100	0.1~12.7	0.1~12.7			0.1~12.7
刺绣范围(mm)		680×345	最大320×480	最大：长2×19202 高2×1100	高2×75, 2×104, 2×110	每个头：450×400
针绣速度(针/min)	最高700	850	200~900	150~190	130~150	1000
绣花架移动量(mm)	最大450×750				上下1200 左右406	
供电电源	220V，50/60Hz,1.5kW	三相350~440V,50/60Hz,1.5kW	三相220V,50/60Hz,550W		主电动机1.1/2.2kW	
机器尺寸(m)（长×宽×高）	4.5×1.55×1.7					3.65×1.4×1.65
性能、用途说明	1. 配有6或8种颜色的自动换色系统 2. 速度可无级调节，以适应不同缝线和厚度 3. 绣框运动由步进电动机控制	Z型框架驱动系统，旋转式断线检测装置，独立锯齿绣装置，锯齿绣数据自动制成系统，高速、静音设计	1. 装有彩色显示器，便于刺绣操作者了解花样的信息和运用 2. 内设针迹处理功能，可增减针数及花样放大或缩小	自动换梭刺绣	自动换梭式绣花	电脑可同时控制4台机器，每台可独立绣花

表4-27 多头自动绣花机的主要技术特征

型号、制造厂(国别)\项目	GM705—620 浙江飞鹰缝制设备有限公司 (中国)	FD620/920 苏州胜佳电脑刺绣设备有限公司 (中国)	PH—912/450/750 广东金傲宇集团 (中国)	GDDW 江苏大岛机械集团有限公司 (中国)	RP920A1G 上海富瑞集团 (中国)
机头数	20	20	10,12,15	20	20
针头数	6	6/9	6,9	3,6,9,12	9
头距(mm)		400	400	400	275
线迹长度(mm)		0.1~12.3	0.1~12.7	0.1~12.7	
刺绣范围(mm)	220×680	275×680	400×750, 450×750	680×250	275×680, 550×680
针绣速度(针/min)	600	250~800	250~750	800	
绣花架移动量(mm)					
最高储存针数		1200000	500000		
供电电源(W)	2500	2000	1200	1800	
机器尺寸(mm)(长×宽×高)	5140×1810×1630	7850×1830×1600		7045×1680×1820	6980×1800
性能、用途说明	可用于时装、窗帘、床罩、玩具、装饰品、工艺品的绣作		1.具有普通平绣、Z针绣、缠绕绣、盘带绣、压绳绣等功能 2.还有平绣和特种绣自动切换功能 3.自动剪线 4.手工换色/移动框架		

3. 绗缝机

在缝纫流程中,对某些产品如服装、睡袋、化纤被、床垫、床罩、沙发及汽车座垫等进行绗缝装饰所采用的缝纫机。根据不同的绗缝针数,绗缝机又分为单针式绗缝机和双针式绗缝机。绗缝图案可用电子程序控制或用电脑控制。缝料厚度和绗缝速度可根据绗缝产品的品种和产量要求选定。表4-28所列为美国家柏斯(Gribetz)公司制造的多针双链式线迹绗缝机的主要技术特征。单针电脑绗缝机和多针电脑绗缝机分别如图4-29和图4-30所示。

表4-28 GI—3300—WCS™和GI—4300—WCS™型绗缝机的主要技术特征

机器宽度（cm）	花架移位（cm）	针速（r/min）	针步	每针距离（cm）	针排距离（cm）	针排数目
168	30	1100/1200	4~12	2.5	7.6	3
228						
280						
345						

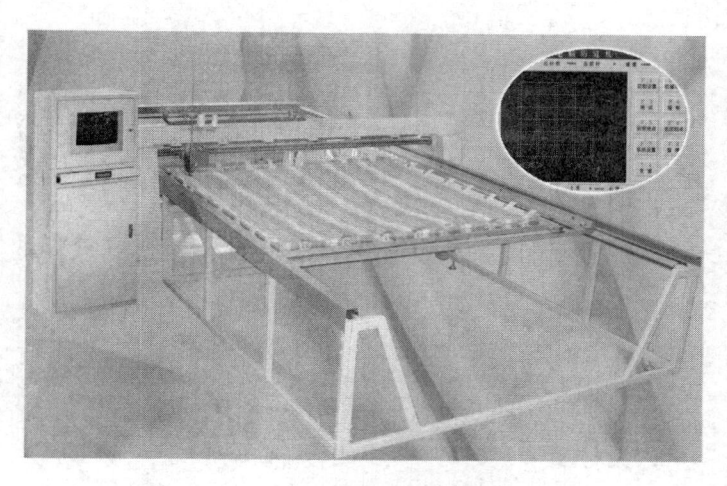

图4-29 单针电脑绗缝机

图4-30 多针电脑绗缝机

（六）锁钉设备

1. 锁眼机

成衣缝锁纽孔要使用专用的锁眼缝纫机，根据缝锁纽孔的形状不同，锁眼机又分为平头锁眼机和圆头锁眼机两种类型。缝锁平型纽孔，一般使用平头锁眼

机;缝锁锥形、眼平形或眼锥形纽孔,使用圆头锁眼机。不同厂家制造的锁眼机,在机械结构和工作特点上略有区别。例如,有些机器采用先切孔、后锁眼,有些则相反。在锁眼质量上也略有差别。平头锁眼机常用于缝锁薄型及中厚型的针棉、化纤服装的纽孔,如缝锁各种衬衫、男女短上衣和童装等成衣的纽孔。圆头锁眼机多用于中厚及厚型衣料,如西服、大衣等服装的纽孔。

平头锁眼机和圆头锁眼机如图4-31和图4-32所示,锁眼机的主要技术特征列于表4-29和表4-30中。

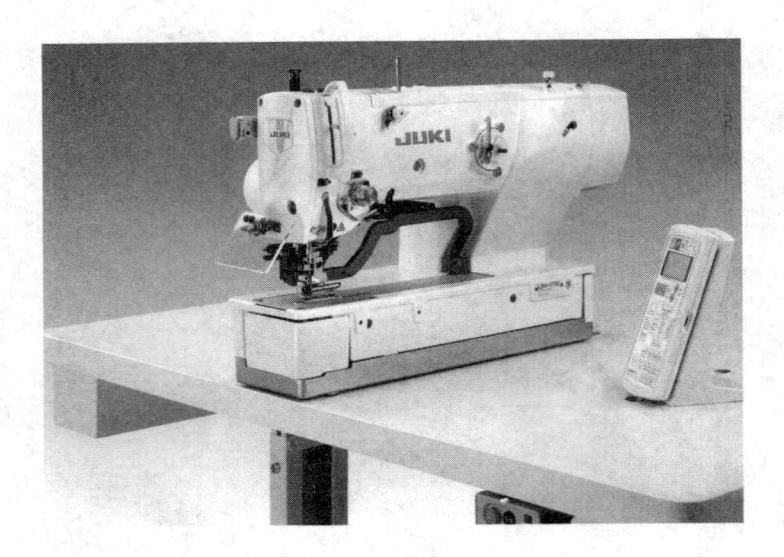

图4-31 平头锁眼机

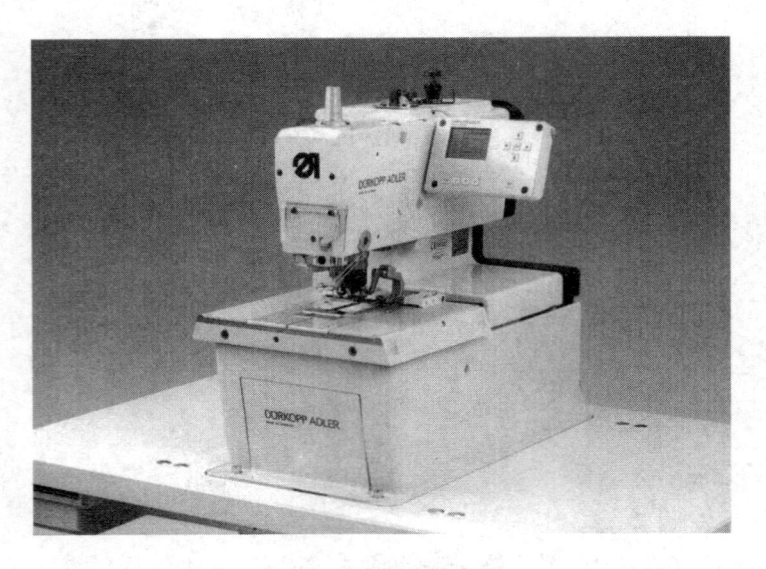

图4-32 圆头锁眼机

表4-29 平头锁眼机的主要技术特征

型号、制造厂（国别） 项目	GM783 上海服装（集团）服装机械有限公司 （中国）	LBH1790 JUKI （日本）	HE—B800A BROTHER （日本）	1371A SINGER （美国）	3119—2/63 PFAFF （德国）
最高缝速（针/min）	3600	4200	4000	3000	4000
缝锁纽孔长度（mm）	6.4~31.7	6.35~41	32(40)	6.4~19	
缝锁纽孔宽度（mm）	2.5~5	2~5	6	2.5~4.0	
针杆行程（mm）		34.6			
压脚升距（mm）	12	17	13	12	
机针规格	DP×5 (#11~14)	DP×5 (#11J)#11J~14J	Schmetz Nm 134	1955—01	
电动机功率（W）	360/75	1000	600	367.75(1/2 HP)	
性能、用途说明	适宜缝锁各种针织、棉织和化纤衣料	小型伺服电动机（直接驱动方式），带多功能液晶操作控制盘	1.电脑控制,预存21种图案,脉冲电动机驱动,自动切线 2.适用于普通机织物和针织物衣料的平缝锁眼	适用于各类机织和针织物的平头锁眼	1.通过操作面板可快速而简便地更换纽扣形式、套结宽度等 2.31种不同的纽孔形式,可通过按键调节 3.可与PC连接进行数据交换及软件升级 4.一个标准纽孔的循环时间为3s一下

表4-30 圆头锁眼机主要技术特征比较

型号、制造厂（国别） 项目	GM2—1 上海服装（集团）服装机械有限公司 （中国）	GF31002 大连服装机械厂 （中国）	299U213MW SINGER （美国）	MEB—3200SS JUKI （日本）	579 DURKOPP （德国）	RH—981A—52 BROTHER （日本）
最高缝速（针/min）	1600	2000	2000	2200	2500	2200
缝锁纽孔长度（mm）		无尾锥22~41 有尾锥16~35	16~29	10~38	10~50	14~40
针距（mm）					0.5~2.0	
针的摆动幅度（mm）					1.5~3.2	

续表

型号、制造厂（国别） 项目	GM2—1 上海服装（集团）服装机械有限公司 （中国）	GF31002 大连服装机械厂 （中国）	299U213MW SINGER （美国）	MEB—3200SS JUKI （日本）	579 DURKOPP （德国）	RH—981A—52 BROTHER （日本）
针杆行程(mm)	33.4					
压脚升距(mm)			6	13		16
机针规格	558×1	142×1 #13,#15,#17, #18,#19	1413−01	D0×558 #90~#10	Max120	DO×558 Nm80—120 (SHCM ETZ 558)
空气消耗量(L/min)					5NL	43.2
空气压力(Pa)					$6×10^5$	$5×10^5$
电动机功率(W)	370	370	200	550	1300	单相/三相1000
性能、用途说明	1. 双线链式线迹，可锁多种形式纽孔 2. 用于西服大衣、风衣、夹克衫等类服装锁眼	用于上衣、夹克衫、雨衣以及疏松质地的服装		1. 用于西服、夹克衫、裤子等服装锁眼 2. 最大缝厚为16mm 3. 可选先缝后切、先切后缝或不切 4. 有电子夹线机构，电子操作面板控制，采用直接驱动方式	1. 程序控制，操作面板配图像显示，100种纽孔程序可用 2. 可先切后缝或先缝后切、不开孔 3. 可缝锥形尾、圆形尾、直形套结或不带尾	1. 电脑控制，变频式感应电动机驱动，程序切换变更缝制形状，先切或后切通过开关进行切换 2. 最多可以记忆4种最大8段的循环程序 3. 在操作盘上，可以显示生产计数 4. 具有自检功能

2. 钉扣机

成衣批量生产中，缝钉纽扣使用的专用钉扣缝纫机。近年来发展的新型钉扣机功能很强，不仅能缝钉各种平纽扣，加上附件后还可缝钉各种金属或塑料带柄纽扣、按扣和签条等。有些钉扣机还带有自动送扣装置或可以实现全自动钉扣，明显提高了缝钉纽扣的工作效率，降低了工人的劳动强度。钉扣机如图4-33所示，钉扣机的主要技术特征列于表4-31中。

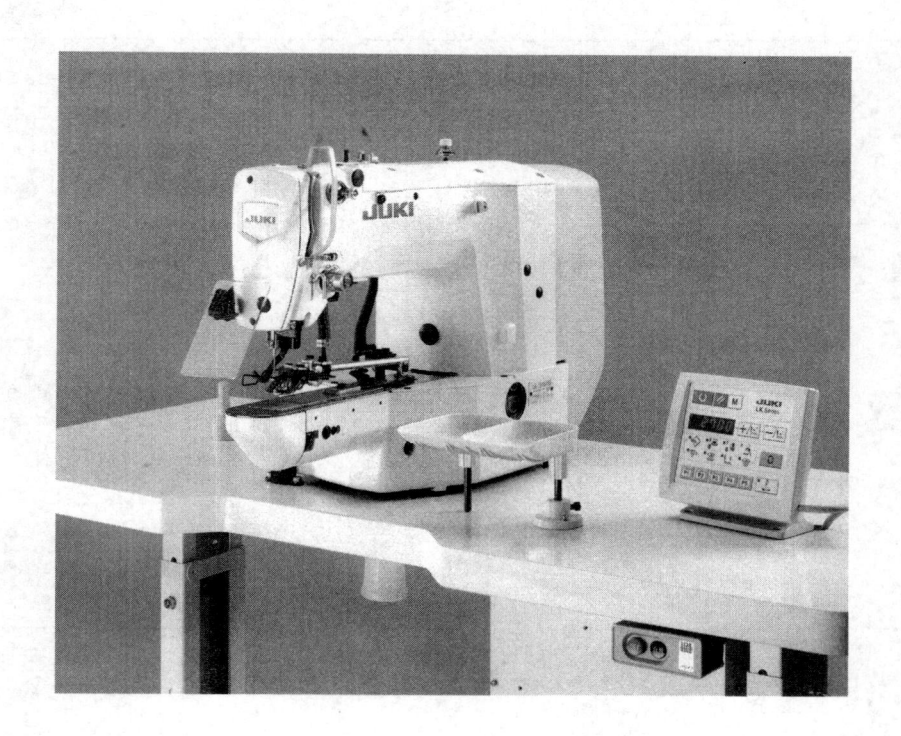

图 4-33 钉扣机

表 4-31 钉扣机的主要技术特征

型号、制造厂（国别） 项目	GE1903 上海服装（集团）服装机械有限公司 （中国）	GI1—3 大连服装机械厂 （中国）	MB377 JUKI （日本）	3371—10/01BS PFAFF （德国）	1375BT SINGER （美国）	MB—1800A/BR10 JUKI （日本）
最高缝速（针/min）	2500	1000	1500	2500	1500	1800
纽孔直径（mm）		10~26	10~28	8~32	10~28	10~28
缝钉针数		10,20	8,16,32		8,16,32	5~28
机针规格	DP×17	566#16#18	TQ×1#16（#14,#18）		TQ×1、TQ1×7（#16,#18,#20）	TQ×7#14~#20（#16）
针杆行程（mm）	45.7				48.6	
压脚升距（mm）	13		9			14
针数	1	1	1	1	1	1
线数	1	1	1	2	1	1
电动机功率（W）		250	270		250	250

续表

型号、制造厂（国别） 项目	GE1903 上海服装（集团）服装机械有限公司 （中国）	GI1—3 大连服装机械厂 （中国）	MB377 JUKI （日本）	3371—10/01BS PFAFF （德国）	1375BT SINGER （美国）	MB—1800A/BR10 JUKI （日本）
性能、用途说明	电脑控制，具有自动剪线、自动抬压脚功能	1.可缝钉2孔和4孔纽扣 2.缝钉针数变换容易	1.有自动剪线装置 2.防脱散 3.适宜中厚衣料钉扣，如雨衣、西服、女套装、中山装等	1.可直接选择30种预设的标准线迹模式，钉2孔、3孔和4孔纽扣 2.可钉扣子的最大厚度为2.7mm 3.显示屏操作	1.安全可靠的剪线装置 2.适于各类机织物和针织物 3.钉扣结束,纽扣夹自动抬起	电子电动机、直接驱动、干式机头，附自动送扣装置

（七）熨烫设备

熨烫设备是服装制作过程中达到给衣片或成衣消皱、塑形和整形目的而使用的设备。根据它在服装加工过程中的作用,熨烫设备可分为以下两种类型。

1. 中间熨烫设备

在服装缝制过程中用于衣片或半制品的分缝、归拔和定形使用的各种熨烫设备,称为中间熨烫设备。这些设备包括电熨斗、蒸汽熨斗、抽湿烫台以及服装生产过程中的熨烫定形设备,如压领机、圆领机、领角定形机和烫袋机等。

抽湿烫台及全蒸汽熨斗如图4-34和图4-35所示,各种熨斗、烫台及衬衫定形熨烫设备的主要技术特征见表4-32~表4-34。

图4-34 抽湿烫台

图 4－35　全蒸汽熨斗

表 4－32　各类工业用熨斗的主要技术特征

型号、制造厂（国别）\项目	DZ—A 上海服装机械厂（中国）	DZY—1 无锡服装机械厂（中国）	GZY2—0.3Q 上海服装机械厂（中国）	Y—2 上海电熨斗总厂（中国）	HD1000 YAMATAKA（日本）	GN—400 VEIT（德国）	HYS—55/65 NAOMOTO（日本）
电压（V）	220	220	220	220	220	220	220
功率（kW）	1.2	1	1	1	1	1.4	1
工作温度（℃）	（90~200）±5	（90~230）±5		110~220			
输入蒸汽压力（MPa）	0.2~0.4	0.3~0.4	0.3				
底板尺寸（mm）	220×145	205×147	200×110	197×105		200×100	200×90
重量（kg）	1.6	2.7	2.1	2.1	1.65	2.0	2.2/2.7
性能、用途说明	电热蒸汽熨斗	全蒸汽熨斗	全蒸汽熨斗	吊水式电热蒸汽熨斗，底面有铁弗龙涂料,易清洗	高压蒸汽熨斗,用恒温器调节温度	电热干蒸汽熨斗	轻触式水电熨斗

表 4－33　各类抽湿烫台、电热蒸汽发生器的主要技术特征

	型号、制造厂（国别）\项目	XF—C/DZQ 上海服装机械厂（中国）	WB1400/WZQ 威捷制衣机械公司（中国）	FBZ—1200SP/NBE120 NAOMOTO（日本）	JF2—120 组合式 NAOMOTO（日本）	NKS—180 全自动式 NAOMOTO（日本）	426HAB/ES—12 瑟士文公司（美国）
熨烫台	工作台尺寸（mm）	1400×750	1400×750	1200×650	1200×650	1800×900	各种规格
	额定电压（V）	380（220）	380（220）	380	220	220	380
	台面风压（Pa）	≥98	≥147				
	电动机功率（kW）	0.55	0.55		0.40	0.40	0.60
	重量（kg）	130	110				

续表

项目	型号、制造厂（国别）	XF—C/DZQ 上海服装机械厂（中国）	WB1400/WZQ 威捷制衣机械公司（中国）	FBZ—1200SP/NBE120 NAOMOTO（日本）	JF2—120 组合式 NAOMOTO（日本）	NKS—180 全自动式 NAOMOTO（日本）	426HAB/ES—12 瑟士文公司（美国）
熨烫台	摇臂弧形烫模（mm）	长775,大r270,小r190					
电热蒸汽发生器	最大许用压力（MPa）	0.3,0.35,0.4	0.4～0.5	0.2		0.4～0.7	0.67
	最大蒸汽输入量（kg/h）	5.5,7.3,11	8,12,16				16.4
	压力容器容量（L）	15,15,21	16,25,25				
	电热功率（kW）	4.5,6,9	6,9,12	1.9	2.0	6.12	6
	额定电压（V）	380	380	220	220	380	380
	重量（kg）	60,60,95	65,100,100				104
	尺寸（mm）	最大520×470×980	520×410×1070	250×440×660			771×508×914

表4-34 衬衫定形设备的主要技术特征

项目	型号、制造厂（国别）	PY—A 平行压领机 上海服装机械厂（中国）	SY—A 上下盘压领机 上海服装机械厂（中国）	YL—B 衬衫圆领机 上海服装机械厂（中国）	LD—B 领角定形机 上海服装机械厂（中国）	FZ—D 烫口袋机 宿州服装机械厂（中国）
	加工件尺寸（mm）	有效面积580×400	最长450	领圈266.7～444.5	领角50°,60°	125×150
	最大工作压力（9.8×10⁴Pa）	25	13	12	1 总压力30～40	7
	温度调节范围（℃）	50～200	50～300	50～150	50～200	50～300
	延时范围（s）	3～30	3～30			
	电源电压（V）	380	380	380	220	380
	机器重量（kg）					
	外形尺寸（mm）	900×700×1300	710×410×1200	800×800×1300	245×155×290	650×810×1000
	性能、用途说明	用于热压薄膜领衬	用于衬衫衣领整烫，并采用弧线上下压模，使衣领挺括成形	用于衬衫衣领整烫成形	1.用于衬衫领角定形 2.加热温度可调节 3.能适应棉及各种化纤衣料	用于烫折衬衫口袋

续表

型号、制造厂（国别） 项目	FZ—L1 衬衫烫领机 宿州服装机械厂 （中国）	JAK—725 衬领及袖头专用机 JUKI （日本）	JAK—722—3 衬衫熨烫机 JUKI （日本）	JPC—W01—1 折口袋机 JUKI （日本）	JCSS12 袖头成形机 JUKI （日本）
加工件尺寸（mm）	领长445	300+508+300	1020×780		
最大工作压力（$9.8×10^4$Pa）	2	7	2	7	7
温度调节范围（℃）	50~300	70~250	70~230	0~220	0~220
延时范围（s）					
电源电压（V）	380	380	380	380	380
机器重量（kg）	390	500	1300		500
外形尺寸（mm）	710×900×1225	1500×1290	1500×1500		1500×1500
性能、用途说明	1. 可进行压领和烫领 2. 压烫延时0~30s	熨烫衬衫领子弧形，袖头用模型热压	1. 用于衬衫前片、后片、过肩、袖子等部位熨烫 2. 具有高温、高压、急冷却系统，一般与JAK—722型专用机配套用	1. 采用气动控制，空气消耗量为50L/min 2. 专用于熨烫衬衫的口袋，口袋尺寸可调节	1. 采用气动控制，空气消耗量15L/min 2. 用于衬衫袖口固定成形，袖头尺寸可调节

2. 成衣熨烫设备

成品熨烫机又称烫衣机，在缝制工序完成后用来对成衣进行熨烫整理的设备，可使成衣平整、挺括并保持规格统一。应用烫衣机可节省人工和工时，提高烫衣工作效率。

常用的烫衣机有以下三种形式：

（1）模型烫衣机：缝制好的成衣放在特制的模板或模头上，通过高温蒸汽加热、加湿和上下烫模的合模加压，使成衣形状发生变化，经抽湿、冷却、启模后，即达到成衣塑形和整形的目的，使成衣获得稳定的造型。

根据模型烫衣机的结构和操作方式，又可分为手动烫衣机、半自动烫衣机、定时自动烫衣机和微电脑控制自动烫衣机。西服烫衣机如图4-36所示，表4-35和表4-36分别列出了国产TY—100系列和日本JUKI公司JAK—W系列烫衣机的主要技术特征。

(a)

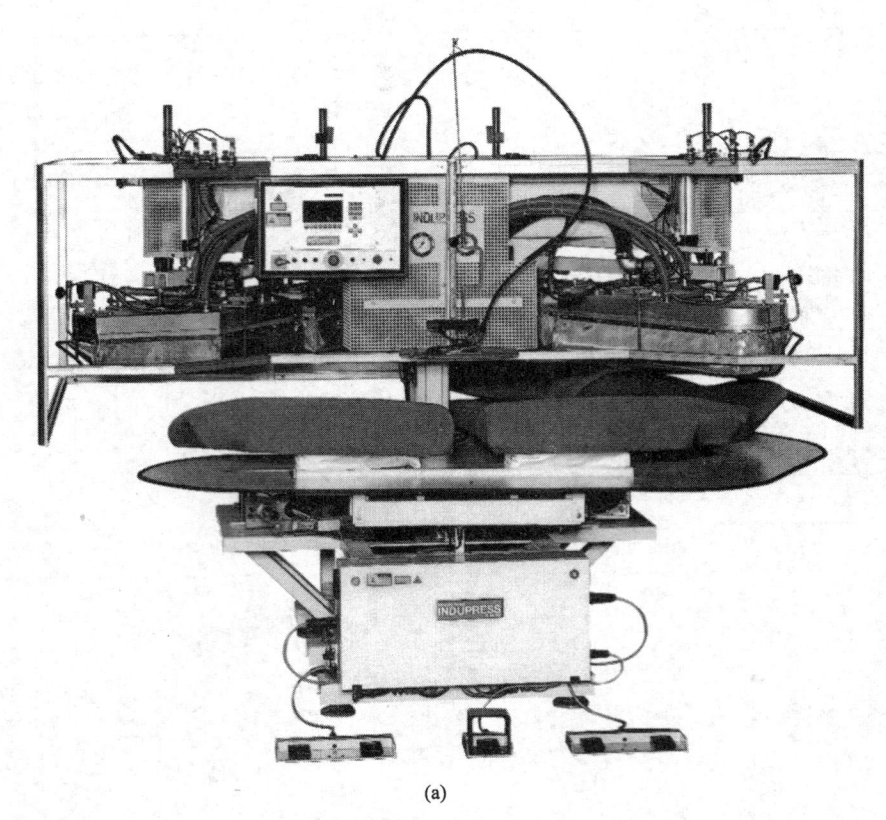

(b)

图 4-36 西服烫衣机

表4–35 TY—100系列烫衣机的技术特征

用途	名称	型号	蒸汽 压力 (9.8×10⁴Pa)	蒸汽 消耗量 (kg/h)	真空泵 (kW)	重量 (kg)	外廓尺寸(mm) (长×宽×高)
男西服熨烫	袖外弯烫衣机	TY—101	4~5	5	0.18	260	1000×1200×1280
	袖内弯烫衣机	TY—102	4~5	5	0.18	260	1000×1200×1280
	右肩烫衣机	TY—103	4~5	5	0.18	260	1000×1200×1280
	左肩烫衣机	TY—104	4~5	5	0.18	260	1000×1200×1280
	止口烫衣机	TY—105	4~5	5	0.9	350	1200×1200×1280
	右大身烫衣机	TY—106	4~5	20	0.9	350	1200×1200×1280
	左大身烫衣机	TY—107	4~5	10	0.9	350	1200×1200×1280
	右腰胁烫衣机	TY—108	4~5	10	0.55	310	1200×1200×1280
	左腰胁烫衣机	TY—109	4~5	10	0.55	310	1200×1200×1280
	背缝烫衣机	TY—110	4~5	10	0.55	310	1000×1200×1280
	领子烫衣机	TY—111	4~5	5	0.36	260	1000×1200×1280
	驳头烫衣机	TY—112	4~5	5	0.36	260	1000×1200×1280
	袖窿烫衣机	TY—113	4~5	5	0.18	400	1000×1200×1280
	立体烫衣机	TY—114	4~5	7	0.36	400	1000×1200×1280
男长裤熨烫	侧缝烫衣机	TY—115	4~5	7	0.36	300	1200×1200×1280
	下裆烫衣机	TY—116	4~5	15	1.23	390	1200×1200×1280
	裤腰烫衣机	TY—117	4~5	12	0.36	290	1000×1200×1280
半成品熨烫	平板模烫机	TY—118	4~5	10	0.9	350	1200×1200×1280
	袖窿及肩部烫衣机	TY—119	4~5	5	0.18	260	1200×1200×1280
	左右大身烫衣机	TY—120	4~5	10	0.9	350	1200×1200×1280
	左右腰胁烫衣机	TY—121	4~5	10	0.55	310	1200×1200×1280

表4–36 日本JUKI公司JAK—W系列烫衣机的技术特征

用途	名称	型号	蒸汽 压力 (9.8×10⁴Pa)	蒸汽 消耗量 (kg/h)	真空泵 (kW)	重量 (kg)	耗电 (kW)	外廓尺寸(mm) (长×宽×高)
男西服熨烫	胖肚烫衣机	JAK—W004A	4~5	5	0.18	230	0.2	1200×1244×1278
	瘪肚烫衣机	JAK—W005A	4~5	5	0.18	230	0.2	1200×1244×1278
	双肩烫衣机	JAK—W018A	4~5	10	0.36	500	0.2	1500×1244×1278
	里襟烫衣机	JAK—W007—25	4~5	10	0.9	320	0.2	1200×1244×1278
	门襟烫衣机	JAK—W008—25	4~5	10	0.9	320	0.2	1200×1244×1278
	侧缝烫衣机	JAK—W011—1A	4~5	10	0.55	280	0.2	1200×1244×1278
	后背烫衣机	JAK—W011A	4~5	10	0.55	280	0.2	1200×1244×1278

续表

用途	名称	型号	蒸汽 压力 (9.8×10^4 Pa)	蒸汽 消耗量 (kg/h)	真空泵 (kW)	重量 (kg)	耗电 (kW)	外廓尺寸(mm) 长×宽×高
男长裤熨烫	驳头烫衣机	JAK—W006—11A	4~5	10	0.36	230	0.2	1200×1244×1278
	领子烫衣机	JAK—W006—1A	4~5	10	0.36	280	0.2	1200×1244×1278
	袖隆烫衣机	JP—114—14	4~5	10	0.18	250		900×1244×1278
	袖山烫衣机	JAK—W014F	4~5	10	0.18	230	0.2	900×1244×1278
	拔档烫衣机	JAK—664	4~5	20	1.1	360	0.2	1230×1200
	后插袋烫衣机	JAK—W030A	4~5	10	0.36	230	0.2	1200×1278
	侧袋烫衣机	JAK—W035A	4~5	5	0.18	230	0.2	1200×1244×1278
	分档缝烫衣机	JAK—W037—2A	4~5	5	0.18	230	0.2	1200×1244×1278
	小档烫衣机	JAK—W037—1A	4~5	5	0.18	230	0.2	1200×1244×1278
	侧缝烫衣机	JAK—W001—A	4~5	7	0.36	270	0.2	1200×1244×1278
	下档烫衣机	JAK—W001A	4~5	15	1.2	360	0.2	1500×1244×1278
	腰身烫衣机	JAK—W002F	4~5	12	0.36	260	0.2	900×1244×1278
	裤中线烫衣机	JAK—801	4~5		1.1	550	4	1620×1130×1278
	裤腰归拔烫衣机	JAK—W002—7A	4~5	12	0.73	280	0.2	1200×1244×1278
男西服半成品熨烫	敷衬机(右)	JAK—W012A	4~5	15	1.1	360	0.2	1200×1244×1278
	敷衬机(左)	JAK—W013A	4~5	15	1.1	360	0.2	1200×1244×1278
	省缝烫衣机(右)	JAK—W007—1A	4~5	20	2	360	0.2	1200×1244×1278
	省缝烫衣机(左)	JAK—W008—1A	4~5	20	2	360	0.2	1200×1244×1278
	背缝烫衣机	JAK—W020—8A	4~5	7	0.36	270	0.2	1200×1244×1278
	分侧缝烫衣机	JAK—W020—2A	4~5	10	0.7	280	0.2	1200×1244×1278
	门襟贴边烫衣机	JAK—W025—1A	4~5	7	0.18	230	0.2	1200×1244×1278
	贴边烫衣机	JAK—W030—1A	4~5	20	0.9	320	0.2	1200×1244×1278
	袋盖定形烫衣机	JMP—5,55A	4~5	10	0.36	180	0.2	810×1050×1405
	收袋烫衣机	JMV—501	4~5	10	0.18	120	0.2	600×770×1770
	分肩缝烫衣机	JAK—W003—1A	4~5	10	0.36	270	0.2	1200×1244×1278
	收袖缝烫衣机	JAK—W020—1A	4~5	10	0.36	280	0.2	1200×1244×1278
	分统袖烫衣机	JAK—W014—21A	4~5	5	0.18	230	0.2	1200×1244×1278
	领头归拔烫衣机	JAK—2031A	4~5	5	0.36	240	0.2	1200×1244×1278

（2）人形烫衣机：人形烫衣机也称人像机，具有全身熨烫像模，高度可调节，在穿着成衣的状态下使成衣定形，立体效果好，如图4-37所示。

（3）立体烫衣机：服装立体整烫是在20世纪70年代发展起来的新技术，属

第四章　生产工艺设计

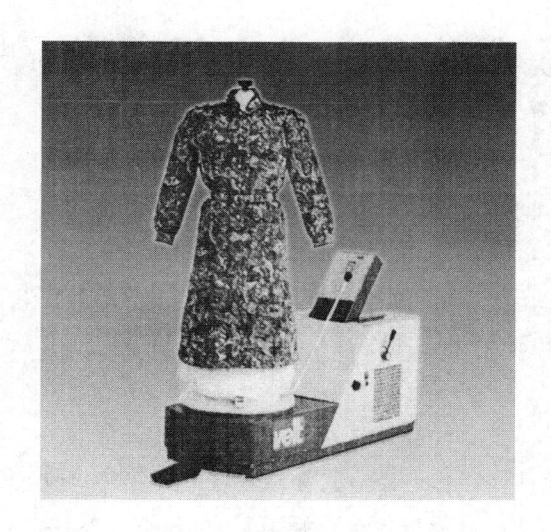

图 4-37　人形烫衣机

温度、湿度与时间一体化的三维整烫技术。所谓服装立体整烫就是将服装套入人形烫模并使衣服展开,将高温蒸汽由衣内向衣外喷射,因此服装只受张力而不受压力,衣服表面纤维不倒伏,整烫后的衣服整体平整、丰满均匀、毛感和立体感强,适用面料广,尤以毛呢和真丝面料服装的效果最好。它解决了某些工序手工和设备难以熨烫的问题,缩短了熨烫的辅助时间。图 4-38 为衬衫立体烫衣机的外形图。

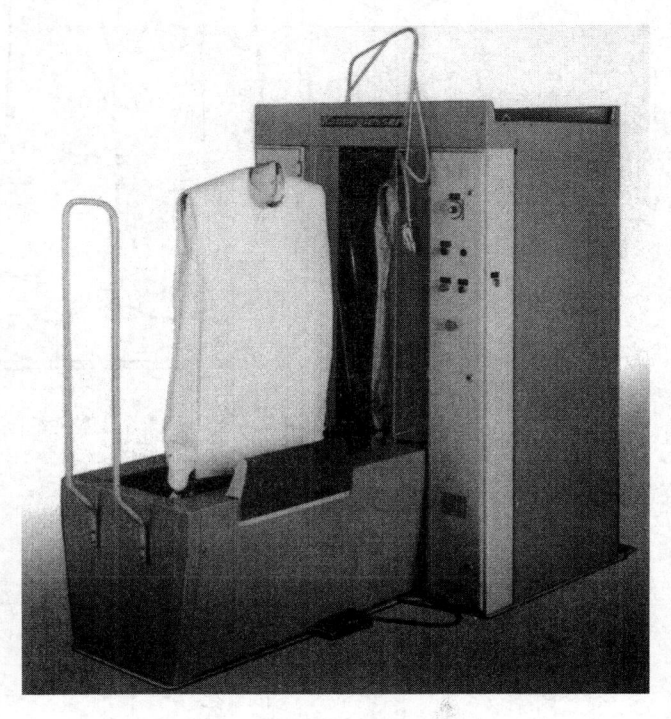

图 4-38　衬衫立体烫衣机

采用立体整烫新技术、新设备与采用压烫技术相比较,具有以下一些优点:
①缩短了熨烫的辅助时间,可提高工效30%~35%。
②立体整烫的能量(蒸汽)消耗少。
③服装立体整烫后立体感强,丰满度高。
④可改善整烫车间的环境,减轻操作工的劳动强度。
⑤采用立体整烫新技术与新设备,可使整烫工序大大减少。
⑥立体整烫可根据服装面料的性能调节整烫参数,使用方便,安全可靠。

(八)包装设备

成衣产品在出厂之前,需经检验合格方可进行包装。成衣包装有多种形式,常用的有软包装(塑料薄膜袋包装)、硬包装(如纸盒或瓦楞纸箱包装)和立体包装(如集装箱)。选择成衣包装形式时,主要考虑产品的品种、档次、运输条件和客户要求等因素。例如男式衬衫,普通产品一般使用塑料薄膜袋包装;中高档产品除用塑料薄膜袋包装外,再用纸盒包装。目前衬衫厂的产品包装,多数仍以手工操作为主,少数工厂已采用机械包装。新型衬衫折叠机和装袋机可以适应不同款式的衬衫,提高包装效率。如德国坎尼吉塞(Kannegiesser)公司制造的HLG型折叠机和SEM型装袋机,每台一班可包装2000件衬衫。表4-37列出了HLG型衬衫折叠机的主要技术特征。对高档外衣产品,如西服、大衣等外销服装多采用立体包装,集装箱运输。立体包装可防止产品在运输过程中产生折皱、受潮或被玷污。图4-39为西服采用立体包装的示意图。

图4-39 立体包装形式

表4-37 HLG型衬衫折叠机的主要技术特征

长度 (cm)	宽度 (cm)	高度 (cm)	重量 (kg)	气压 (Pa)	耗气量 (L/min)	功率 (kW)
1700	1560	1350~1450 (可调节)	330	64×10^4	30	0.75

(九)辅助设备

1. 烫衣机辅助设备

在成衣生产中,为保证熨烫设备正常运行所需的蒸汽和压力均由辅助设备提供。与烫衣机配套的辅助设备,包括锅炉、真空泵和空气压缩机等。

(1)锅炉及蒸汽配管:锅炉是工厂生产和生活用蒸汽的发生源。服装厂常用的锅炉有蒸汽锅炉和电热锅炉两种类型。选用锅炉时,主要考虑建厂地区的能源特点和设备供应情况。当生产和生活用汽使用同一台锅炉时,需要计算出总耗汽量,再加上管道损失和近期生产发展所需增添的设备的耗汽量,选择适当容量的锅炉。

配套用的蒸汽管道,包括主配管、压力表、疏水器、支配管和冷凝水管等,应当根据容量选择适当的管径。一般锅炉输出的主配管直径不应小于19mm(3/4英寸),它随着连接烫衣机台数的增加而增大。烫衣机的支配管的直径为12.7mm(1/2英寸)。当使用10台以上烫衣机时,需配管径为25.4mm(1英寸)的冷凝水管;使用10台以下烫衣机时,其管径应不小于19mm。

(2)真空泵及真空配管:真空泵一般采用离心泵(图4-40)。它所产生的负压,用于使熨烫的物件定位、抽湿、干燥和冷却。选用时应根据烫衣机下压板的面积、烫衣机使用条件和真空配管的压降来综合考虑。

图4-40 真空泵

真空配管包括真空罐和接管等。当使用7~8台烫衣机时,选用直径为102mm(4英寸)的主配管;使用3台烫衣机时,选用直径为76.2mm(3英寸)的主配管;使用两台烫衣机时,选用直径为51mm(2英寸)的主配管。烫衣机入口管的直径为51mm(2英寸)。

(3)空压机及压缩空气配管:空压机是压缩空气的发生源。全自动或半自动烫衣机均采用压缩空气作为气动执行元件的动力源。在选用空压机时,输出压力应为气动系统所需的工作压力与管道损失之和;输出流量等于整个系统的用气量加上一定的泄漏量和备用量。选用空压机时还应选择与其配套的油水分离器、后冷凝器、贮气罐和接管等部件。

2.服装吊挂传输系统

近年来在大批量的服装生产中,衣片的缝合、部件的组装、成衣整烫和成衣仓储,已逐步采用各种类型的吊挂传输系统。衣片、半制品或成衣被夹挂在专用的吊架上,由电脑或可编程序控制器控制,按照工艺要求自动认址传递,明显缩短了生产的辅助工时,可使生产效率提高30%左右。尤其是应用电脑控制的智能型传输系统,它还具有生产管理功能。该系统不但能实时记录每个工位加工产品的种类、型号、单价、储存量、效率等,而且便于管理人员进行生产调度和检查。由于该系统属单元生产系统,系统中单元的扩充或缩减以及工位的组合都非常方便、灵活,有利于产品品种和批量的转换,是当前国际上推崇的快速反应系统的一个重要组成部分。图4-41和图4-42所示分别为美国Gerber公司制

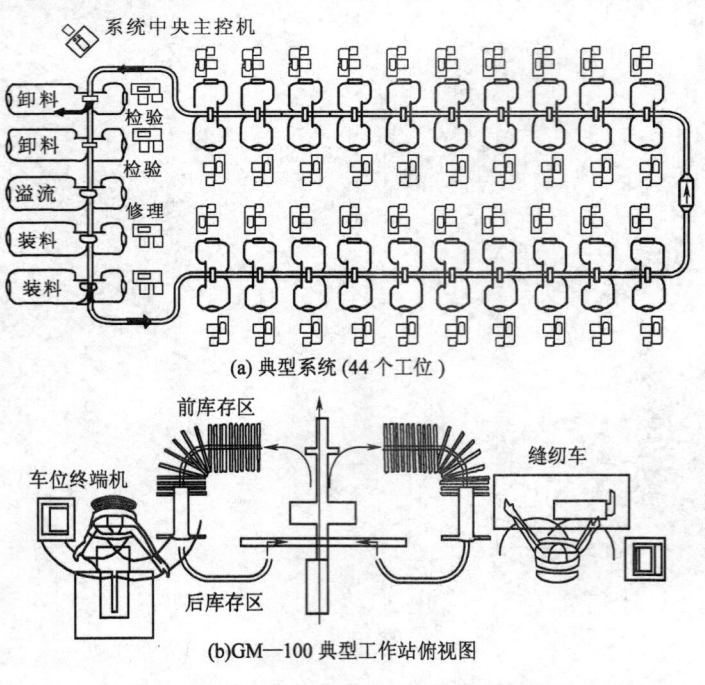

(a)典型系统(44个工位)

(b)GM—100典型工作站俯视图

图4-41 GM—100服装吊挂生产管理系统

造的 GM—100 型和瑞典 Eton 服装吊挂生产管理系统的示意图。

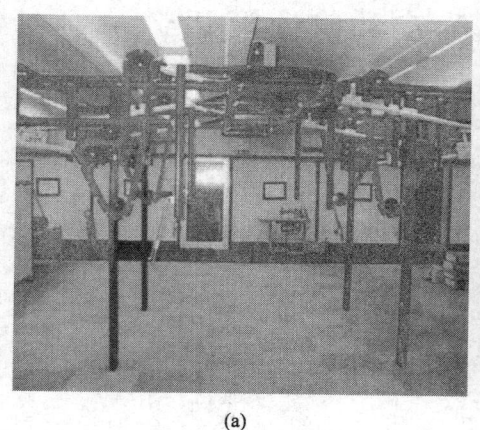

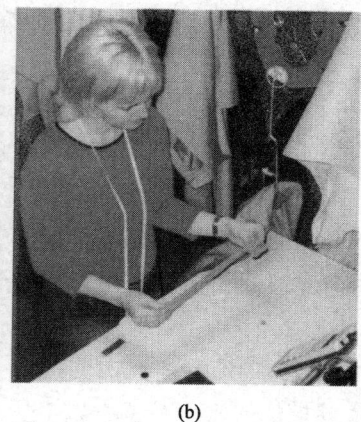

图 4-42 Eton 吊挂系统

目前世界各国应用的服装吊挂生产系统已有数千套。使用的设备多为瑞典铱腾（Eton）公司、美国格柏（Gerber）公司、德国杜克普—爱华公司和日本重机（Juki）公司等产品。我国在"七五"计划期间，也成功研制出国产服装吊挂生产系统，并在国内服装行业推广使用。选用服装吊挂生产系统时，应当考虑工厂的生产规模、厂房条件、产品品种要求及管理水平等因素。有条件的工厂都应积极采用这项先进技术。在表 4-38 中，列出了几种不同服装吊挂生产系统的主要技术性能比较，可供参考。

表 4-38 各国制造的服装吊挂生产系统的主要性能比较

项目 \ 系统型号（国别）	ETON2001（瑞典）	ETON2002（瑞典）	GM—100（美国）	GM—300（美国）	JHS201(Ⅱ)（日本）	FD1002（中国）
系统功能	较强	强	较强	强	较弱	较强
控制方式	机械编码	光学条形码与微机	计算机网络	计算机网络	机电	工业可编程序控制器
微机管理系统	有	有	有	有	无	有
自动化程度	较高	高	高	高	较低	较高
使用操作	方便	方便	较复杂	复杂	方便	方便
设备安装要求	一般工业厂房	较高	较高	较高	一般工业厂房	一般工业厂房
运转维护	较简单	难度较高	难度较高	难度较高	较简单	较简单
可靠性	一般	较高	较高	较高	高	较高

第五节　流水生产和流水线设计

一、流水生产的特点及组织形式

工业化的服装批量生产一般采用流水作业方式。成衣生产中衣片或半成品按照一定的工艺路线，有规律地从前道工序流向后道工序进行加工，这种作业方法称为流水作业，也叫流水生产。

(一)流水生产的主要特点

大规模的流水生产具有以下特点：

(1)工作地专业化，组成流水线的各个工作地都固定完成一道或少数几道工序。

(2)工作地按工艺过程顺序排列，加工对象在工序间按单向流动。

(3)生产具有节奏性，加工对象在各道工序间按一定的时间间隔投入或产出。

(4)各道工序的工作地数量同各道工序的单件作业时间的比例相一致。

(二)组织流水生产的条件

(1)产品要有一定的批量，使流水线能够固定生产一种或几种产品。

(2)产品结构和工艺要相对稳定。

(3)生产工艺过程能够划分成若干简单的工序，而且这些工序能够适当地进行合并或分解。

(三)服装流水生产的组织形式

由于流水生产组织合理，过程紧凑，可增加产量，提高劳动生产率，节约流动资金，提高设备利用率和降低生产成本，所以工业化的服装批量生产大多采用流水生产。在服装生产中，流水生产的组织形式主要有以下两种。

1. 按工艺为原则组织生产（即工艺专业化形式）

工艺专业化形式是按服装生产的工艺阶段或工艺设备相同性的原则来建立生产车间。通常将生产过程的组织划分为剪裁车间、缝纫车间和整烫包装车间等。在同一车间内集中了同类工艺设备和同工种工人，使用的加工方法也大致相同，但加工对象具有多样性。

2. 按对象为原则组织生产（即产品专业化形式）

产品专业化形式是以加工对象(产品)作为划分车间的原则。将一种产品的全部(或大部分)的工艺过程集中在一个车间内进行,然后划分为彼此相对独立的封闭式车间。

二、流水线设计
(一)计算流水节拍
流水线的工作节奏称为流水节拍。对于单一品种的流水线,节拍表示流水线生产出单位产品的时间间隔。节拍是流水生产的一个重要工作参数,反映流水线的生产率。流水节拍可用下式计算:

$$\tau = \frac{R}{M}$$

式中:τ——流水节拍,min/件;
  R——计划期有效工作时间,min;
  M——计划期流水线的产量,件。
  其中:
$$R = R_2 \cdot A$$

式中:R_2——计划期制度工作时间,min;
  A——时间利用系数,考虑设备调整、检修、休息等时间的系数。

如果已知流水线的工人人数和单位产品所需的总工时,则流水节拍可按下式计算:

$$\tau = \frac{\sum t_i}{K}$$

式中:$\sum t_i$——单位产品的总工时;
  K——流水线工人人数。

在实际生产中,当各个工作地的负荷不均衡时,常会出现"瓶颈"工序,即该工序的加工时间最长。因此,在设计流水线时,节拍的计算应以"瓶颈"工序为准。

(二)工序同期化
工序同期化又称工序同步化,是指在组织流水生产时,各工作地负荷(作业量)的确定,要以平均节拍为基准,做到工序同期化。由于产品工序的划分、作业时间的确定或作业的组织等因素的不合理,都易造成生产出现脱节或流水线停工等待。为了避免出现这种情况,使流水线各道工序的加工时间与平均节拍相吻合或成倍数关系,常采用一些必要的技术组织措施来调整流水线各工序的加工时间,通常把这种调整称之为实现工序同期化。

实现工序同期化,一般可以采用以下一些措施:

(1)在流水线上未同期化的工序中,采用高效能的设备,或在原有的设备上加装专用的工夹具来提高劳动生产率。

(2)优化工作地布置,减少浮余时间。

(3)通过培训提高工人的技术熟练程度。

(4)分解或合并工序,使各工作地负荷达到相等或相近。

工序同期化的实质也就是流水线的负荷平衡问题。事实上各工作地的实际作业时间不可能与流水节拍完全相同,流水线各工作地的作业时间越接近流水节拍,流水线的效率就越高。一般要求流水线的编制效率达到85%以上。流水线的编制效率可采用下列公式计算:

$$E = \frac{\sum t_i}{N \cdot \tau} \times 100\%$$

式中:E——流水线编制效率;

N——工作地数量;

τ——流水节拍瓶颈工序的作业时间。

例如:某服装厂有一条未经平衡的流水线,共有6个工作地,各个工作地的负荷分别为0.9min、1.4min、0.9min、1.1min、1.1min、0.9min,可以看出关键环节(瓶颈工序)是第2个工作地,此时的流水节拍$\tau = 1.4$min,则流水线的效率为:

$$E = \frac{0.9 + 1.4 + 0.9 + 1.1 + 1.1 + 0.9}{6 \times 1.4} \times 100\% = 75\%$$

如果采取工序同期化措施,尽可能地使各个工作地的负荷达到平衡,就可以提高流水线的效率。在上例中可通过分解该流水线的瓶颈工序,减少该工序的工时,相应地调整其前后工序的工时。调整后各工序的工时为1.0min、1.2min、1.0min、1.1min、1.1min和0.9min,则流水线的效率为:

$$E = \frac{6.3}{6 \times 1.2} \times 100\% = 87.5\%$$

事实上就算流水线处于平衡状态,每个工作地的工时也不可能与流水节拍完全一致,总会有些偏差,这种偏差的大小则取决于流水作业的种类。一般要将流水线的工时偏差控制在10%左右。

(三)计算工作地数量

每道工序所需的工作地数量可根据下列公式计算:

$$N = \frac{t_i}{\tau}$$

式中：t_i——实现工序同期化后，第 i 道工序单件产品的工时定额。

对现有工厂进行计算时，往往已知流水线工作地的数量 N 或流水线的占地面积 F。在这种情况下，可先算出流水线的工人数，然后求出流水节拍。

若已知工作地数量 N，可计算流水线工人人数 K 为：

$$K = \frac{N}{f}$$

式中：f——考虑一个工人多机台操作及设备储备等因素的系数，一般 $f = 1.05 \sim 1.15$。

若已知流水线的占地面积 F，则流水线工人人数可按下式计算：

$$K = \frac{F}{S}$$

式中：S——考虑车间通道及辅助设备占地等因素，一个生产工人的面积定额，m^2。

S 值大小与产品品种和流水作业的种类有关，一般 $S = 4.4 \sim 7.8 m^2$（表 4-39）。

表 4-39 缝纫车间一个生产工人的面积定额

产品种类	不同种类流水作业的个人面积定额（m^2）	
	非传送带式	传送带式
男女大衣及短大衣	7.8	6.8
男女童大衣	6.6	5.8
男女毛呢服装	6.8	5.6
男女衬衫	6.1	5.1
外衣、儿童雨衣	6.2	5.2
工作服、日常服	6.5	5.4
帽子	6.3	5.4
内衣、胸衣	5.3	4.4

第六节 成组技术

改革开放以来我国服装工业取得了巨大的发展，已成为世界服装生产和出口大国。服装生产已由原来的手工作坊式时代进入了工业化生产时代,采用先进的加工设备、按流水作业方式生产,大大提高了生产效率。但随着近年来市场需求的变化,服装生产已由原来的大批量、少品种、长周期向小批量、多品种、短周期方向发展,产品更新速度加快。由于经常更换产品,就需要频繁调整生产线,增加了转产期,降低了生产效率,原有的流水生产方式表现出了一定的局限性,迫切需要改进。由于目前的服装生产大多还是半机械、半手工方式,属典型的劳动密集型产业,要实现自动化生产还很困难。但是,通过改进生产的组织方式,仍有可能提高劳动生产率。

流水生产适合于少品种、大批量的产品生产,而成组技术则能适应多品种、中小批量的产品生产,凡是存在有相似性的工作领域,都可以应用成组技术。对于服装生产来说,目前存在多品种、中小批量生产类型,并且加工制作也存在很多的相似性,完全可以应用成组技术,但遗憾的是目前对服装领域的成组技术应用的研究还较少。

一、服装企业现有生产模式分析

目前,国内的大中型服装企业主要是接单生产,生产类型大多属于批量生产。从总的方面看服装生产分为三大工段,分别是:裁剪、缝制、整烫。若是牛仔装,还包括水洗工段。采取的生产模式主要是流水生产方式,但也同时存在成组技术的成分。

裁剪加工与整烫加工,因为加工工序比较短、工序相似性强,同类设备集中在一起,又是按工艺顺序进行生产,所以既可以看作流水生产也可以看作成组技术。

缝制加工部门是一般企业中应用流水生产比较典型的部门,根据生产产品的不同,生产线的人数及设备配备也有差异,一般情况下成衣生产线的种类及人数见表4-40。

表4-40 成衣生产线的种类及人数

序号	产品品种	生产线人数(人)	序号	产品品种	生产线人数(人)
1	针织成衣	10	4	西裤	35
2	衬衫	35	5	时装	20
3	西装上衣	75	—	—	—

表4-40中的针织成衣、衬衫、西装上衣、西裤等属于具体化程度比较高的产品,虽然也存在批量和品种的变化,但总的来说品种变化的程度相对较小。时装生产线是比较典型的多品种、中小批量生产类型,由于大多数国内企业是按所

接订单组织生产,产品不固定,有可能引起设备的浪费或者造成专用设备的闲置,如开袋机、绱袖机等专用设备的利用率会比较低,同时要求操作工人能适应几种机器的使用,从而降低了产品加工的专业化程度。现有的生产方式需要经常对生产线(人员和设备)进行调整,专业化程度低,对人的要求高,一个人要适应多种工序,存在的问题比较多,迫切需要采用新的生产组织形式和管理方法,以提高经济效益。

生产线的形式要与生产的批量相适应,提高生产线效率的方法,就是尽量提高生产线中每个工作地的专业化程度,扩大批量、减少转产期。这就为成组技术的应用提供了可能。通过将不同批次产品的工序合理分类成组,并按组进行加工,达到提高批量和效率的目的,就能适应多品种、小批量生产变化的要求。

二、服装生产应用成组技术的实现

(一)工序分类

在机械工业中实施成组技术首先要对零件进行分类,其依据是零件的相似性。机械加工主要是对零件进行加工,在一件产品的生产过程中,零件加工占了大部分工序,组装的工序则比较少。而在服装生产中,若把衣片看作零件,实际上单纯对零件的加工比较少,而大部分是基于零件的组装工序,由零件(衣片)组装成大的部件(如领、袖、前片、后片等),然后再组装成一件完整的成衣。因此,服装工艺的分类应基于工序,对工序进行分类和编码是很重要的。一般服装可分为上衣、裤子、裙子、外套、内衣等几类,而一件上装不管款式如何,大多都是由前片、后片、领、袖、口袋等部分组成,各部分的加工种类虽然众多,但基本上是由平缝、包缝、修剪、熨烫、锁钉等基本工序组成,存在许多相同或相似之处。

(二)工序成组

要实现成组技术就要打破产品界限,将众多相似工序分成若干具有相似特征的工序组。工序成组的合理程度,会影响生产的组织和管理,所以企业应根据具体的生产条件和目的,将相似工序合理地归类成组。在一般情况下,可根据产品的工序特征和款式特征进行分组,例如在衬衫的缝制加工中,可以分为领、袖、前片、后片、组装五个组;在时装生产中也可以根据加工同一工序的专用设备分组,如将锁眼机、钉扣机、套结机等集中在一起,构成一个组。

(三)编制成组工艺过程

应用成组技术后,不再以产品为对象设计工艺,而可以按工序组为对象,进行成组工艺过程设计。这种成组工艺过程集中反映了工序组内所有相似工序的特征,不必再为每个工序制定工艺,简化了工序设计工作。

(四)建立成组加工系统

根据已划分的工序组和编制的成组工艺过程,配备成组工艺设备,就可以建立成组加工系统了。成组加工系统主要有下列三种形式:

(1)成组加工单机:将相似的工序集中在一台机器上生产,如锁眼、钉扣、套结等。

(2)成组加工单元:就是在一个工序组内可以完成该工序组的全部工序,如衣领组内含有加工领子所需要的各种设备,可以完成加工领子的所有工序。

(3)成组流水线:就是将设备按工序组的典型工艺过程进行排列,使其具有流水生产的特征。它兼具流水生产和成组技术两方面的优点,这是加工过程合理化的高级形式。例如衣领组内的设备按加工顺序进行排列,则成为成组流水线,但它不仅能生产一种固定款式的领子,还能够生产几种不同款式的领子。

以上主要阐明了成组技术如何应用于服装生产,它同时也可以应用在产品设计方面。在服装领域应用成组技术符合我国企业的实际情况,有利于提高劳动生产率和经济效益,值得推广。

思考题

1. 产品方案确定之后,根据什么原则选择生产工艺流程和设备?
2. 试以男衬衫为例,列出该产品的生产工艺流程及工序分析表。
3. 选择设备应当遵循哪些原则,为什么?
4. 试以男西服为例,了解生产该产品需要配备的裁剪、缝纫和整烫包装设备的品种、名称和数量。
5. 流水生产具有哪些特点,组织流水生产需要哪些条件?
6. 要使缝纫流水线各工作地的负荷达到均衡,通常可采取哪些措施?
7. 何为成组技术?服装生产在什么条件下可以采用此项技术?

产品与工艺设计——

厂房形式与车间布置

课题名称： 厂房形式与车间布置

课题内容： 厂房形式和柱网尺寸
车间布置设计的原则
流水线的平面布置
附属房屋的布置

课题时间： 4课时

教学目的： 1.让学生了解服装厂常用的建筑结构形式及其特点。
2.掌握车间布置设计及各类附房安排的原则和方法。
3.了解并掌握服装生产线平面布置的要求及方法。

教学方式： 教师结合典型实例讲解单层厂房与多层厂房的优缺点；介绍不同类型厂房车间布置的要求及方法；选择不同类型的生产线，介绍其平面布置的方法及要求。

教学要求： 1.通过单层厂房与多层厂房结构特点的分析和比较，让学生认识到新厂建设应当"因地制宜"和"注意节约用地"。

2.通过具体实例的讲解和分析，让学生认识到不同建筑结构的厂房，车间布置的方法也不相同，但两者都必须以满足产品生产工艺要求为前提。

3.通过教师讲解让学生掌握几种典型产品服装生产线的特点及其平面布置的方法。

4.通过设计实例的分析，让学生认识附属房屋的种类，掌握生产附房和生活附房的布置方法。

第五章 厂房形式与车间布置

第一节 厂房形式和柱网尺寸

一、服装厂的生产特点

在工厂设计中,无论选用哪种形式的厂房,都必须符合服装生产的以下特点和要求:

(1)典型的劳动密集型、半机械化半手工生产模式。由于进行生产作业的工人多,产品质量要求高,车间内应有良好的通风或空调设施,须有充足而均匀的采光。例如夏天气候闷热,工人易出汗或不舒服,冬季天气寒冷,这些都会影响劳动生产效率、产品质量和劳动保护。

(2)工业化成衣生产所需的设备品种多、数量大,生产的连续性较强。服装加工工艺流程长,大部分裁剪和整烫设备占用的空间较大,虽然单台缝纫设备占地空间不大,但缝纫生产要求很多台设备组成生产线,其占地面积大,长度一般需要十几米,有的生产线长达30~50m,所以厂房需有足够的长度和跨度。

(3)服装的水洗和整烫是湿热加工,特别是牛仔装水洗和西装整烫,使用的水和蒸汽较多,因此这些车间的温度高、湿度大,冬季易产生冷凝水。

(4)服装生产使用的各种原材料、半成品及最终产品都是易燃品,再加上人员密集,用电设备多,电气线路多,对消防要求比较高,因此厂房应有足够的防火措施。

(5)生产过程中衣片、半制品和成品的运输较频繁,员工往来多,厂房内应有宽敞的运输通道,需留有充足的堆放和安装吊挂传输系统的场地,多层厂房应留出足够的楼梯和电梯面积。

(6)成衣生产设备的重量大多较轻,外形尺寸不大,地面承受的荷载较小,约 $2.94 \times 10^7 \sim 3.92 \times 10^7 Pa$。

(7)服装产品的变化会影响生产线的稳定性,因此在厂房设计中要注意留有余地,以适应生产线的调整与变化。

二、服装厂的厂房形式

厂房形式的选择是工厂设计中的一个重要环节。服装厂的厂房可以设计成单层厂房,也可以设计成多层厂房。究竟选用哪种形式的厂房,应当全面考虑工厂的生产特点、生产工艺要求、厂房占地面积、建筑施工条件、城镇发展规划、投资额以及企业经营管理等因素,在综合分析的基础上确定合理的方案。

(一)厂房的建筑造型

服装厂房建筑造型一般的形式有:矩形、回形、山形、L形、方形、U形,如图5-1所示。因矩形厂房易于进行生产线布置,采光、通风比较好,所以实际中矩形的厂房比较多,具体采用何种形式应根据工艺流程和场地情况进行考虑。

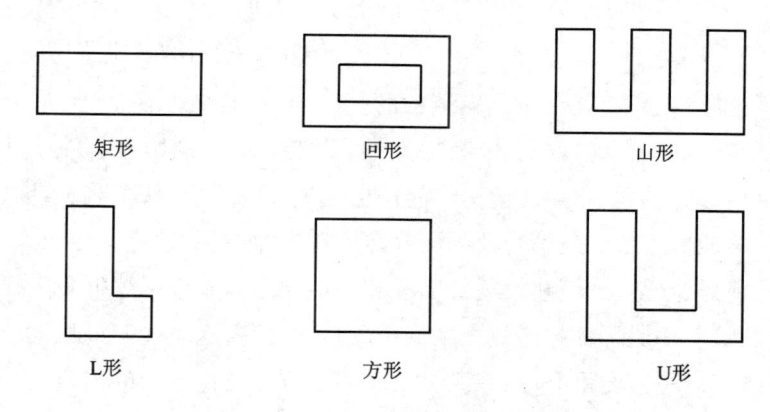

图5-1 服装厂房的建筑形式

(二)单层厂房

单层厂房具有许多优点,所以在工业建筑中得到广泛应用。与民用房屋比较,单层厂房因生产工艺需要,其跨度和高度较大,屋盖和柱子承受的荷载较大;厂房结构多为骨架承重体系,内墙和外墙大多情况下不承重,仅为维护结构。从建筑结构和使用两方面进行分析,单层厂房的主要特点如下:

(1)采用的结构柱网较大,有利于工艺布置和产品更新。
(2)采用水平运输方式,运输工具的选择灵活、方便,车间内运输费用较低。
(3)车间地面能够承受较大的荷载。
(4)厂房占地面积大,建筑空间不够紧凑。

(三)多层厂房

两层以上的厂房称为多层厂房。多层厂房又有带技术夹层和不带技术夹层两种形式。图5-2为带技术夹层的多层厂房结构图。

由于服装生产使用的设备较轻,外形尺寸也不大,因此服装厂的厂房可以采用多层厂房形式。

多层厂房最大的优点是占地面积小,可节约用地,所以特别适宜在土地紧张的大城市或地形变化较大的地区建厂。

多层厂房的缺点是柱网尺寸小,工艺布置的灵活性差;由于采用垂直运输,厂房方所需的运输面积,如楼梯间、电梯间等所占的面积较多。

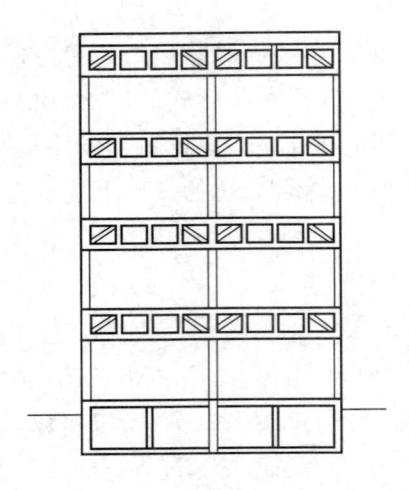

图5-2 带技术夹层的多层厂房结构图

服装厂所选用的多层厂房多为4~6层。采用这样的层数,既能简化建筑物的基础处理,降低厂房造价,又能加快施工进度;同时也有利于防火安全与消防扑救。当厂址受到用地条件或其他因素制约时,也可采用层数更多的厂房。但楼层数过多的厂房,从工艺、运输、安全防火以及厂房造价上考虑是不合适的。确定厂房层数时,必须考虑生产工艺要求、经济状况、防火安全、城镇建设规划要求和当地地形等条件。根据我国目前的国情,工业建筑中多层厂房的高度大多低于24m,厂房高度超过24m则属于高层建筑,对消防安全等方面将有更高的要求,本书不再涉及这方面的内容。

多层厂房的宽度和层高主要根据工艺布置要求、空调和采光要求以及建筑造价等因素确定。适当加大厂房宽度,有利于工艺布置及提高建筑的经济效益。但是,服装厂目前多用外墙窗口自然采光,当宽度加大后,采光不足,势必要增加层高,这样又会增加建筑造价。因此,最合适的厂房宽度和层高,必须结合具体情况,通过综合分析和比较后确定。

服装厂选用多层厂房时,厂房宽度多为15~18m,层高为3.8~4.2m。设计有空调送风管道的厂房时,管道布置对层高的影响较大。一般主干管道多布置在底层或顶层,因此常加大底层的层高或在顶部做吊顶层,便于集中布置主干管道。当厂房底层作为集装箱仓库时,底层的层高应加大,层高通常为6~8m。

三、结构柱网的选择

所谓柱网是指建筑和结构平面图上柱子布置的形式(承重柱子或墙的纵向和横向定位轴线在平面上构成的规则网络)。柱网尺寸用"跨度×柱距"表示。

柱网大小不仅影响工艺布置和机器排列的方便性、合理性，而且会影响厂房占地面积和建设结构的经济合理性。柱网尺寸的选择主要考虑下列因素：

（1）首先要满足生产工艺要求。服装厂的产品品种较多，生产规模大小不一，设备性能、尺寸也有差异，厂房形式又有单层和多层之分。因此，在确定柱网尺寸时，由于裁剪、缝纫、整烫设备的规格不同，在设计柱网尺寸时首先应考虑安装设备比较多的车间，兼顾其他车间，这样才有利于生产操作。

（2）建筑方案的合理性。单从工艺布置的角度考虑，柱网尺寸越大，车间内柱子的数量越少，对设备的布置越有利。但是还须考虑结构设计的合理性和经济性以及建筑施工的条件等，以利于施工机械化和构件定型化。例如，我国制定的建筑模数制规定：排架结构的厂房，其柱网尺寸均以 6m 为扩大模数；而框架结构的柱网尺寸比较灵活，一般以 0.3m 为扩大模数。

（3）柱网尺寸统一性。服装厂采用单层厂房时，一般都设计成等宽、等高的平行跨间。单层厂房的柱网尺寸可选用 12m×7.8m、12m×9m、12m×12m、8m×16m 或 8m×18m。采用多层厂房时，多选用梁板柱框架结构（图5-3），上下楼层的柱网尺寸应力求统一。常用的柱网尺寸有 7.5m×6m、9m×6m、12m×9m。框架结构跨度通常在 7.5~12m，最大不超过 15m，柱距一般在 6~9m，轻钢结构的单层厂房跨度可以大一些，可达 20m。同一厂房内，柱网尺寸应尽量一致。

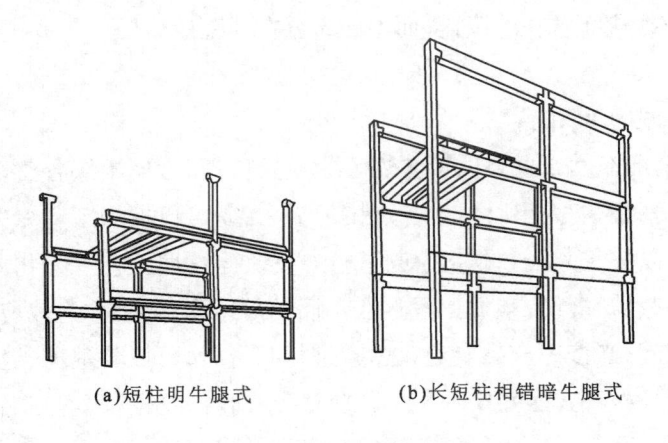

(a)短柱明牛腿式　　(b)长短柱相错暗牛腿式

图 5-3　梁板柱框架结构

第二节　车间布置设计的原则

车间平面布置也是工厂设计的一项重要内容。因为车间布置的合理性，不仅直接影响车间占地面积和基建投资，而且还会影响投产后的运转操作、设备检修及日常管理。车间布置既要以工艺为主体,又要兼顾其他各个方面的要求。因此,车间布置应以生产工艺为前提,全面考虑其他方面要求,对车间内的各种设备进行合理排列,对生产附房和生活附房作出合理布局,然后以适当比例用图纸形式表现出来。

一、车间布置设计的原则

车间布置设计应当遵循以下原则:

(1)原辅材料的入口应靠近准备、裁剪车间;产成品出口应靠近成品仓库。

(2)确定各车间的相对位置,应尽量使运输路线最短,避免人流与货流产生交叉,以利安全生产和以后采用机械化、自动化设备。

(3)设备应按照加工顺序布置,设备与设备之间、设备与墙或柱之间,应留有适当的距离和空出必要的通道及存放原辅材料、在制品所需的面积。应使车间面积得到充分利用。

(4)生产附房通常布置在厂房的周围,靠近它所服务的车间;生活附房应安排在人流集中或人员经常来往的通道旁。

(5)车间布置可在适当范围内留有余地,为今后扩大生产和技术改造提供方便。

(6)生产线应布置在跨度内,而不能布置在柱距内。

二、单层厂房的车间布置

单层厂房的车间布置要以工艺流程为主要依据,考虑本层各工段的水平联系。根据厂房面积的大小以及生产规模的需求,既可以按照工艺专业化原则进行布置,也可以按照产品专业化原则进行布置。当按照工艺专业化原则进行布置时,可以将裁剪、缝纫、整烫工段放在不同的厂房内,分别称为裁剪车间、缝纫车间、整烫车间;当按照产品专业化原则进行布置时,可以将裁剪、缝纫、整烫工段放在同一厂房内,流程可分为直线式或U形,前者原料从厂房一端进入,成品从另一端产出;后者原料进入和成品的产出都是在厂房的同一端。由于单层厂房的面积可以建得比较大,大多数企业是按照产品专业化原则进行布置的。

三、多层厂房的车间布置

选用多层厂房时,车间布置不仅要以工艺流程为主要依据,考虑本层各工段的水平联系,还要考虑各层之间垂直方向联系的顺序。从简化后的工艺流程来看,其车间布置可分为自上而下和自下而上两种。前一种布置是先将原料或半成品运至顶层,然后按顺序逐层下降,最后在底层完成最后一道工序的加工;后一种恰恰相反,最后工序安排在顶层完成。从目前服装厂的实际情况来看,选用自下而上的布置较为合理。多层厂房的车间布置也是既可以采用工艺专业化原则也可以采用产品专业化原则,但多层厂房的单层面积不会很大,所以实际上按照工艺专业化原则进行布置的企业比较多。

图 5-4 为工艺流程布置方案;图 5-5 为多层厂房的车间布置方案。

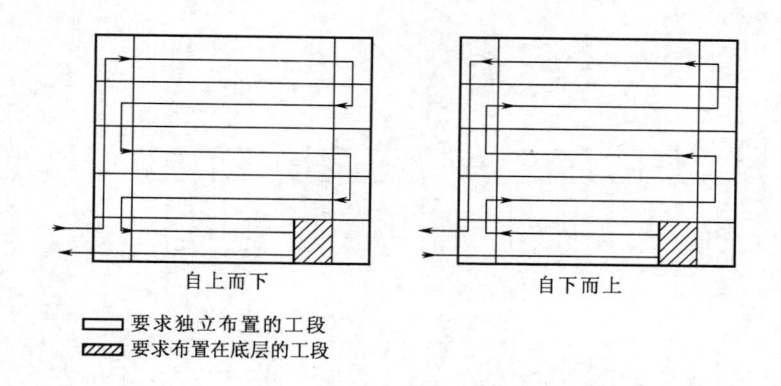

自上而下　　　　　　　自下而上

□ 要求独立布置的工段
▨ 要求布置在底层的工段

图 5-4　工艺流程布置方案

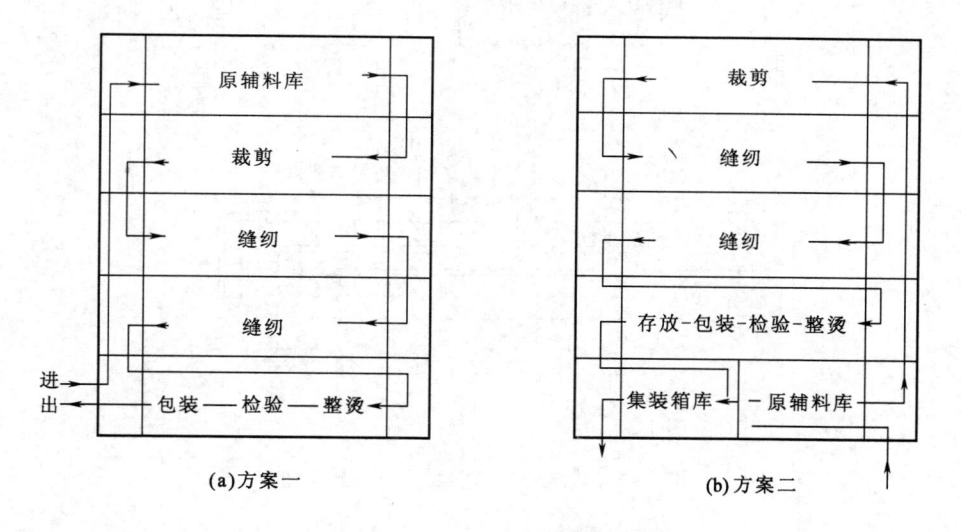

(a)方案一　　　　　　　(b)方案二

图 5-5　多层厂房工艺布置方案

第三节　流水线的平面布置

车间内部流水线的平面布置形式取决于流水线的种类。在服装工业生产中,由于产品的批量、品种及工艺要求不同,流水线的布置形式也不相同,基本形式有以下几种。

一、传送带式流水作业

传送带式流水线是利用传送带作为衣片或半成品的传送工具。根据传送装置的结构,传送带式流水线又分为直线式布置与环式布置两种形式。直线式布置又有单列直线式流水线和双列直线式流水线两种[图5-6(a)和图5-6(b)]。在环式传送带流水线中,缝纫机(或操作台)布置在回转的皮带输送机的两旁[图5-6(c)]。

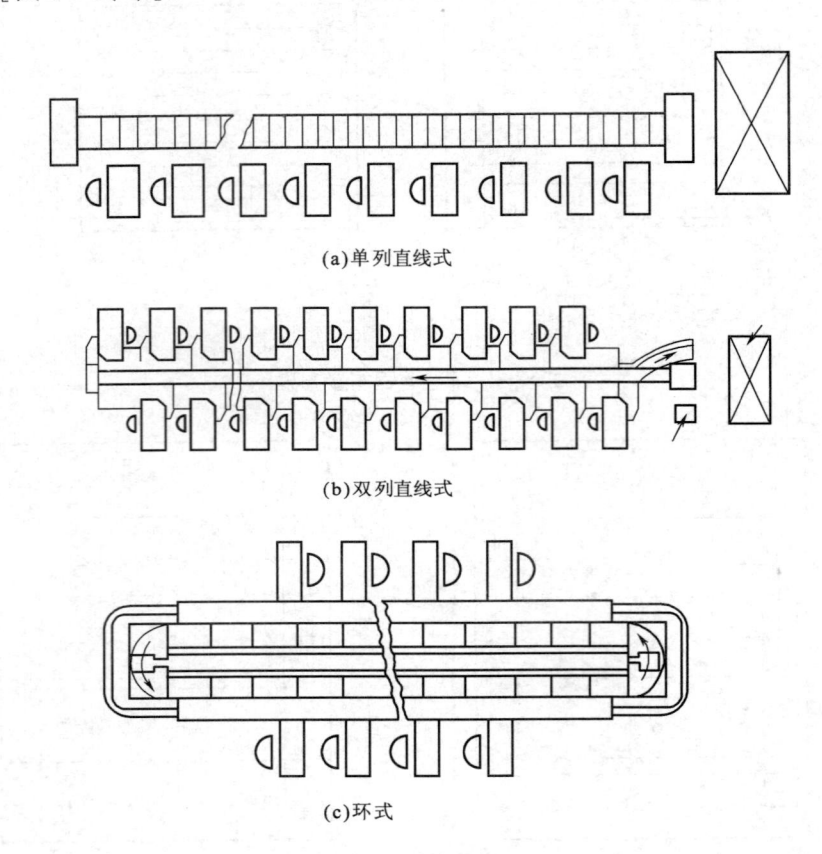

(a)单列直线式

(b)双列直线式

(c)环式

图5-6 传送带式流水线设备布置简图

二、单机组合式流水作业

按照成衣各部位的加工顺序配置必要的设备,设备的排列基本上按作业流程进行。这种布置方式是目前我国大多数服装厂所采用的方法。这种布置适用于加工品种相对稳定、技术难度不太高的产品,如运动衫、T恤衫、衬衫等。流水线的布置主要有以下三种形式。

(一)横列式

缝制设备与缝制设备两侧互相连接,沿横向排列成一长排,通常两排设备相对排列,中间相隔 80cm 左右,做成槽状,用来堆放产品[图 5-7(a)]。这种排列方式的优点是占地面积小,工人操作符合"左拿前放"的作业要求,动作比较省力。

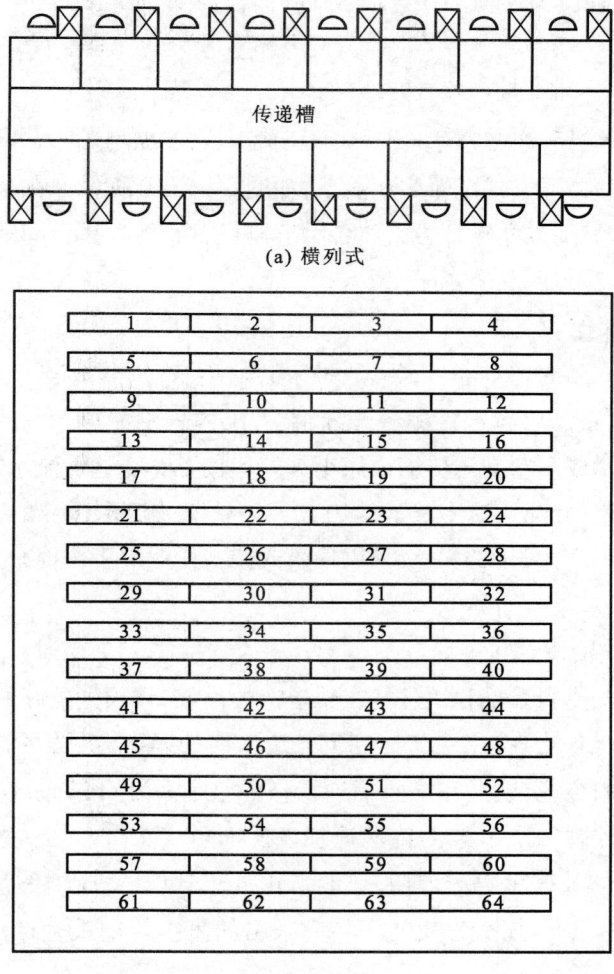

(a) 横列式

(b) 纵列式

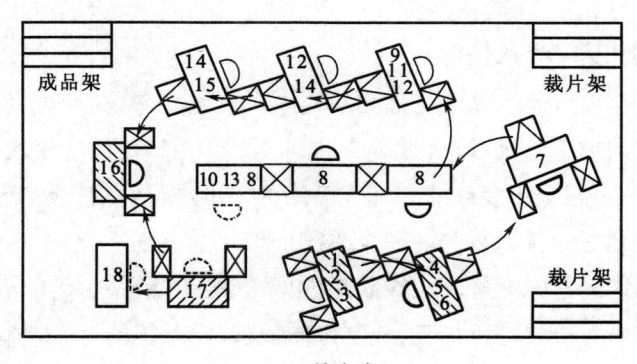

(c) 综合式

图 5-7 单机组合式流水线设备排列图

(二)纵列式

缝制设备沿纵向排列成几列,类似学校教室里的课桌排列方式[图 5-7(b)]。这种布置便于管理,生产效率较高,但占地面积较大。

(三)综合式

为了适应多品种小批量生产,也可不用横列式或纵列式布置方案,而采用以烫台为中心的左循环方式配置生产设备,如图 5-7(c)所示。在生产服装时,按照产品的加工顺序,以左循环方式将各种缝制设备布置在烫台周围。

三、集团式流水作业

按照组成产品的各个部件,如领、袖、前身、后身等,分成若干个专业加工组分别进行加工,最后将各部件集中合缝,在各组内分别配置相应的缝制设备,各工作地之间衣片或半制品的传输采用小车等运输工具。这种流水线布置适宜加工品种比较稳定的产品,流水线的能力较大。集团式流水作业的工作地布置有多种形式,图 5-8 为西服生产线采用集团式流水作业的工作地布置图。

四、吊挂传输式流水作业

吊挂传输式流水线是利用悬挂在轨道上的吊架,将预先配好的衣片,从流水线一端的起点操作台,按指令传输到下一道工序的操作台,循序加工,直到最后完成整件成衣的合缝、锁钉和检验等项操作。整个系统可以通过电脑或可编程控制器灵活地控制每个吊架的传输地址。从而可大大节省工人操作的辅助时间,提高生产效率,缩短生产周期,还能强化生产管理,适应"快速反应"生产要求。图 5-9(a)、(b)分别为我国服装厂采用的吊挂传输式生产流水线的布置形式。

五、模块式快速反应流水作业

模块式快速反应流水作业又称模块式生产系统。它是由若干台缝纫设备和熨烫设备组成的加工模块,按单循环方式排列成 U 字形;每个模块一般由 2~3 个加工台组成(可根据服装款式和加工工序的多少进行增减,最多可达 6 个加工台);每个模块由一个工人操作。整个系统的模块数一般不超过 10 个,工人采用立式多工位操作。预先配好的成衣裁片,由系统的一端输入,借助步进式吊挂传输装置依次传给各模块进行加工,缝制好的成衣,由系统的另一端输出。这种单件流水生产方式,适用于小批量、多品种的中高档产品。图 5-10 为缝制女套装及裙子的模块式快速反应生产系统的布置示意图。

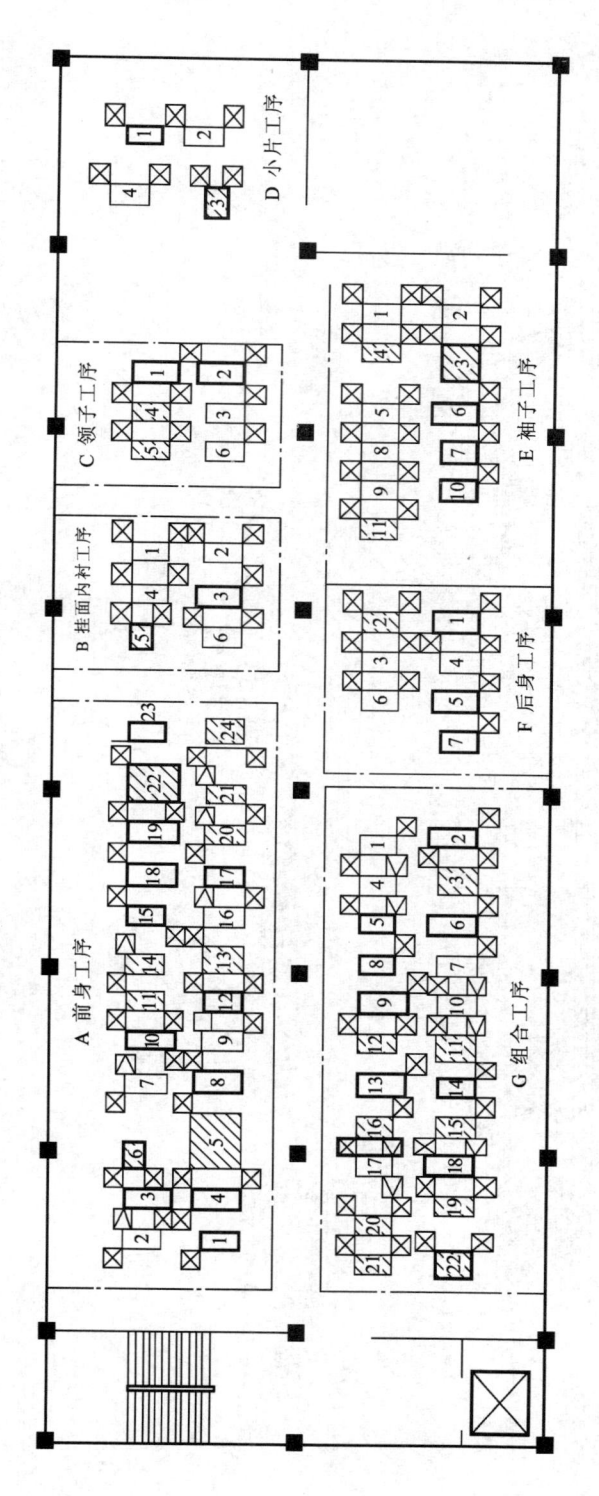

图 5-8 集团式流水作业工作地布置图

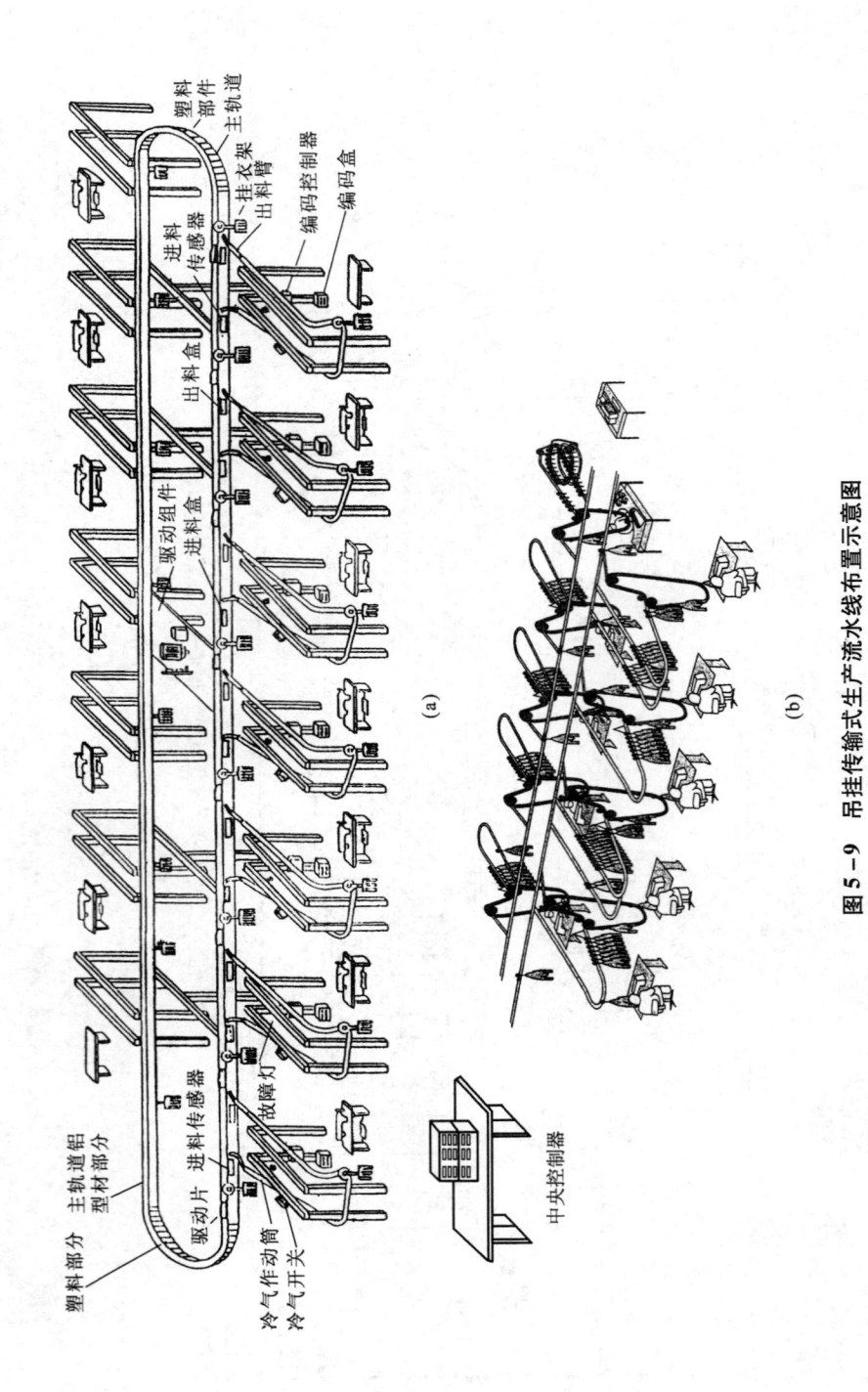

图 5-9 吊挂传输式生产流水线布置示意图

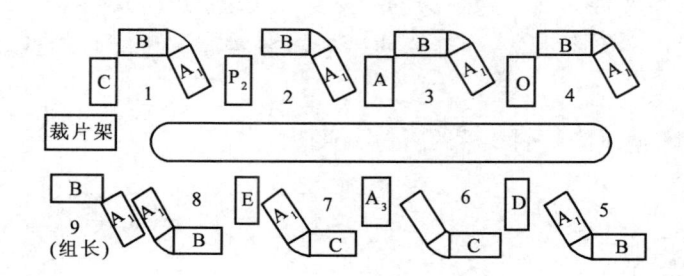

图 5-10　女套装及裙子的模块式快速反应生产系统布置示意图

车间内生产流水线的合理布置,应使设备、工具、运输装置和工人操作有机地结合起来,合理安排各个工作地,使衣片和半制品的运输路线最短,工人操作安全、方便,还要有利于生产管理和有效地利用生产面积。在具体布置时,应当考虑产品品种和批量、设备的种类和尺寸,厂房的形式和柱网尺寸以及管理水平等条件。

流水线的长度一般不超过 50m,否则不利于管理。当流水线长度超过 35m 时,应当设置 1.5~2m 的横向通道。采用传送带式流水线布置时,在两条传送带中间应设置 0.5m 的纵向通道。

流水线的首尾两端,在有投料和产出的地方,距墙应有 3.5~4m 的间距;在无投料和产出的地方应留 2~2.5m 的间距。沿车间长度方向,两条流水线之间的间距应大于 4.5m。沿车间宽度方向,有两条流水线时,流水线之间的通道应有 2~2.25m;有 3 条流水线时,通道应为 2.25~2.75m;有 4 条流水线时,通道应为 2.75~3m。流水线与侧墙的距离应留 1.1~1.2m。

车间内主要通道的宽度应不小于 3m,工人从最远的工作地到最近的车间通道之间的距离应不大于 40~50m。

第四节　附属房屋的布置

一、附房的分类和布置原则

服装厂的厂房无论是多层厂房还是单层厂房,除了设置各种车间和工段外,还需设置一些辅助生产或生活用的房间,称为附属房屋。这些房屋通常都与主厂房相毗邻或设在主厂房内,以满足生产过程中的辅助加工、机物料供应和车间管理等需要。

服装厂的附房可分为两类:一类叫生产附房,如电脑设计室、打样间、空调室、配电室、保全室、车间办公室、车间辅料库等;另一类叫生活附房,如更衣室、盥洗室、厕所等。这两类附房的布置原则是:生产附房的位置应当靠近它所服务的生产车间和设备;生活附房一般布置在职工比较集中或经常往来的通道旁。

图5-11所示为某服装厂的附房布置图。

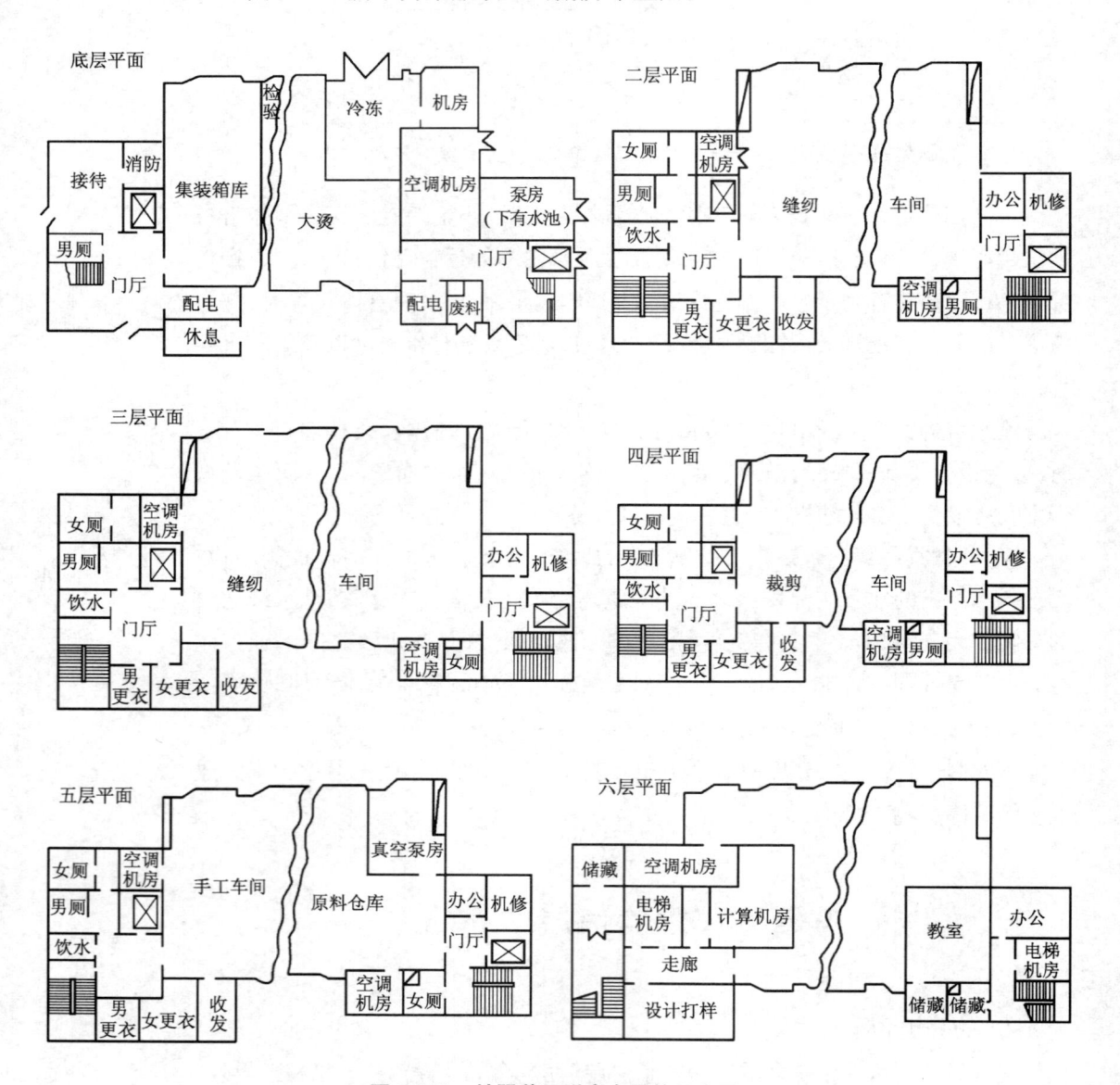

图5-11 某服装厂附房布置的示意图

二、附房的面积和布置举例

生产附房面积的大小,应当根据工厂生产规模、厂房建筑形式和房屋功能确定。生活附房的面积,通常按建筑设计规范中的有关规定设计。

下表所列举的附房面积是我国几个不同地区、不同规模的服装厂实际使用的附房面积。

附房使用面积实例

附房名称		面积（m²）			备 注
		50人工厂	100人工厂	600人工厂	
原材料库		15	33	另建	
成品库		23	50	另建	
车间办公室		5	10	74	
保全室		5	10	65	
盥洗室		7	14	32	
更衣室	男	7	10	37	
	女	14	27	84	
厕所	男	5	10	70	
	女	9	17	65	
空调室				120	分设9个室
样衣制作室				55	
电脑设计室				55	
收发室				60	分设4个室
配电室				20	分设2个室
储藏室				25	
消防室				11	

思考题

1. 服装厂厂房的建筑结构有几种形式，各有何特点？
2. 车间布置设计应当遵循哪些原则，考虑哪些因素？
3. 流水线的平面布置有几种形式，各有何特点？
4. 生产厂房的附属房屋有几类，各类附房应如何布置？

公用工程设计基础——

公用工程设计概述

课题名称：公用工程设计概述
课题内容：供电与照明
　　　　　　供热与空调
　　　　　　给水与排水
　　　　　　土建设计
　　　　　　计算机网络
　　　　　　仓储和运输
课题时间：4课时
教学目的：1.让学生对服装厂公用工程设计的有关内容,包括工厂供电、给排水、供热、空调、土建和网络等专业设计有一个比较清晰的认识。
　　　　　　2.让学生能够结合实际情况对服装厂公用工程设计有基本的了解。
　　　　　　3.了解近年来工厂中使用较多的计算机网络、综合布线等内容。
教学方式：由教师讲述与学生看课件相结合,让学生从工厂供电、给排水、供热、空调、土建、网络等方面对公用工程设计有直观的认识。
教学要求：1.让学生了解服装厂公用工程设计所包含的内容。
　　　　　　2.让学生了解公用工程设计与工艺设计之间的关系。
　　　　　　3.让学生对工厂供电、给排水、供热、空调、土建、网络等专业设计有一个比较清晰的认识,掌握最基本的理论和概念。

第六章　公用工程设计概述

公用工程设计是指工厂供电、给排水、供热、空调、土建和网络等专业设计。这些设计内容一般由各专业人员依据厂内外环境条件和服装工艺专业人员提供的资料和要求,编制完成。

第一节　供电与照明

电能是现代服装工业生产的主要能源和动力。工厂供电必须确保工厂生产和生活用电的需要,达到安全、可靠、优质、经济的基本要求。

一、供电设计内容

工厂供电系统设计包括下列内容:
(1)工厂电力负荷计算。
(2)确定供电系统的接线方式。
(3)短路电流计算。
(4)确定工厂变电所的数量和位置、变压器台数和容量、高压配电室的数量和位置。
(5)选择电器设备,如高压开关、隔离开关、各种导线等。
(6)继电保护设计。
(7)无功补偿设计。
(8)防雷、接地和接零设计。
(9)电气照明设计。
(10)弱电设计,如电话、有线广播、火警等安全信号设备。

在进行供电设计时,应对工厂的用电量、电器设备对供电可靠性的要求、用电负荷的分布情况、建厂地区的供电条件、企业的发展规划以及用电设备的电压等级等因素,予以综合考虑。并在选择厂址时,同有关的供电部门协商,经过技术经济分析比较,拟定设计方案,在初步设计中予以确定。在工厂供电设计中,从电源到工厂受电点的供电线路及总降压站等项设计,通常委托专业设计部门承担,工厂只是做好配合工作。

二、变配电与动力布线

(一)供电系统概况

服装厂用电一般采用架空线路直接从电力系统取得供电电流。对于一般的中型工厂,电流进线电压采用 6~10kV,先经高压配电室将电能输送到各车间变电所,然后直接降为低压用电设备的电压。图 6-1 给出了从发电厂到用户的送电过程示意图。

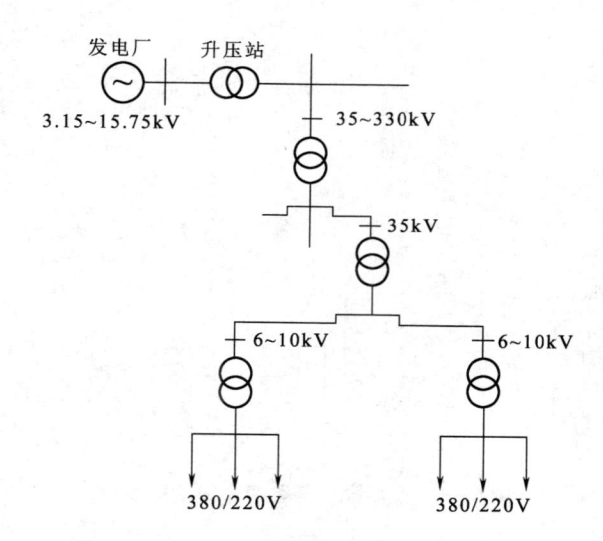

图 6-1 电力系统示意图

(二)变电所的设计要求

变电所的作用是从电力系统受电,经过变压,然后配电。工厂变电所分总降压变电所和车间变电所,一般中小型工厂不设总降压变电所。服装厂厂房为多层厂房时,一般采用独立变电所。每个变电所内可设置一台或两台容量为 1000kV·A 以下的变压器。

确定工厂变电所的位置时应当考虑下列原则:

(1)变电所的位置应当靠近负荷中心,以减少线损,节约投资。

(2)进出线和运输变压器方便。

(3)变电所应避免设在低洼、多尘的地区,变压器室应有良好的通风,并注意防水、防火与防尘。

(4)适当考虑工厂发展和扩建要求。

变电所的布置方案应因地制宜,通常工厂的高、低压配电室可与变压器室布置在一起,也可分开布置。变压器室的结构与尺寸取决于所选变压器的型号、容量和放置方式以及进出线等因素。

(三) 动力布线

高压电源经过车间变电所降为380/220V的低压电,然后经过低压配电室分配给车间内的用电设备。从变电所至车间的低压线路通常可采用架空线路或电缆线路。布线方式有放射式、树干式和环式等基本形式,低压布线一般采用放射式。图6-2为厂区配电与动力布线示意图。

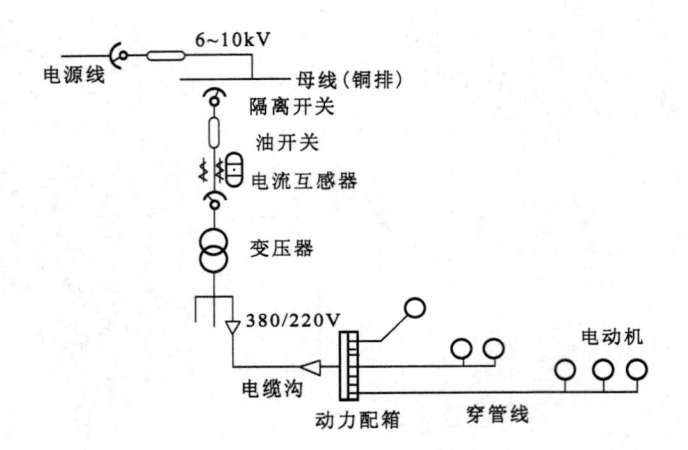

图6-2 厂区配电与动力布线示意图

三、照明设计

电气照明设计是否合理对工厂的产品质量、职工视力健康、劳动生产率及生产安全等都有较大的影响。调查表明,改善工厂的照明条件,可使劳动生产率提高2%~10%。

(一) 照明方式

工厂电气照明按其布置方式可分为一般照明、局部照明及混合照明。
(1) 一般照明:在整个车间或车间的某部分灯具均匀布置的照明方式。
(2) 局部照明:局限于工作部位的固定或移动的照明方式。
(3) 混合照明:一般照明与局部照明共同组成的照明方式。

(二) 光源选择

灯泡(灯管)将电能转化为光能,成为光源。选择何种光源应根据生产工艺对照度及光色的要求、生产环境和建筑物的形状等因素确定。服装厂电气照明光源目前主要使用荧光灯,辅助使用白炽灯。

(1)荧光灯:光效高、光通量分布均匀、温升小、寿命长,是一种较好的光源。目前服装厂广泛使用40W的荧光灯照明,其光效是同功率白炽灯的4倍。

(2)白炽灯:主要用于局部照明和部分生产附房与生活附房的一般照明,如空调室、配电室、更衣室、走廊灯等。此外,事故照明也用白炽灯。

(三)灯具的选择

灯具的选择应根据车间的工艺性质、照度要求和车间的高度加以选择。

目前常用的荧光灯灯具配置形式如图6-3所示。

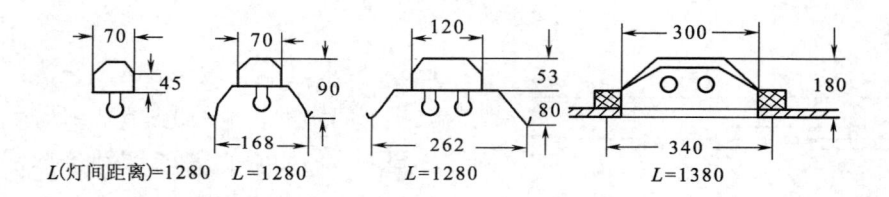

图6-3 荧光灯灯具配置形式

在服装厂生产车间中,为了获得良好的照明效果,目前采用日光灯桥架的比较多,动力线和照明线置于桥架的内部,这样可便于机器的移动。根据车间照度的要求,灯具一般采用双管荧光灯。

使用白炽灯照明的附房,可根据实际情况对灯具进行选择。如空调室可选用伞形灯;更衣室、厕所和技术阁楼上一般选用平盘罩灯;通道走廊选用吸顶灯。

(四)照明功率的计算

室内照明的功率P可按下式计算:

$$P = S \cdot P_i$$

式中:S——房间面积,m^2;

P_i——单位面积安装功率,W/m^2;

P值可根据工艺要求的照度、建筑物的尺寸和选用的灯具查表计算得出。

目前我国大多数服装厂的日间生产主要利用自然采光。当采光不足时,如遇阴雨天或傍晚前后,则使用局部照明。服装厂各类房间一般照明的最低照度可参考下表。缝纫区工作面的照度以达到500lx(勒克斯)为宜。

服装厂各类房间工作面照度

房间名称及设计场所	一般照明之最低照度(lx)	备注	房间名称及设计场所	一般照明之最低照度(lx)	备注
设计室	150	需有局部照明	办公室	60~80	—
缝纫车间	120	需有局部照明	厕所、更衣室	10	白炽灯
裁剪车间	120	需有局部照明	走廊、楼梯	5	
整烫车间	120	—	—	—	
空调室	40	—	—	—	

（五）灯具位置的布置

由于照度与灯具安装的高度有关，灯具位置的布置主要是确定灯具的挂高 h 和灯间距离 L。为了得到均匀的照明，应对距高比 L/h 有一定限制，通常要求 $L/h < 1.3$。

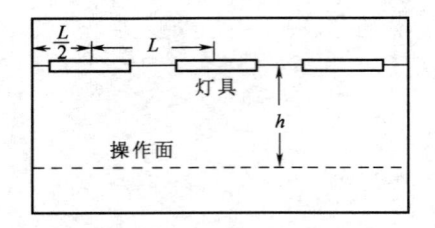

图6-4 确定灯具位置的有关尺寸

此外，要求边排灯具到墙的距离大约为灯具排列间距的一半，如图6-4所示。对于不要求均匀照明的房间，如生产附房或生活附房，距高比可以大于1.3。

车间内部的照明和动力布线现在大多采用日光灯桥架，桥架布置在生产线的上方，距离楼面大约1.8~2.2m，桥架里面是照明和动力线路，下面是日光灯，这样既美观又便于敷设，设备移动也比较方便。另外，随着自动化水平的提高，设备中的电子装置越来越多，为了防止静电等对线路板的破坏，在配备动力线时最好采用三相五线制。厂区内的变压器应根据设备的用电负荷进行确定。

第二节 供热与空调

一、供热

服装厂日常生产和生活中的空调或采暖所需蒸汽和热水一般由自备锅炉供给。因此，在新厂设计中必须考虑锅炉的选择与锅炉房及管道的布置。

（一）锅炉容量选择

锅炉容量应根据工厂生产、空调、采暖及生活所需的热负荷经计算确定。例如上海新建的某西服厂，年产西服60万件（套），职工600人，经计算全厂总用汽量为2000kg/h,其中生产用汽700kg/h,空调用汽500kg/h,生活(浴室)用汽800kg/h。在设计中选用2台2t锅炉(K2L2—10—A型和K2C1—7—A型各一台)交替使用,可满足供热要求。

如果条件允许,服装厂的热源也可以由附近的热电厂供应。

(二)锅炉房位置确定的原则

在工厂总平面布置中,确定锅炉房的位置,应当遵循以下原则:

(1)尽量靠近热负荷中心,以减少管道热损失。

(2)锅炉房应位于厂区主导风向的下风向。锅炉的烟囱不宜靠近主要马路,烟囱的高度应至少高于主厂房3m。

(3)便于燃料储运与灰渣清除。

(4)符合卫生规范,考虑防火间距。

(5)如考虑扩建需要,应适当留出扩建的空地。

(三)管道布置与敷设

(1)管线布置力求短直,主干线应通过主要热负荷中心。

(2)管线应尽量做到与建筑物轴线、道路及相邻管线平行敷设。

(3)在保证安全生产、满足施工与检修要求的条件下,应注意节约用地。

(4)管道敷设方式可采用架空式或地沟式。架空式安装维修方便,费用低,热损大,对厂容有一定影响;地沟式整齐美观,不妨碍交通,但维修不便。

二、采暖

在我国北方地区建厂,一般都应考虑冬季采暖。

(一)采暖方式

1. 热风采暖

设计有空调与通风设备的工厂,通常利用空调与通风设备进行热风采暖。

2. 散热器采暖

没有空调设备的工厂,冬季采暖可采用光管式或片式散热器采暖。

(二)采暖管道

采暖管道的选择主要根据管道内热媒介质的压力和温度确定。

三、空气调节

(一) 空气调节的目的

(1) 改善产品质量，满足工艺要求。服装生产所加工的面料和辅料主要是纺织材料，车间空气的温湿度对服装面料、衬料及缝纫线的弹性、伸长度、柔软性、导电性等都有影响。因此，合理地控制车间温湿度，对保证正常的缝纫操作、节约原辅材料、提高产品质量有着重要意义。

(2) 保证员工健康。通过车间温湿度的合理控制，使员工能在符合劳动保护的环境下进行生产操作。

(二) 车间温湿度标准

车间内影响人体舒适感的环境参数是空气的温度、相对湿度和风速。通常把上述三方面对人体舒适感的综合影响称之为"实感温度"。这里需要指出，实感温度是否使人感到舒适还与季节有关。如图6-5所示，在夏季人们感到舒适的实感温度在17.8~26.1℃；而冬季舒适区的实感温度在15.6~23.3℃。相对湿度在40%~60%时，人体感到舒适。

以前，国内的服装厂一般不装空调设备，车间的温湿度也无控制。随着我国改革开放的不断深入，服装工业生产逐步步入现代化轨道，服装企业对产品质量和职工劳动保护的要求日益提高。现在，新建的服装厂一般都要求设计与安装空调。通过空调设备的调节，使车间温湿度达到符合劳动保护的条件。

目前，我国的服装厂尚无统一的车间温湿度标准，在设计时可通过调查研究，制定出适合本地区服装厂的车间温湿度标准。例如上海地区新建的服装厂，车间空调精度可参考以下标准：

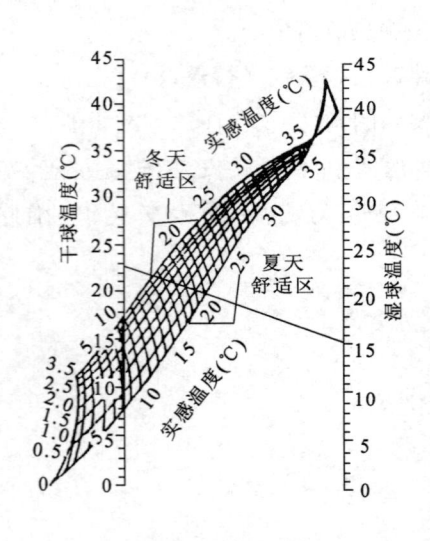

图6-5 实感温度图

(1) 温度：夏季28~30℃；冬季16~18℃。

(2) 相对湿度除黄梅季节外可不控制。

(3) 各车间每小时的换气次数应根据车间生产性质和特点确定，例如：

裁剪与缝纫车间：5~6次/h；

整烫车间：10~12次/h；

电脑设计室：15~20次/h。

(三)空气调节方式

目前,服装厂使用的空调系统主要有两种类型,即集中式空调与局部式空调。

1. 集中式空调

这种空调系统主要用于要求控制温度的车间面积较大的情况。空气处理设备和风机集中布置在空调室内,空调机房与空调车间相毗连。送风管道长度一般不超过70m。制冷设备如采用氟利昂制冷(2007年7月1日起禁用氟利昂制冷),可以直接安装在制冷站内;若采用氨制冷或其他制冷机,则需安装在室外。空调机房一般设计为单层建筑。当采用多层厂房时,若每层都有空调车间,则应分层设置空调机房;也可采用单层机房,经集中竖井送风、回风。送风管道一般安装在吊平顶内;送风口的形式可用条缝形或百叶窗形,也可采用散流器送风。

2. 局部式空调

这种空调系统是将空气调节设备、制冷机、加热器和风机整体组装在一个箱体里,常用于空调房间面积小于 $500m^2$ 且房间分散的情况。这种方式的操作比较灵活、方便。当空调面积不大,室温精度低于±1℃,且机组的噪声和振动不影响生产时,小型空调机组可直接放在需要空调的房间内。当一台机组服务于几个房间或多台机器时,宜独立设置机房,以便管理。

对整烫车间,由于发热量较大,夏季一般采用低噪声轴流风机进行通风降温。

第三节 给水与排水

一、给水

(一)给水系统

服装厂的给水系统包括生产用水给水系统、生活用水给水系统和消防用水给水系统。上述三种给水系统,可以单独设置,也可以不单独设置,而是根据当地的水质、水压及室外给水系统的具体情况,组成共用的给水系统。

(二)对水质要求

生产用水根据生产特点,对水质、水量和水压等有一定的要求。

生活用水的水质必须严格符合国家规定的饮用水标准。

消防用水对水质要求不高,但必须按照建筑设计防火规范,保证有足够的水量和水压。

(三)用水量计算

生产用水量根据生产规模及用水要求确定。计算时,可用单位产品的耗水量乘以班产量或年产量;也可以用工厂主要用水设备单位时间内的耗水量乘以设备运转时间来计算用水量。

生活用水量根据工厂生产性质和特点确定。对服装厂日常生活用水可按每人每天 30~50L 计算;淋浴用水按每人每天(8h)40~60L 计算。

消防用水主要根据初步设计确定的消防原则和标准,以及室内外消防设备的类型和数量,按设计确定的秒流量进行计算。

一般服装厂的消防用水可参考以下用水量标准:

室内消火栓:5~10L/s;

室外消火栓:20L/s;

喷淋器:20L/s。

二、排水

(一)排水系统

根据所排污(废)水的性质,排水系统可分为生产废水排水系统、生活污水排水系统和雨水排水系统。

生产中经面里料预缩、空调冷却、消防以及车间盥洗池等产生的废水,因污染程度较轻,通常称为"假定清洁废水",可以不经处理直接排入雨水排水系统。生活污水(经厕所、浴室等排出的污水)则须经生化处理后,再排入雨水排水系统或附近下水道。

雨水排水量可根据当地气象条件,按 5min 雨强度换算为 1h 的降雨量计算。

上述三种废水可以分别设置管道排出,也可将其中的两种或三种废水合流排出,前者称为分流制,后者称为合流制。设计时采用哪一种形式,应结合当地条件,考虑污水性质、排水体制、室内排水点位置等因素确定。

(二)排水管道

排水管道布置和给水管道布置的原则相同,都应在满足使用和检修的条件下力求管线短、直。给水管道一般沿墙壁架空敷设或与其他管道一起敷设于地沟或顶棚上的夹层内。排水管道可以明装也可以埋在地下。采用地下敷设时,应当考虑当地的冰冻深度及管道的抗压强度。

第四节　土建设计

一、设计基础资料

土建设计是在工艺、供热、空调、输配电线路、上下管道和与生产有关的各种沟道设计完成之后,由土建设计部门根据建筑规范及建厂地区的具体情况,进行土建设计。

土建设计所需的基础资料,包括两部分内容:一部分是厂址选择过程中所收集的地形、地质和气象资料;另一部分是工艺、供热、空调、电气、给排水等专业设计过程所提供的有关技术资料。

二、厂房结构形式和基础

目前国内新建的服装厂厂房分为单层厂房和多层厂房。单层厂房可以采用轻钢结构,建设周期短,可以采用比较大的柱网尺寸,地面承载力高,内部运输方便,但这种厂房形式的缺点是对土地的利用率较低;多层厂房宜采用钢筋混凝土框架结构,建设周期稍长,投资大,运输不便,但土地利用率高。

基础是房屋的一个组成部分,它承受着房屋的全部荷载并将它们传递给地基。基础的类型有很多,按构造形式来分,常见的厂房基础类型有:

(1)独立基础:当房屋上部结构采用框架结构承重时,常采用方形的或矩形的单独基础,这种基础称独立基础。

(2)筏式基础:采用钢筋混凝土形式的基础,又分有梁式和无梁式两类,适用于上部荷载很大、地基土质很差、地下水位较高、采用其他基础不够经济等情况。

(3)箱形基础:是由顶板、底板和隔墙板组成的连续整体式基础。箱形基础的内部空间构成地下室。箱形基础具有较大的强度,多用于高层建筑。

进行厂房土建设计时,具体需要何种基础应根据具体地质条件确定。

三、建筑结构与主要建筑处理方法

服装厂的建筑结构一般选用钢筋混凝土现浇结构。现以山东某新建服装厂的多层厂房为例,介绍其主要的建筑处理方法。

(1)自然条件:风载 $0.55 kN/m^2$,雪载 $0.2 kN/m^2$,根据建筑设计规范,在山东某易发地震地区建厂,抗震设防烈度为七度。

(2)建筑物基础。

①生产楼：一般采用钢筋混凝土片筏式基础及条形基础梁加短桩。

②综合楼（行政福利用房）：一般采用钢筋混凝土条形基础及矩形基础梁。

③伸缩缝：当现浇框架长或宽超过55m，一般应设置伸缩缝，以便建筑结构在冬夏季节随气温变化时有伸缩余地，伸缩缝的宽度可为400~600mm。

④墙体：生产楼和综合楼等一般采用#75多孔承重砖及#50混合砂浆。内外墙在底层室内地坪下50mm处做防潮层。

⑤底层地面（大理石防潮地面）：素土夯实；150mm厚3:7灰土夯实；80mm厚C15混凝土；1.2mm厚聚氨酯防水涂料，撒一层砂粘牢；30mm厚1:2干硬性水泥砂浆结合层；撒素水泥面（洒适量清水）；20mm厚大理石面层，1:1水泥砂浆擦缝、刷草酸、打蜡。

⑥楼面：生产楼的楼面采用100mm厚钢筋混凝土现浇板，65mm厚#200细石混凝土，内配$\phi 4$双向钢筋网，现浇成为20mm 1:2水泥砂浆面层，然后加做各类面层。

⑦屋面（卷材防水膨胀珍珠岩保温屋面）：预制钢筋混凝土屋面板结构找坡3%；40mm厚C20防水细石混凝土（内掺混凝土膨胀剂与防水剂），$\phi 6$ 200双向配筋，随打随抹；刷素水泥浆一道；20mm厚1:3水泥砂浆找平层；100mm厚防水膨胀珍珠岩保温层（密度小于或等于250kg/m³）；30mm厚1:3水泥砂浆$\phi 4$ 200双向配筋，6m×6m分格，缝宽10mm，油膏嵌缝；高聚物改性沥青涂料一层；4mm厚（一层）高聚物改性沥青防水卷材防水层（SBS、APP）；喷刷带色苯丙乳液一遍作保护层，其配比：苯丙乳液:水:颜料=1:2:0.3。

⑧天棚：吊平顶采用轻钢龙骨，硅钙板。

⑨内墙（砖墙、混合砂浆抹面）：8mm厚1:1:6水泥石灰膏砂浆打底扫毛；7mm厚1:0.3:2.5水泥石灰膏砂浆找平扫毛；5mm厚1:0.3:3水泥石灰膏砂浆压实抹光；喷内墙涂料或刷油漆。

⑩外墙（加气混凝土、涂料墙面）：刷混凝土界面处理剂一道；6mm厚1:3水泥砂浆打底扫毛；9mm厚1:1:6水泥石灰膏砂浆刮平扫毛；7mm厚1:2.5水泥砂浆抹面抹平；刷（喷）涂料。

第五节 计算机网络

近年来，为了提高我国企业的竞争力，国家大力提倡和推广信息技术，服装业作为传统产业进行信息化改造是很有必要的。随着"后配额时代"的到来，服装产业面对瞬息万变的全球化市场，其中的竞争将更加激烈，快速反应能力的强弱已成为衡量企业竞争力的标尺。快速反应能力是用高新技术武装现代生产力和现代跨国生产方式的必然结果,也是生产适应现代生活方式的客观要求,其核心就是信息化。服装行业必须充分利用信息化这一先进技术,在服装产品形成的各个环节进行技术创新,提高劳动生产率,加快反应速度,确保在市场竞争中立于不败之地。信息技术正在改变着服装产业的发展环境与竞争态势,服装企业信息化已成为发展趋势。

企业信息化就是将以计算机为代表的信息技术应用到企业的产品设计开发、管理和生产中去,充分发挥计算机快速高效的优势,从而使企业达到降低生产成本、增强快速反应能力、提高经济效益的目的。

由于我国服装行业仍属劳动密集型行业,技术含量较低,企业自身的管理模式、组织机构模式落后,加之服装行业信息化专业人才的缺乏,信息化软件个性化服务和深化服务欠缺,针对性较差,给服装行业信息化的实现带来了较大的难度。总的来说,我国服装企业的信息化水平目前仍处在初级阶段,服装企业对财务软件和CAD设计软件的应用相对较多,服装企业的人事、财务及办公信息化已达90%以上;服装企业的CAD(计算机辅助设计)应用普及率已接近10%,但与CAM(计算机辅助制造)的配套使用率仍很低,基础管理软件的应用在服装企业中虽然有了一定普及率,但近一半处于单项应用水平;ERP(企业资源计划)系统的建设在服装行业中刚刚启动,已实现ERP系统的企业仅为0.3%;服装CIMS(计算机集成制造系统)仍处于研发阶段,在生产方面的在线控制、在线质量检测与控制、自动化生产过程控制以及电子商务等方面的信息化程度较差。

计算机网络是将若干台地理位置不同且功能独立的计算机,通过通信设备和线路连接起来,从而实现信息的传输和软、硬件资源共享的一种计算机系统。在信息社会里,计算机网络技术必将改变人们的生活、学习、工作乃至思维方式,并对科学、技术、政治、经济以及整个社会产生巨大的影响,它具有数据通信、资源共享、增加可靠性、提高系统处理能力等功能。服装企业的高效运作将越来越依赖于计算机网络。

随着企业信息化水平的提高,厂房内部各种用电设施也越来越多,如电话、广播、电视监控、计算机网络等,因此,在进行服装厂规划与设计时也要考虑信息系统以及综合布线的规划和设计,为进一步实现智能化工厂的目标打下基础。

一、网络分类

计算机网络分类的标准很多,如按拓扑结构、介质访问方式、交换方式等,其中按网络的覆盖范围分类可分为:

(1)局域网(LAN):局域网是指范围在几米到10km内的计算机相互连接所构成的网络,具有传输率高、误码率低的特点。

(2)城域网(MAN):城域网所采用的技术与局域网类似,只是规模要大一些,传输距离为10~100km。

(3)广域网(WAN):广域网通常覆盖很大的物理范围,传输距离为100~1000km。

(4)互联网:目前世界上有许多不同的网络,它们的物理结构、协议和所采用的标准是各不相同的。将多个不同的网络系统相互连接,就构成了世界范围内的互联网。比如可以将多个小型的局域网通过广域网连接起来,这是形成互联网的最常见形式。

二、拓扑结构

计算机网络的组成元素可以分为两大类,即网络结点和通信链路。网络中结点的互连模式叫做网络的拓扑结构,它定义了网络中资源的连接方式。局域网常用的拓扑结构有:总线型结构、星型结构、树型结构、环型结构、网状型结构(如图6-6所示)。通过路由器和交换机等互联设备,可以在此基础上构造出一个更大的网络。

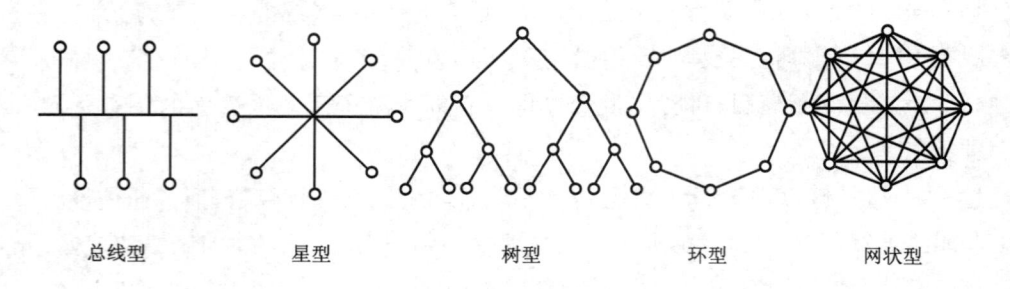

| 总线型 | 星型 | 树型 | 环型 | 网状型 |

图6-6 网络拓扑结构

三、硬件

在计算机网络中,常用的硬件有服务器、工作站和外围设备,如图6-7所示。常用的外围设备具体如下:

1. 网卡(Network Interface Card)

用于两台以上的计算机的连接。

2. 调制解调器(Modem)

使位于两端的计算机通过电话线进行传递和交换数据。

3. 集线器(Hub)

是一种可以连接多台计算机或外围设备的装置。

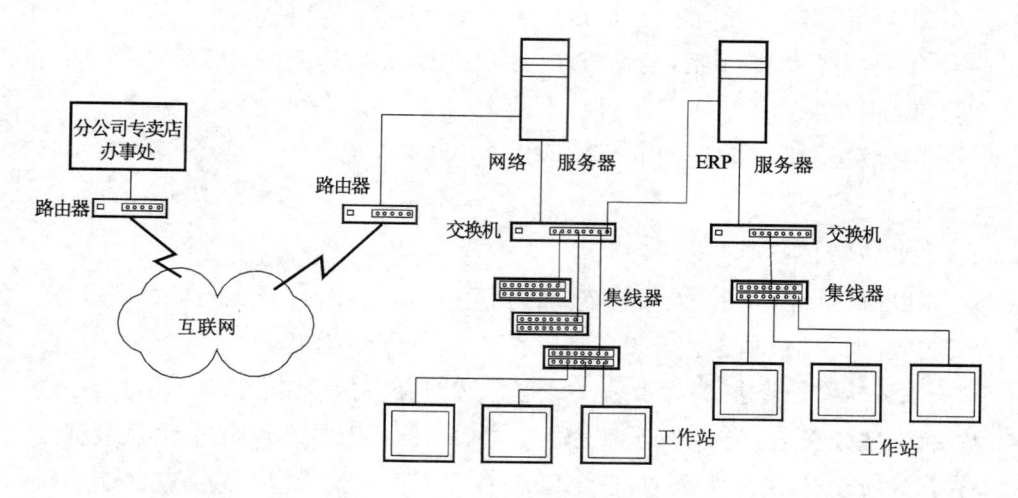

图6-7 计算机网络的硬件结构图

4. 交换机（Switch）

交换机能够在接收某个端口的信号之后,按照数据帧的目的地,用直接传递的方式产生内部连接,并给两台对应的计算机之间的传输提供全部的带宽。

5. 路由器（Router）

可以作为几个不同网段之间的连接,它可以解析一个数据的首部并判断它是否要被传送到相异的网段。

6. 连接介质

(1) 同轴电缆（RG-58）:黑色的塑料外皮里面,包着一层交错着的金属导体,然后再一层绝缘塑料皮,中心则是主要的铜线导体线路。其抗干扰的特性较好,在保持信号正常传输的情况下连接两部计算机,最长可以延伸到185m。

(2) 双绞线（Twisted Pair）:双绞线内部由四对对绞的单心铜线所构成,防干扰效果没有同轴电缆好,连接两部计算机时,理论上最长可以延伸到100m。

(3) 光纤电缆（Optical Fiber Cable）:光纤的介质是一种直径很小的玻璃纤维,它的折射率很高,光在里面接触到表面时,因为折射率太高而无法溢散出去,所以可以在内部连续反弹。光纤电缆传输速度高、容量大、不易受干扰,缺点是设备昂贵。

四、软件

计算机网络的软件包括通信协议、网络操作系统、数据库管理系统、管理软件等。

(1) 通信协议:局域网内常用的通讯协议有 TCP/IP 协议、IPX/SPX 协议、NetBEUI 协议等。

(2) 网络操作系统：如 UNIX、LINUX、WIN NT 等。

(3) 数据库管理系统：如 SQL Server、ORACLE、SyBase、DB2、Informix、MySQL 等。

(4) 管理软件：如 MIS、ERP 等。

五、企业资源计划

随着我国加入 WTO 及服装企业的全面市场化，加剧了服装行业的竞争，迫切需要应用现代化管理技术提高管理水平。由于种种原因，目前我国服装企业管理人员的素质普遍不高，管理效率低下，管理信息的搜集、分析和处理的手段落后，大部分管理工作还处于手工管理阶段，各部门数据传输渠道不畅、数据滞后，在计划管理、物料管理、生产组织、销售管理和财务管理等方面存在诸多问题，如原材料供应脱节、原辅材料的浪费严重、产品积压或脱销、市场和客户的需求变化不能及时反馈等。企业管理信息化的滞后已成为制约我国纺织服装企业生存和发展的瓶颈。在"以信息化带动工业化"的精神指导下，越来越多的国内服装企业认识到信息化对企业可持续发展的重要意义，纷纷实施企业资源计划（Enterprise Resource Planning，ERP）系统，以降低库存成本、缩短生产周期、加快市场反应速度、提高企业现代化管理水平、提高企业内部员工素质，并且取得了显著的效果。

（一）ERP 的基本思想及发展历史

ERP 的发展经历了从 MRP（物料需求计划）、MRP Ⅱ（制造资源计划）到 ERP 的历程。自从 1981 年国内企业开始从国外引进第一套 MRP Ⅱ 软件以来，MRP Ⅱ/ERP 在我国的应用与推广已经历了 20 多年的风雨历程。20 世纪 80 年代是启动阶段，其特点是立足于 MRP Ⅱ 的引进、实施以及部分应用阶段，其应用范围局限在传统的机械制造业，由于受多种因素的制约，应用的效果有限；1990～1996 年是成长阶段，其主要特征是 MRP Ⅱ/ERP 在国内的应用与推广取得了较好的成绩；从 1997 年开始到 21 世纪初的整个时期是成熟阶段，其主要特点是 ERP 的应用范围从制造业扩展到第二、第三产业，并且由于不断的实践探索，应用效果也得到了显著提高，进入了 ERP 应用的成熟阶段。

ERP 这一概念最初是由美国的 Garter Group 公司在 20 世纪 90 年代初提出的，并就其功能标准给出了界定。ERP 是企业信息化发展的重要方向，它构成了现代企业信息化的核心内容。ERP 的本质就是管理和 IT 的结合，ERP 系统是将全企业的信息进行集成，包括产、供、销、人、财、物等各个方面，并结合供应链的思想，将企业内部系统扩充到企业外部，从而实现企业管理的全过程控制。

概括地说，ERP 是建立在信息技术基础之上，利用现代企业的先进管理思想，全面地集成了企业的所有资源信息，并为企业提供决策、计划、控制与经营业绩评估的全方位和系统化的管理平台。ERP 系统不仅仅是信息系统，更是一种管理理论和管理思想，它给企业管理观念与管理模式现代化带来的影响更是十分深远。不少企业通过实施 ERP，使其管理思想、体制、方法、制度、信息等方面都取得了长足的进步。

在西方发达国家，自动化的管理体系、智能化的决策支持以及电子商务的应用已经十分广泛，ERP 的发展已经非常成熟。像澳大利亚时装巨头 R. M. Williams，全面应用了 Movex 时装系统，这套系统能够为服装企业提供全方位的集成管理，覆盖业务流程的所有方面，从产品研发、制造、出口业务、分销到零售，通过 Movex 时装系统的管理，其采购成本节约了近 20%，提前期由原来的 2 个月缩短到 9 天。

目前，一些 ERP 系统在我国纺织和服装行业开始被应用。根据中国服装协会提供的信息，2004 年在我国沿海发达地区产业集群中有 50% 以上的企业应用信息网络技术获取信息，并有部分企业通过网络平台与客户交流、展示产品，最终实现网上交易，有 9 家服装企业进入中国企业信息化 500 强。尽管如此，由于我国许多服装企业的管理方法和手段还比较落后，又多为劳动密集型企业，ERP 系统的建设在全行业中刚刚启动。因此，从整体而言，目前我国服装企业的信息化、自动化程度不高，而且由于各服装企业复杂多变的管理方式，人员素质较低，使得 ERP 的实施效果并不理想。

（二）ERP 系统的组成及其作用

ERP 是企业信息化发展的重要方向，它构成了现代企业信息化的核心内容。ERP 是整合了企业管理概念、业务流程、基础数据、人力物力、计算机硬件和软件于一体的企业资源管理系统。一般 ERP 包括计划管理模块、采购管理模块、销售管理模块、库存管理模块、生产管理模块、设备管理模块、质量管理模块、财务管理模块和人力资源管理模块等（图 6-8），由这些模块组成一个有机的系统，能与 CAD、CAM、FMS 等系统紧密集成，采用 Browser/Server（浏览器/服务器）或 Client/Server（客户机/服务器）架构，使用方便，具有辅助决策及快速查询等功能。各模块之间的关系可用 ERP 的总流程图（图 6-9）表示。

ERP 可以实现服装企业业务数据和资料的即时共享、理顺业务流程、加强内部控制、缩短产品开发和制造周期、减少消耗、降低成本、辅助决策，从而增强服装企业的市场竞争力。它所体现的是结合全面质量管理（TQM）、准时生产（JIT）和约束理论（TOC），面向供应链，体现精益生产、敏捷制造、同步工程的集

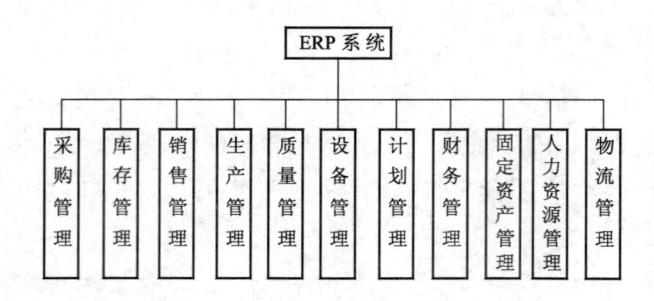

图 6-8　企业资源计划（ERP）的构成

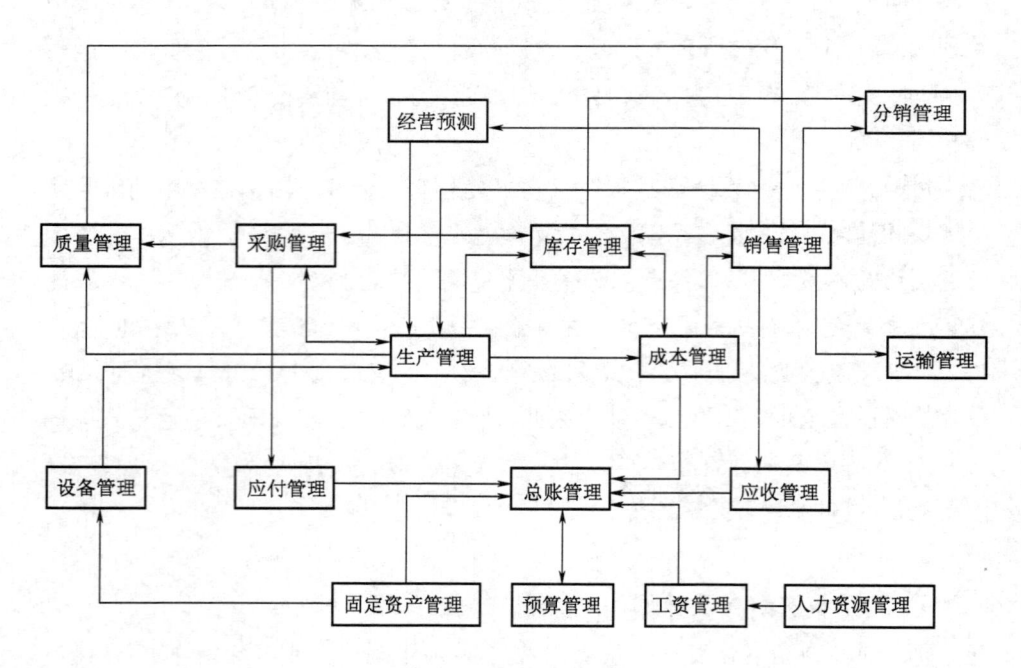

图 6-9　ERP 总流程图

成管理精神。ERP 是一套完整的综合管理系统，在企业对计算机的广泛应用和发展信息技术的基础上，通过系统软件本身的基本功能，即基于对"量"的控制与规划完成企业要求的基于"信息"处理、统计分析的集成体系。

（三）ERP 的实施

ERP 的建设是制造业信息化的重要内容，一个大的 ERP 系统需要几百万元甚至上千万元的投资。由于一般服装企业的人力、物力、财力有限，则应该根据各自的情况自行组织开发、委托软件公司开发或购买商业化的软件。在此过程中应注意以下几方面。

1. 实施的原则

(1) 资金投入少、硬件要求低,不能贪大求洋。
(2) 应以实施效果比较明显,能大幅度提高工作效率,降低成本为目的。
(3) 简单易学、易实施,不能超过员工的接受能力。
(4) 系统在技术上要有一定的先进性,不能采用已被淘汰的技术,并且系统要留有可扩充的接口。

2. 系统成功实施的要求

由于 ERP 系统是管理的信息化,好的 ERP 系统包含着科学的管理思想,有利于提高效率、减少周转环节、节省人力,提高快速反应能力,使管理规范化。因此,成功实施 ERP 系统有如下要求。

(1) 领导要有足够的重视,亲自参与。因为实施信息系统关系到管理方式变革的问题,领导者最清楚自己企业的问题;而且系统实施涉及人、财、物的安排问题,只有领导者才能做出决定。所以领导者必须亲自参与。

(2) 企业要建立科学规范的管理制度。通俗地说,ERP 系统可以说是管理与计算机结合的人机系统,它的成功建立或实施必须以科学的管理为基础。由于我国服装行业是在过去的手工作坊的基础上发展起来的,管理技术的理论及基础比较薄弱,因此必须对现行管理方式进行优化,也就是要进行业务流程重组(BPR),科学的部分保留,不科学的部分要进行改进,力争使管理科学化、规范化。

(3) 确定合理的系统目标,落实开发和实施的人员。在开始阶段必须根据企业自身的情况确定企业的目标、实现目标的方式和系统的主要结构。系统的开发和实施人员必须是管理、财务、计划、生产、计算机等方面的专业人员。

(4) 加强 ERP 知识培训。加深管理人员、业务人员对 ERP 的认识是很重要的,对于不同岗位的工作人员应有针对性地提供不同的培训计划,这是关系到系统是否能成功实施的一项很重要的内容。

六、综合布线

综合布线是由线缆和相关接件组成的信息传输通道。它既能使语音、数据、视频设备与其他信息管理系统彼此相连,也能使这些设备与外部通信网络相连。它包括建筑物外部网络和电信线路的连接点与应用设备之间的所有线缆以及相关的连接设备。

综合布线由不同系列与规格的部件组成,包括传输介质、相关连接硬件(配线架、连接器、插座、插头、适配器等)以及电气保护装置等。这些部件可用来构建子系统,它们都有各自的具体用途,不仅易于实施,而且能随需求的变化平稳升级。

综合布线一般采用星型拓扑结构,该结构下每个分支子系统是相对独立的单元,任何一个分支子系统的改变都不会影响其他的子系统。只要改变节点的连接方式就可使综合布线在总线型、环型、星型、树型、网状型等结构之间进行转换。

综合布线采用模块化结构,灵活性高。与传统布线相比,有许多优越性。具体表现在它的兼容性、开放性、灵活性、可靠性、先进性与经济性,而且在设计、施工和维护方面也给人们带来了许多方便。所以综合布线一出现,就得到了广泛应用。

建筑物综合布线系统(PDS,Premises Distribution System)的兴起和发展,是计算机技术和通信技术的发展适应社会信息化和经济全球化的需要,也是办公自动化进一步发展的结果。建筑物综合布线也是建筑技术与信息技术相结合的产物,是计算机网络工程的基础。

在信息社会中,一个现代化的工厂内,除有电话、传真、空调、消防、动力线、照明线外,计算机网络线路也是必不可少的。

企业可以根据自己的特点,选择布线结构和线材。目前,布线系统被划分为六个子系统:工作区子系统;水平干线布线子系统;管理子系统;垂直干线子系统;设备间子系统;楼宇(建筑群)子系统。大楼的综合布线系统是将各种不同的组成部分,构成一个有机的整体,而不是像传统的布线那样自成体系,互不相干。综合布线系统的结构如图6-10所示,其原理如图6-11所示,图6-12是某厂厂区综合布线的网络系统图。

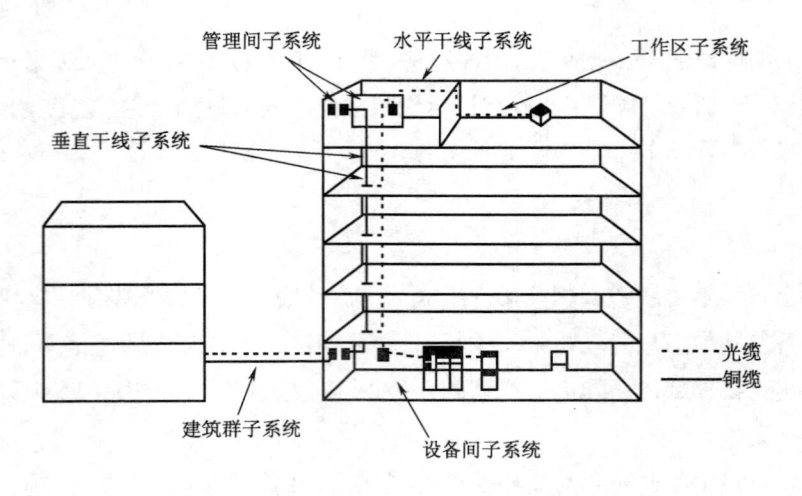

图6-10 综合布线结构图

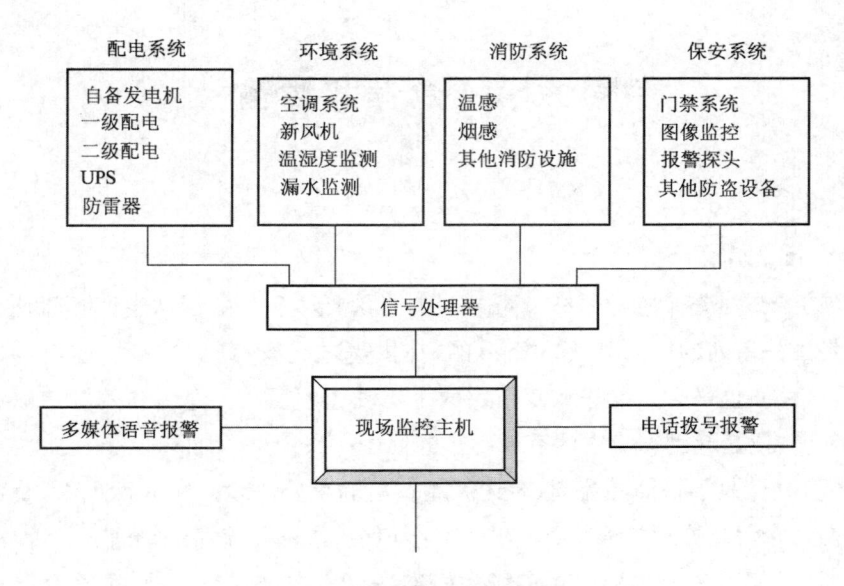

图 6-11　综合布线原理图

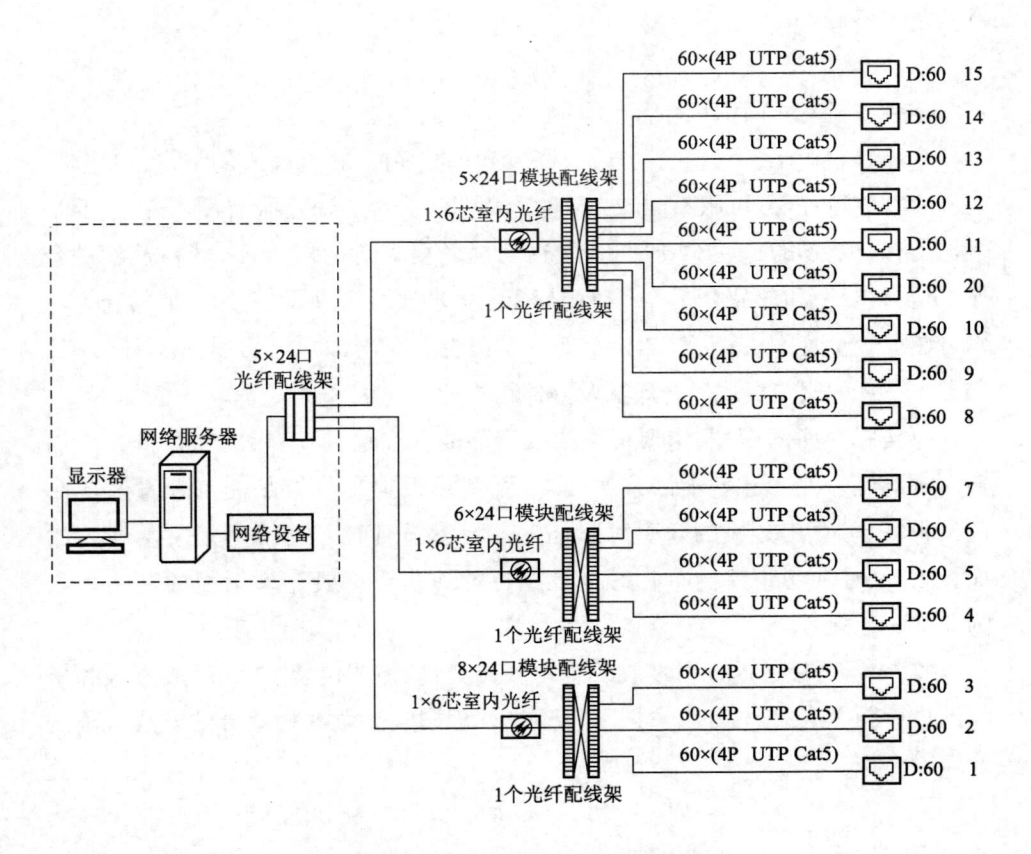

图 6-12　厂区综合布线的网络系统图

第六节　仓储和运输

一、仓储
(一)仓储的作用

（1）仓储是整个物流系统中不可缺少的重要环节。由于从生产到流通的全过程是由一系列的供给和需求组成的，在供需之间既有物的流动，也有物的静止，而这种静止是为了更好地使前后两个流动过程衔接。仓储作为物流过程的一个环节，正是起到物流中的有效静止的作用。

（2）仓储是加快商品流通、节约流通费用的重要手段。从表面上看，货物在仓库内的滞留是流通的停止，而实际上它却促进了商品流通的畅通。

（3）仓储也是为货物进入市场做好准备。货物进入市场前，可在仓储过程中完成整理、检验、包装及加标签等加工，以缩短后续环节的作业时间，为货物进入市场做好准备。

(二)仓库的种类及面积的确定

仓库是存储和保管物品的建筑物和场所的总称。根据仓库的结构、用途、功能和货物的特性等，可用不同的方法对仓库进行分类。对于服装厂来说，主要是根据所保管货物的特性对仓库进行分类，通常可分为原料仓库、辅料及配件仓库、机物料仓库和成品仓库等。对于规模不大的服装厂，原料仓库与辅料仓库可以合建成一个仓库；而机物料仓库则可设在生产车间的附属房屋内。图6-13和图6-14为服装厂成品仓库图及立体结构图。

原辅料仓库的面积，主要根据成衣产品的日产量、原辅料的储存方式与周转期等确定。当上述各项因素明确之后，即可根据单位产品的消耗量及成品产出量等，计算出相应的仓库面积(m^2)。计算仓库面积时除考虑货物所占的面积之外，还应考虑库内货物搬运及通道的面积。一般仓库面积的利用系数为0.75。

此外，仓库单位面积可堆放的货物量，还与货物的包装方式、堆放方式和楼面的负荷能力有关。因此，一般采用理论计算同实测数据相结合的方法来确定仓库的面积。

二、厂内运输

为了保证生产工艺过程的连续性，在服装厂各生产车间内部和生产车间之

(a)

(b)

图 6-13 服装厂成品仓库

间,面料、辅料、衣片、半制品或成品通过不同的运输工具不停地从后往前流动。工厂内物料的运输方式,主要根据工厂的厂房形式、产品的种类及管理体制等确定。

(一) 车间外部运输

服装生产所用的面料和辅料需从原辅料仓库运至裁剪车间,而成衣则需从

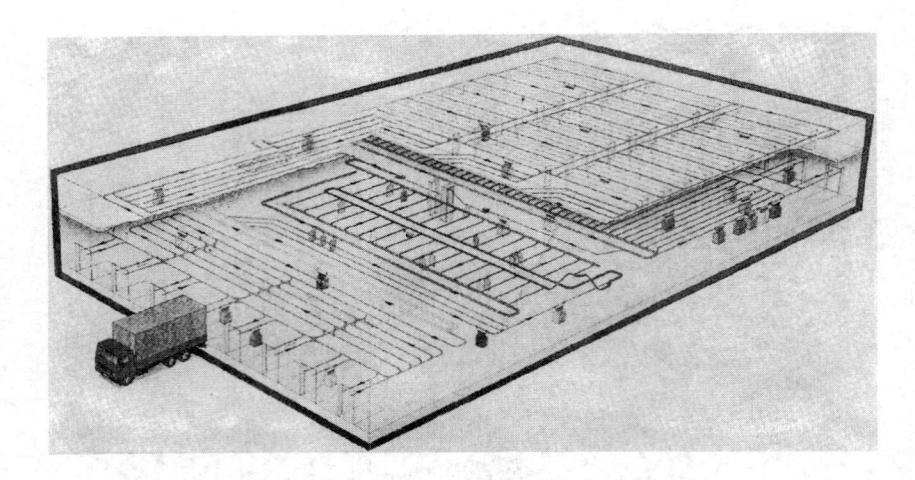

图6-14　服装厂成品仓库的立体结构示意图

整烫车间运至成品仓库储存,这些物料的运输属于车间外部运输。由于多数服装厂厂区的道路比较狭窄,弯道较多,因此要求车间外部运输设备应轻巧、灵活、装卸方便,通常采用各种类型的叉车、堆垛机或手推车等。

(二)车间内部运输

服装厂各车间内部的运输主要包括裁片的运输,服装零件和部件的运输,未经检验、包装的成衣的运输等。通常这些物品的运输方式,都列入车间(或流水线)工艺设计的内容。因为车间内部的运输大都和生产流程融合为一体,其工艺性很强。选择车间内部运输方式时,主要考虑厂房结构、生产规模、产品品种及工艺要求等因素。

车间内部的运输方式主要有两种,即水平运输和垂直运输,两种运输方式对运输设备的选择各不相同。

1. 水平运输方式

指在车间同一平面内运输物料的方式。它采用的运输设备主要有以下类型。

(1)各种形式的无传动装置的手推小车,如图6-15所示。

(2)带式输送机,一般采用橡胶带或塑料链板作为传输机件,有时还配合使用各种专用箱进行衣片或半制品的传输,如图6-16所示。

(3)吊挂传输系统,有普通的机械式或机电结合式的吊挂传输系统,也有电脑控制的智能式吊挂传输系统,如图6-17所示。

2. 垂直运输方式

指多层厂房中不在同一平面的车间内部运输方式。它采用的运输设备主要是各种电梯或升降机。

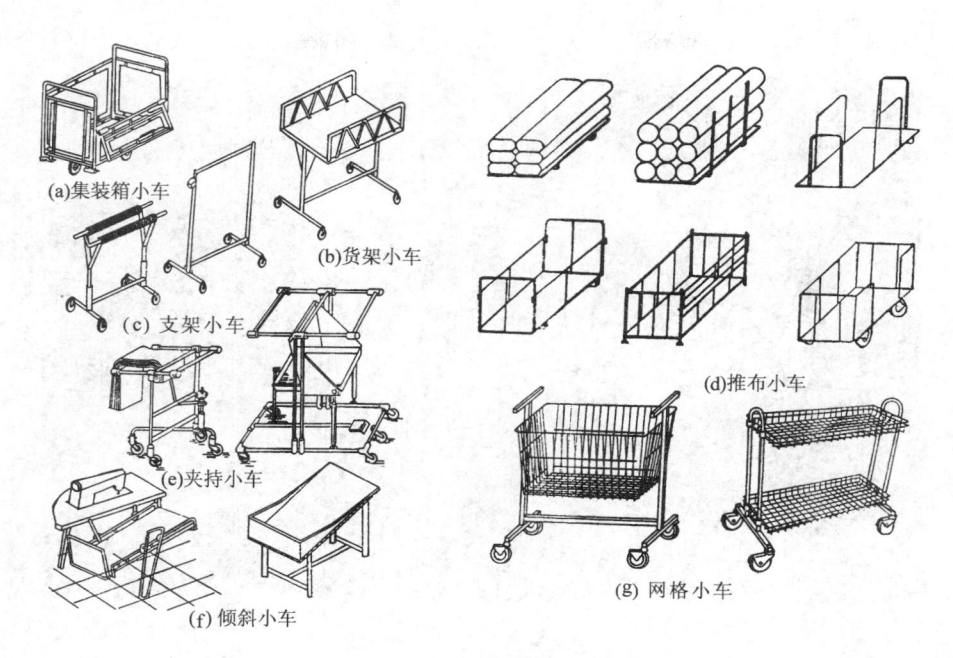

图 6-15　运输小车

图 6-16　带式输送机

图 6-17　吊挂传输系统

思考题

1. 服装厂的公用工程设计都包含哪些内容，公用工程设计与工艺设计有何关系？
2. 确定变电所和锅炉房的位置应当遵循哪些原则？
3. 照明设计对缝纫生产有何影响，车间照明方式及光源应当如何选择？
4. 生产厂房的空调系统有几种形式，车间空调精度一般控制在什么范围？
5. 工厂的给水及排水系统都由哪些部分组成，生产及生活用水量如何计算？

企业定员与劳动组织——

企业定员与技术经济指标

课题名称： 企业定员与技术经济指标
课题内容： 劳动组织
　　　　　　劳动定额
　　　　　　定员设计
　　　　　　设计概算
　　　　　　技术经济指标
课题时间： 4课时
教学目的： 1.让学生认识并理解服装企业组织结构的设置。
　　　　　　2.让学生掌握劳动定额标准与定员设计的方法。
　　　　　　3.让学生系统掌握工厂设计必须考虑的设计概算和各项技术经济指标。
教学方式： 由教师讲述基本概念，介绍服装企业组织结构的设置、劳动定额标准与定员设计的方法。
　　　　　　由教师结合实际服装生产中的例子，讲解设计概算和各项技术经济指标。
教学要求： 1.让学生掌握劳动定额的作用、劳动定额的分类、劳动定额制定的方法，以及服装生产的劳动定额的制定。
　　　　　　2.让学生掌握编制设计概算的意义、内容以及其文件的编制。
　　　　　　3.让学生简单了解企业的各项技术经济指标。

第七章　企业定员与技术经济指标

第一节　劳动组织

　　现代工业生产不同于个体生产劳动，它是用现代技术装备起来的大规模的集体劳动。在劳动中，要实现以最少的劳动消耗取得最大的经济效果，就必须要有合理的劳动组织。也就是说合理安排劳动过程的分工与组织协作，处理好劳动者之间以及劳动者与劳动工具、劳动对象之间的关系。由于服装企业的产品种类多、款式变化大、工序较复杂，所以要求整个劳动过程必须有科学合理的劳动组织，其形式应当根据企业规模和产品特点而制定。工业企业的组织系统可分为管理组织和作业组织两部分。目前我国服装企业的管理组织，随企业的规模和管理体制的不同而有各种不同的形式。一般小型工厂（几十个工人），可采用简单的直线制组织结构，即"厂长—生产组长—工人"两个管理层次。对拥有几百个工人的中型工厂，通常采用直线职能制组织结构，图7-1为某中型服装

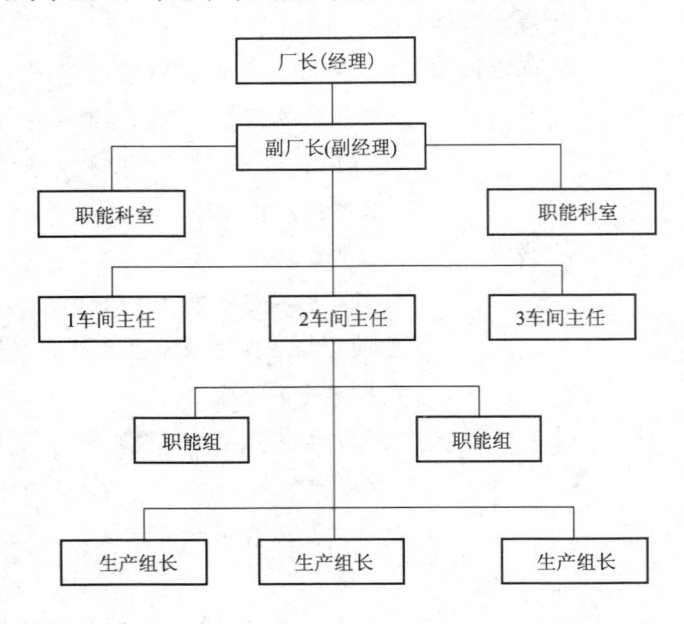

图7-1　中型服装企业的组织结构

厂的组织结构图。

对工人数为千人以上的大型工厂,多数仍以直线职能制为基础。增设"三师",即总工程师、总经济师和总会计师,协助厂长或总经理管理本单位的工作,其组织结构如图7-2所示。

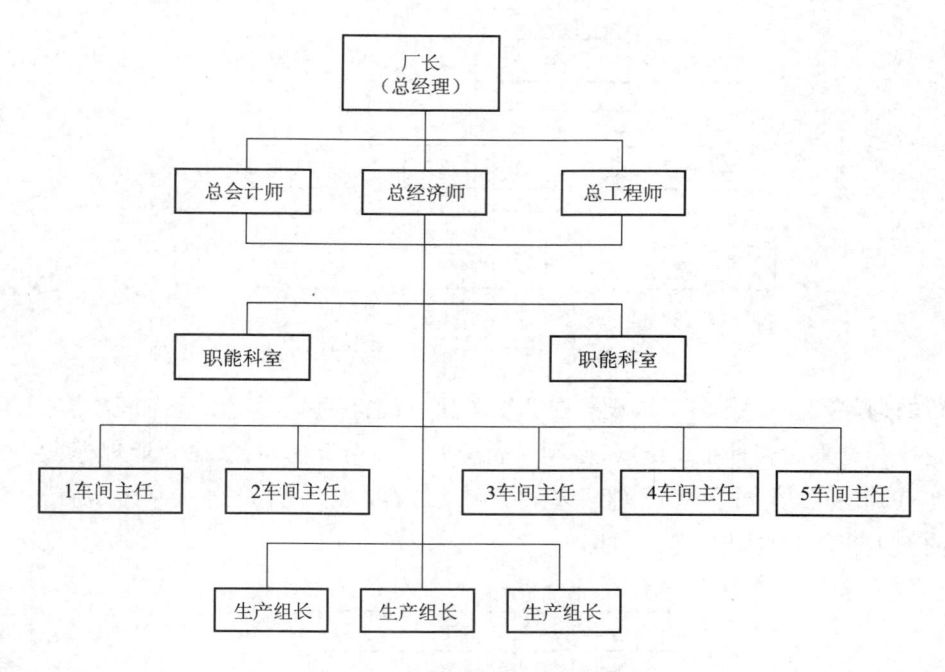

图7-2 大型服装企业的组织结构

目前,国外一些大企业及我国某些合资企业或股份制企业,采用西方管理组织形式。实行集中领导下的分权管理制,称为事业部制,其组织结构如图7-3所示。

对大中型服装企业内部生产单位的划分。按内部生产工艺性质不同,可划分成裁剪车间(或称裁断车间)、缝纫车间、整烫和包装车间(或称综合车间)。在裁剪车间内,又分成若干个生产组,分别完成拖布、划样、开裁、分包等工艺过程。在缝纫车间内,分成若干个流水作业组(即流水生产线),根据产品种类、生产规模的特点,缝纫流水线又分为"小流水"和"大流水"两种形式。凡流水线配备的生产工人数在30人左右的,称为"小流水";配备工人数为50~60人且进行大批量生产的,称为"大流水"。大流水作业通常又划分成几个工段,例如西服生产线,一般分成3~4个工段。综合车间完成成品服装的熨烫、整理、检验和包装等操作。

在成衣整理部分,由于产品种类不同,其作业特点也就不同。如衬衫生产,其熨烫操作大多由工人独立完成,而西装生产的熨烫工序是按流水作业方式进

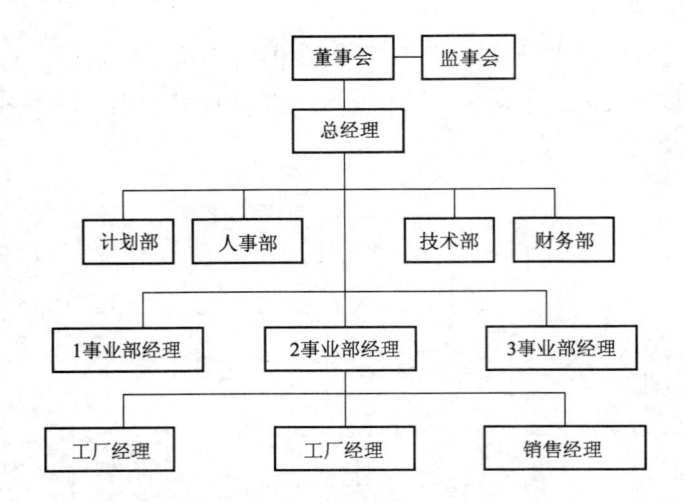

图 7-3　事业部制企业组织结构

行的；有些工厂将锁钉工段设置在缝纫车间内，也有些厂设在综合车间内。一个企业究竟采用何种组织形式，必须从企业的实际情况出发，根据企业规模、生产特点、市场环境、职工素质、管理基础等因素综合而定。图 7-4 为某中型服装厂内部生产作业组织形式。

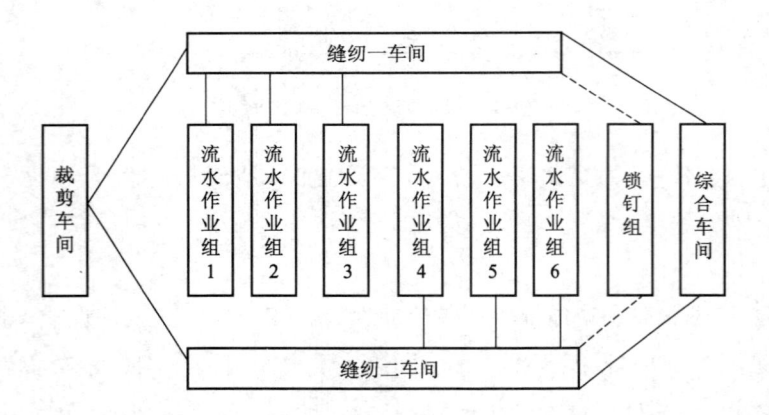

图 7-4　某中型服装厂作业组织形式

为了保证服装生产的顺利进行，企业内部通常是既有分工又有协作。企业的职能部门在传统企业中一般叫"处"或"科"，而在新型企业大多称为"部"。大中型企业多数设有以下一些部门。

1. 供销科

有的企业将其分为供应科和销售科。该部门主要负责原材料的采购、仓储、产品销售、取得订单，以及市场调查、市场分析和市场预测等。

2. 生产科或计划科

企业的生产不是盲目进行的，必须考虑订单的交货顺序和日期、原材料的供应情况及设备和人力资源的情况，这是一项重要而复杂的工作。生产科主要负责生产计划的下达和生产进度的控制。生产科根据订单制定生产计划、下达生产通知单、进行生产统计和反馈，监督并调整生产计划的完成。

3. 技术科

技术科根据客户订单或设计创意，制定单耗、制作样板、样品，编制生产工艺规程等技术说明文件，以指导实际生产。

4. 人事科或劳资科

负责企业人员的招聘、考勤、入职培训、教育培训，考核的部门称为人事科。负责制定工时定额、计算计件工资等部门称为劳资科。近年来随着人的因素在企业中作用的增强，在一些较大的企业中将其称为人力资源部。

5. 财务科

财务科主要负责企业内部资金的预算、固定资产的折旧、流动资产的流动情况监控、成本核算、工资发放、各种财务支出和公务支出报销等工作。

6. 设备科

设备科主要负责设备及零配件的购置、维修、保养，保全工的管理和变配电、锅炉房、空调设备的管理等工作。

7. 质检科

质检科通常负责原料与产品的品质检验标准的制定及其贯彻和执行，产品质量的抽检及对生产部门的过程进行控制，以降低不良率，提高品质。

第二节　劳动定额

企业是社会化生产的基层细胞，它本身又是一个纵横交错的复杂的系统。企业内部各个环节之间以及企业和企业之间，存在着十分密切的分工与协作关系。为了使企业能够连续不断地、有秩序地进行生产和经营，就需要有一套符合生产规律的定额。概括地说，定额就是标准。企业中定额的种类很多，而劳动定额是其中最基本、最重要的定额。所谓劳动定额，是指在一定的生产技术和劳动组织条件下，为了生产一定量产品或完成一定工作量，而为劳动者预先设定的必要的劳动消耗量标准。

一、劳动定额的作用

在以分工协作为基础的集体生产条件下，按照一定的标准进行劳动是客观的要求。劳动定额是企业管理的一项基础工作，其主要作用如下：

（1）劳动定额是组织、动员职工提高劳动生产率的一种有力手段。因为企业可以借助它，把提高劳动生产率的任务具体落实到各项工作和个人，从而有利于加强职工的责任感，调动他们的积极性。

（2）劳动定额是企业计划工作的基础。没有准确的劳动定额就无法准确地制定各项计划的指标，无法对各项技术的执行情况进行检查，也无法对劳动消耗和劳动成果进行考核。

（3）劳动定额是合理安排工作和组织劳动的重要依据。现代的工业生产过程是错综复杂的，为了使生产过程的各个环节按比例、协调地进行，就必须以劳动定额为依据，按照各个环节的消耗量，使各环节彼此衔接与平衡，合理调配劳动力。

（4）劳动定额是职工考核的重要依据。劳动定额有助于合理地组织工资配发、职工奖励等工作，是正确地贯彻按劳分配原则的重要依据。它是衡量与考核职工劳动量的标准尺度，没有劳动定额就无法确定职工的劳动报酬。工厂中的直接操作人员一般采用计件工资。

（5）劳动定额是控制生产进度和成本的重要依据。

二、劳动定额的分类

不同形式的劳动定额适用于不同的生产条件，每个企业可根据自身的生产特点，采用不同形式的劳动定额。劳动定额主要有以下四种形式。

（一）时间定额

时间定额指工人生产单位合格产品所需的时间。这是用时间表示的劳动定额，也可称作时间定额（或叫工时定额）。

（二）产量定额

产量定额指工人在单位时间（每小时或每个轮班）内应该完成的合格产品数量。这是用产量表示的劳动定额。产量定额和时间定额两种表现形式在数值上存在反比关系，可以相互换算，即单位产品的生产所需时间越少，单位时间内的产量就越高。

（三）看管定额

看管定额指一个工人或一组工人同时看管某种设备的数量。

（四）服务定额

服务定额指一个工人或一组工人固定服务的某种对象的数量。对于服装企业来说，由于内部各个工种和各项工作的性质及特点不同，常常同时采用两种或几种定额。比如：对缝纫工，考虑到其工种特点及传统技艺，劳动定额一般以工时定额为主；若是单件小批量生产，则采用产量定额。

三、劳动定额制定的方法

目前，企业劳动定额的制定方法主要有四种。

（一）经验估工法

根据定额员、技术员和技术工人的实际经验，同时参照相关技术文件和实物，直接估计产品的时间定额。这种方法的优点是简单、方便、速度快、工作量较小；缺点是制定过程较粗糙，只适合于经验比较丰富、技术水平高的人，劳动定额易受制定人员主观因素的影响，因而精确度与可靠性较差，各产品、各工种、各单位之间的定额水平不易平衡。在多品种、小批量生产，单件生产，新产品试生产，临时性生产等情况下，多采用经验估工法来制定劳动定额。

（二）统计分析法

根据过去同类型产品（或工序）的劳动工时的统计资料，结合分析当前生产条件的变化情况，来制定劳动定额的一种方法。它比经验估工法制定的定额要接近实际情况，比经验估工法准确；但是它依据的是过去的资料，易受以往平均数的影响，而不是建立在对构成工时定额的各种因素进行仔细分析的基础上，因而也难以保证劳动定额的准确性。

（三）类推比较法

类推比较法以现有产品定额为基础，通过对类似产品或工序进行分析比较，采用类推方法确定出新的同类产品或工序的劳动定额。

（四）技术测定法

在方法研究的基础上，按照预期的定额精度要求，经过对生产过程的分析，设计出最合理的操作方法和操作程序，并采用现场测定或技术计算而制定的劳动定额。这种方法的优点是有充分的技术依据，方法较细致，因而能保证定额的先进性和可靠性。缺点是工作量较大。

四、服装生产劳动定额的制定

(一)服装生产劳动定额制定的特点

服装生产是将机织物、针织物或非织造布等原辅材料经过裁剪、缝纫加工制成服装的过程。服装生产虽然已经实现了工业规模的批量生产,但是,由于技术特点与要求以及生产结构上的种种原因,目前仍以手工机械作业为主。因此,服装生产的劳动定额的制定具有以下特点:

(1)服装工业属劳动密集型产业,服装生产的机械化程度较低,手工操作所占比重较大。

(2)服装产品具有明显的同类性,这使劳动定额的制定具有一定的规律性。

(3)市场对服装生产的要求日益提高,小批量、多品种、高质量、短周期已成为发展的必然趋势。

(4)定额制定方法已从目前采用的经验估工和统计分析相结合的方法逐渐向采用类推比较法和技术测定法的方向发展。

(二)工时消耗分类和时间定额的组成

1. 工时消耗分类

工时消耗分类就是对工人在整个轮班的工作过程中全部时间消耗的分类研究。目的是消除不必要的时间消耗,为制定先进合理的定额提供依据。

(1)定额时间包括作业时间、照管工作地时间、休息和生理需要时间、准备和结束时间。

(2)非定额时间包括非生产工作时间、非工人造成的损失时间、工人造成的损失时间。

2. 时间定额的组成

(1)大批量生产忽略准备和结束时间。

单件时间定额 = 作业时间 + 照管工作地时间 + 休息和生理需要时间

或按其占作业时间的百分率来计算:

单件时间定额 = 作业时间 × (1 + 照管工作地时间百分率 + 休息和生理需要时间百分率)

(2)成批生产时,不忽略准备和结束时间。

$$单件计算时间定额 = 单件时间定额 + \frac{准备和结束时间}{每批产品的数量}$$

(3)单件生产时,其时间定额的计算公式如下:

单件时间定额 = 作业时间 × (1 + 照管工作地时间、休息和生理需要时间占作业时间的百分率) + 准备和结束时间

(三) 服装生产劳动定额制定的步骤

服装厂的直接生产人员一般采用计件工资制，制定的工时定额标准应有利于生产计划的制定、交货期并可以作为工资分配的依据。其制定过程如下：

1. 产品加工工序分析

工序是组成生产过程的基本单位，因而也就成为制定劳动定额的基本对象。工序分析的目的，是为工序管理和生产组织提供基础资料，使作业流程更合理。通过工序分析将整个产品加工过程划分为若干不可再分的细小工序。

2. 工序加工工时测定

工序加工工时测定是指在标准状态下实测操作者以正常速度完成某一工序所需的时间。由于操作人员熟练程度不同、设备状况也不一样，测定工时应取平均值。这样得到的时间为纯加工时间。

3. 确定浮余率

$$浮余率 = \frac{浮余时间}{作业时间}$$

浮余率也叫宽裕率，是不定期动作发生的比率。浮余时间表示因各种原因发生迟延的补偿时间，通常有作业浮余、生理浮余、休息浮余、车间浮余等。影响浮余率的因素很多，在缝纫加工中，通常使用20%~30%的标准浮余率。

4. 得到标准作业时间

标准作业时间是指在规定的作业条件下，用规定的作业方法，具有一般水平技能的人完成某工序作业所必需的时间。

$$标准作业时间 = 纯作业时间 + 浮余时间$$
$$= 纯作业时间(1 + 浮余率)$$

(四) 服装生产劳动定额标准

鉴于服装生产的同类性和普遍性的特点，服装生产可以制定统一的定额标准。为此，我国原轻工业部曾于1983年制定并颁布了全国《服装企业劳动定员、定额试行标准》，经过五年多的贯彻实施，在服装归口纺织工业部统一管理后，1988年12月，原纺织工业部又根据生产发展需要，在原有劳动定员、定额的基础上进行了修订与补充，颁布了全国《服装(鞋帽)企业生产工人劳动规范》(试行本)。规范中共列出25个产品的劳动定额，其中有23个服装产品，部分服装产品劳动定额标准列于表7-1中。由于服装工业的迅速发展，各个企业的工艺和设备差异较大，款式变化多，又加上行业主管部门的变化，因此服装生产劳动定额标准目前主要是企业标准，没有全国性的标准。

表 7–1　服装产品劳动定额标准

产品名称	缝纫 [件(套)/日]	面料裁剪 (min/板)	锁钉 (min/件)	整烫包装 (min/件)
男式呢单排扣长大衣	1.14	905	19.05	41.7
男式毛料单排扣西装	1.36	905	14.06	41.01
呢中山装	1.46	933	27.5	32.27
男式毛料西裤	4.58	946	5.3	20.74
男式毛料西装背心	4.34	—	12.79	12.49
女式呢中大衣	1.77	547	7.79	27.66
女式毛料西装	1.83	717	6.24	25
女式毛料西裤	6.8	899	6.55	14
女式毛料西装裙	8.91	538	4.2	9.29
女式针织涤纶外衣(两用衫)	3.68	592	3.3	10.35
男式长袖衬衫	20	769	3.25	6.2
女式长袖衬衫	20.5	701	3.38	6.2
男童两件套	10.17	914	5.5	5.5
女童中腰节裙衫	12.6	850	3.52	6.25
男式睡衣衫裤	10.15	948	4.49	6.49
男式羽绒服	2.32	595	22	16.54
男式风雨衣	3.38	432	16.8	24

第三节　定员设计

企业定员就是根据企业已确定的产品方案和生产规模，本着提高工效、节约用人和精简机构的原则，确定企业的正常生产经营活动所必需的各类人员的数量。

一、定员的作用

对企业本身来说，有了定员标准就可以做到合理地安排劳动力，既保证生产对劳动力的需要，又可避免劳动力的窝工和浪费。具体地说，定员可以起到以下作用：

（1）为企业编制劳动计划及合理配备各类人员提供依据，避免企业因无用人标准而造成人浮于事。

(2) 使企业在用人方面做到胸中有数,并能随着生产情况的变化相应地调整劳动力,防止各类人员的浪费和忙闲不均。

(3) 为新建企业进行人员调配和培训提供依据,以保证新建企业能按期投产。

(4) 企业定员是贯彻按劳分配原则、正确地组织工资分配与奖励工作的依据之一。

企业定员对新建企业来说非常重要。新建企业所需的劳动力,要事先根据生产条件确定人员数量,以便有计划地、不过早过多地配备人员,做到合理、节约地使用劳动力。同时,有了设计定员,也为技术培训工作和做好投产前的生产准备创造了条件。

二、定员的范围

企业定员包括企业进行正常生产所需全部人员的数量。因此,它应确定企业内部各单位(厂部、车间、工段、班组以及各附属机构)在正常生产条件下所需固定工和临时工的数量。

企业职工按照他们的工作性质、所处岗位和劳动分工的特点,可分为以下六类。

(1) 生产工人:企业中直接进行物质生产的人员,包括基本工人和辅助工人。

(2) 学徒:指在熟练工人指导下学习生产技术并享受学徒待遇的人员,其性质属于后备的生产工人。

(3) 工程技术人员:企业中负责各种工程技术工作的人员,如工程师、技术员。

(4) 管理人员:企业中担任组织领导和经营管理工作的人员。

(5) 服务人员:企业中担任职工生活福利、卫生保健、文化教育以及警卫消防等项工作的人员。

(6) 其他人员。

以上各类人员,按照他们与生产的关系来看,生产工人、学徒和直接从事生产技术活动的工程技术人员,属于直接生产人员;管理人员,包括从事行政管理工作的工程技术人员及服务人员,属于非直接生产人员。这两类人员的比例,是考核企业定员是否先进与合理的重要指标。

三、定员的原则和方法

(一)定员的原则

企业定员工作是一项比较复杂的工作,涉及企业的各个方面。要搞好这项工作,必须有明确的指导思想和应当遵循的原则,这就是:要充分调动职工的积极性,发挥人的主观能动作用;少用人,多办事,遵循精简、统一、效能、节约和反对官僚主义等五项目的一致的原则,做到:

(1)编制定员要先进合理。
(2)定员标准要相对稳定,不断提高。

(二)定员的方法

由于企业中各类人员的工作性质、工作量和工作效率的表现形式均不相同,因而需要采用不同的定员计算方法。常用的计算方法有以下五种。

1. 按劳动效率(或劳动定额)定员

根据生产任务、工人劳动效率和平均出勤率计算。一般用于对手工操作为主的工种定员,譬如服装厂的缝纫、整烫和包装工种的定员。

$$定员人数 = \frac{年度生产任务的定额工时}{年制度工时 \times 预定定额完成系数 \times 工人平均出勤率}$$

例如,某西服厂生产男式单排扣毛料西服,缝制每件西服的定额工时为180min,每年实际工作300天,每天工作8h,工人平均出勤率为90%,预计95%的人能够达到定额标准,若年产10万件西服,求应配备的缝纫工人数。

按照上式计算,可得出该厂缝纫工的定员人数:

$$缝纫工人数 = \frac{180 \times 10^5}{300 \times 8 \times 60 \times 0.95 \times 0.9} = 146 人$$

在已知产品的标准总加工时间和浮余率的情况,也可通过计算得出完成各项作业所需的定员人数。在表7-2中列出了几种常见的服装品种与应配备的作业人数的关系。

表7-2 服装品种与作业人数的关系

品 种	标准总加工时间(s)	浮余率(%)	合适的作业人员			直接工作人员每人日产量(件)
			裁剪(人)	缝制(人)	熨烫(人)	
男西装上衣	7900~9500	25	11~15	105~115	14~18	2.8~3.4
男装内衣	2000~2400	25	6~7	48~52	5~6	11.3~13.4
裙子	750~1500	25	2~3	15~17	1~2	18~36
连衣裙	3400~3900	25	2	15~17	1~2	6.9~7.9
运动衣	700~900	25	4~5	30~33	3~4	30~38.6
运动裤	500~650	25	3~4	22~24	2~4	41.5~49.0
牛仔裤	1000~1150	25	2~3	29~32	2~3	23.5~27.0
衬衫	950~1100	25	8~10	75~85	15~20	24.5~28.4

2. 按设备数量定员

根据设备的数量、开工班次和工人看台定额计算。这种方法主要用于对以机械操作为主并以看台定额考核工作量的工种的定员,如针织车间的棉毛机、圆机、横机等挡车工的定员。

$$定员人数 = \frac{完成任务所必需的设备台数 \times 每天开工班次}{一个工人看台定额 \times 工人平均出勤率}$$

3. 按岗位定员

根据工作岗位的数量、各岗位所需的人数、开工班次和工人平均出勤率等计算。这种方法适用于对无劳动定额的辅助工人和服务人员的定员,例如服装厂的门卫、电话总机人员等。

4. 按比例定员

根据企业职工总数或某类人员总数的一定比例来确定另一类人员的数量。这种方法多用于对非生产人员的定员,例如管理人员、勤杂人员和卫生保健人员就可按职工总数的一定比例定员;托幼人员和餐厅工作人员可按入托人数和就餐人数的一定比例定员。

对服装企业的管理人员,包括科室和党政管理人员及工程技术人员,可参照一般纺织企业同类人员比例定员。通常企业管理人员占职工总数的18%;卫生保健人员一般按500名职工配备1~1.5名;托幼人员的定员比例可参考表7-3,餐厅工作人员定员比例可参考表7-4。

表7-3 托幼人员与入托儿童比例

入托儿童(婴儿)年龄	全托	日托
3个月~3岁	1:(6~8)	1:(7~8)
3~7岁	1:(10~13)	1:(13~16)

表7-4 食堂工作人员与就餐人员的比例

食堂就餐人数	每日用餐3次	每日用餐3次以上
200人以下	1:(25~30)	1:(20~25)
200~500人	1:(30~35)	1:(25~30)
500人以上	1:(35~40)	1:(30~35)

5. 按组织机构定员

一般应先确定企业的管理体制和组织机构;然后确定各业务科室的业务分工、职责范围;最后根据每个部门的业务内容、工作量大小,确定其定员编制。管理人员的定员,主要采用这种方法。

编制人员除了使用正确的定员方法外,还需采用正确的定员步骤。实践经验证明,正确的步骤应该是:先定额,后定员;先基本车间,后辅助部门;先工人,后干部;边定边实践,从简到繁,从点到面,分清主次,逐步展开。

企业应当从实际出发,结合国家和上级主管部门制定的定员标准,采用上述的几种方法,并与同类型企业的定员进行比较,制定本企业的定员方案。

第四节 设计概算

一、编制设计概算的意义

项目的总投资在可行性研究阶段称为投资估算,在初步设计阶段称为设计概算,两者内容相似,只是深度和精度有差异。

设计概算包括技术和经济两部分,是控制项目总投资的主要依据。为了合理使用建设投资,便于国家对基本建设工作进行财政监督。在初步设计阶段应当根据实际情况编制初步设计总概算,工程开工前需编制施工图预算,工程竣工后还需编制竣工决算。设计概算、施工图预算和竣工决算是计算一个项目全部建设费用的依据。正确地编制设计概算,对于搞好基本建设计划工作、实行经济核算制、合理使用建设投资、充分发挥资金效用和降低建设成本等都具有重要意义。

编制好设计概算还可以促进设计工作质量的提高,加强施工单位和建设单位之间的经济核算,有效地改进建设和施工中的管理工作。

二、设计概算的内容

(一)工程费用

工程费用包括生产车间、辅助生产项目、公用工程、服务性工程、生活福利工程及厂区工程等费用。

(二)其他费用

其他费用包括土地征购、青苗补偿、拆迁、勘察、完工清理、建设单位管理和培训等费用。

(三)不可预见费

由于设计变更,设备与材料差价或各项费用估计不足而产生的计划外费用,均列入不可预见费。不可预见费一般按总概算的一定比例确定。

（四）建设期贷款利息

在建设期内的银行贷款利息。

固定资产总投资 = 工程费用 + 其他费用 + 不可预见费 + 建设期贷款利息

三、设计概算文件的编制

设计概算中的预算定额、费用定额、材料设备价格、费率等，均应按照国家或地区规定的标准和程序进行编制，并报请上级主管部门审批后贯彻执行。

设计概算的全部内容应汇编造册，编制总概算表（表7-5）。总概算表是由综合概算、单项工程概算及其他费用概算汇总编成。在设计概算汇总之前，先由各专业设计人员分别编制单项工程概算和综合概算。

表7-5 总概算表

序号	概算表编号	工程和费用名称	概算价值（元）					占总概算价值（%）	技术经济指标		
			建筑工程	设备	安装工程	器具工具及生产家具购置	其他费用	总值		单位	数量	单位价值（元）
		第一部分：工程费用										
		1. 主要生产项目										
		（1）××车间										
		……										
		小计										
		2. 辅助生产项目										
		（1）机修										
		……										
		小计										
		3. 公用工程										
		（1）供电										
		……										
		小计										
		4. 服务性工程										
		5. 生活福利工程										
		6. 厂外工程										
		合计										
		第二部分：其他工程和费用										
		第三部分：不可预见费										
		第四部分：建设期贷款利息										
		概算总计										

第五节 技术经济指标

技术经济指标是衡量设计方案是否合理的重要依据。同时也能为新建工厂投产后,加强企业经济核算、建立和健全各项管理制度、发展生产、增加积累、更好地开展社会主义劳动竞赛打下良好的基础。企业的各项技术经济指标还能为各级领导了解情况、决定政策、指导工作、制定和检查基本建设计划和生产发展计划提供重要依据。因此,新厂设计内容完成后,应对有关的技术经济指标进行核算。

影响企业各项技术经济指标的因素很多,企业之间、地区之间往往只能做到大体上可比,不可能做到绝对可比,只有结合实际情况进行全面分析研究,才能正确地判断指标的高低。

新建厂的技术经济指标,一般包括以下内容。

一、生产能力

生产能力指企业拥有通用缝纫设备的台数或年产服装件(套)数。

二、产品品种

产品品种包括衣料种类(棉、毛、麻、化纤、丝绸、革皮或混纺等)、成衣规格、各品种所占的比例和产量等。

三、原辅材料年消耗量

四、全厂定员

全厂定员包括职工总数、生产工人数、非生产人员数、非生产人员占职工总数的比例、男女员工比例以及各个部门人员安排。

五、总投资

总投资包括建筑、安装、设备及工器具的购置,征地、拆迁、培训等的概算投资总额。

六、产品的工厂成本

工厂成本包括原辅料成本与工费成本两部分。原辅料成本是指构成产品实体的面料、衬料、里料及服饰配件等材料费用；工费成本包括燃料、动力、工资、附加工资、废品损失、车间经费及企业管理费等。

七、企业利润和税金

八、投资回收年限和财务内部收益率

$$投资回收期 = \frac{总投资额}{每年利润和税金}$$

九、总占地面积

总占地面积包括生产区面积、生活区面积和土地利用系数。

总建筑面积包括生产区建筑面积、生活区建筑面积和建筑系数。

十、年工作日

十一、其他

除以上与工艺设计内容有关的技术经济指标外，新建厂还包括与土建、空调、供电、给排水等其他专业设计有关的技术经济指标，如三材（钢材、木材、水泥）耗用量、全厂最高用电负荷(kW)、全厂最大用气量(kg/h)和全厂最大用水量(t/d)等。

思考题

1. 企业的管理组织和作业组织有几种形式，各有何特点？
2. 什么叫劳动定额，劳动定额有几种形式？
3. 制定劳动定额的方法有几种，各种方法都有哪些特点？
4. 企业为什么要定员，定员有何作用？
5. 企业定员的方法有几种？简述它们所适用的工种和范围。
6. 工程项目进行设计概算的目的和意义是什么，设计概算一般包含哪些内容？

服装工艺设计实例——

服装厂生产工艺设计实例

课题名称： 服装厂生产工艺设计实例

课题内容： 衬衫生产工艺设计
西服生产工艺设计
牛仔装生产工艺设计
时装生产工艺设计
针织成衣生产工艺设计

课题时间： 7课时

教学目的： 1. 让学生从几种服装行业的经典产品实例中，将前几章所学内容融会贯通，在头脑中形成比较完整的知识体系。
2. 让学生了解不同服装产品流水线的生产工艺设计和各类加工设备的配置情况。

教学方式： 由教师以衬衫、西装、牛仔装、时装、针织成衣等产品为例介绍产品工艺设计的内容。
由教师讲述与学生动手设计练习相结合，使学生深入理解工艺设计的相关知识。

教学要求： 1. 让学生了解几种不同产品的缝制流水线所需的设备种类、数量及操作员人数，以及工艺设计的方法和步骤。
2. 让学生动手做工艺设计练习，使他们在巩固所学知识的同时，注意到其中某些细节问题，并通过询问老师或查阅资料将问题予以解决。

第八章 服装厂生产工艺设计实例

服装产品的种类很多,相应的工厂设计所包含的内容也很多,本章仅以典型产品的工艺设计为例,介绍常见的衬衫、西服、牛仔装、针织内衣等产品的工艺设计内容。

第一节 衬衫生产工艺设计

衬衫是穿在西服套装内或内衣之外兼作外衣的服装品种,也是人们日常生活中需求量最大的成衣类别。衬衫厂则是服装行业中产品品种相对单一的生产企业,由于衬衫加工设备的专业化程度较高,生产效率的平均水平在业内也相对较高。

从衬衫加工设备的配置来看,规模较大的专业衬衫生产企业,较多采用吊挂生产流水线缝制,机械化整烫包装,设备的专业化、自动化程度较高。但目前,各衬衫企业的实际生产水平参差不齐。一些中小型企业大多不具备自动化程度高的加工设备,一是由于这些设备的投资额较大,规模小的企业难以承受;二是当产品品种和款式发生变化时,由于加工设备难以快速调整到位而影响生产效率。尽管衬衫企业的产品品种相对单一,但有时产品款式细节的变化也很多,因此设计流水线时也需考虑使其适应多品种、小批量的生产要求。

以下通过一个具体的设计实例,帮助我们了解一般的中小型衬衫企业流水线生产工艺设计和各类加工设备配置的情况。

一、设计任务

根据给定的产品方案(图8–1,表8–1),设计一条年产20万件男式衬衫的生产线。

二、产品方案

1. 衬衫产品的款式及说明

根据图8–1所示的设计任务要求,产品品种为传统的男式长袖衬衫,衬衫

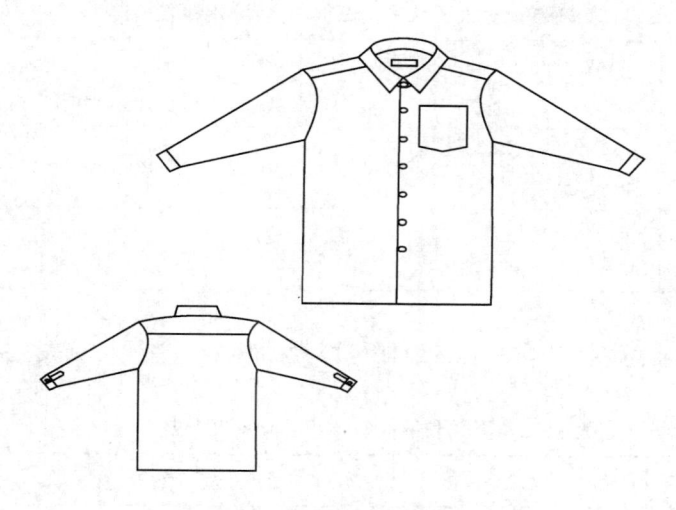

图8-1 男式长袖衬衫款式图

的基本款式属带领座的翻领、明门襟、平下摆、左前胸装贴袋、开袖衩、装袖克夫（袖头）。

在男式衬衫生产中,产品的款式有时在细节上会有一些变化,但是它对工艺设计的影响不大。款式细节的变化常表现在以下几个部位：

(1) 门襟：明门襟或暗门襟,有时用斜纹面料做门襟等变化。

(2) 领型：上领尺寸大小的变化或领角造型的变化。

(3) 口袋：单袋或双袋、无袋盖或有袋盖、袋口处绣花或图案等变化。

(4) 腰身：直身或收腰等变化。

(5) 下摆：平下摆、圆下摆或前高后低、两侧开衩等变化。

(6) 袖克夫：即袖头用平角或圆角等变化。

此外,还有衬衫面料及色彩的变化,除常用的全棉或涤/棉细布、府绸、色织条格布等面料外,还有其他纤维材料及混纺织物面料,有些高档产品还采用经过免烫整理或其他功能性整理的面料等。

2. 衬衫面料及辅料的选择

(1) 面料：在本设计中,男式衬衫产品分别选择色彩丰富的全棉精梳府绸和涤/棉细纺两种薄型织物。全棉精梳府绸具有良好的吸湿性和透气性,穿着柔软、舒适；涤/棉细纺厚薄适中,吸湿性和耐洗性较好,穿着挺括,价格适中。本设计所选用的男式衬衫面料的品种、规格及面料的年消耗量见表8-1。

(2) 辅料：在本设计中,男式长袖衬衫产品所用的辅料包括缝制辅料和包装辅料,其中缝制辅料的主要品种有领衬、领角衬、缝纫线、纽扣、商标、成分标和洗涤标志等。衬衫产品包装应用的辅料主要有吊牌、大头针、塑料袋、包装纸、纸板、纸盒、纸箱等。

表8-1 男式长袖衬衫面料的品种、规格及消耗量

面料品种	纱线线密度(tex)		织物密度(根/10cm)		幅宽(cm)	产品比例(%)	年消耗量(m)
	经纱	纬纱	经向	纬向			
全棉精梳府绸	J14.6(J40英支)	J14.6(J40英支)	110	76	116	50	15.4×10^5
涤/棉细纺	13(45英支)	13(45英支)	96	72	96	50	18.1×10^5

男式长袖衬衫加工中常用的缝制辅料的品种及其消耗量见表8-2。

表8-2 男式长袖衬衫常用的辅料品种及消耗量

辅料品种	单耗	衬衫年产量(万件)	年消耗量
衬布	0.15m	20	3×10^4 m
缝纫线	110m	20	2.2×10^7 m
纽扣	13粒(7大6小)	20	2.6×10^6 粒

3. 用料计算

(1)确定衬衫产品的规格：内销男式衬衫产品的规格，以我国国家技术监督局颁布的服装号型标准（男衬衫）为依据；外销男式衬衫产品的规格，一般按照国际通用的标准或客户来单的规格。

(2)绘制衬衫产品结构图：在本设计中，根据我国服装号型（男衬衫）规格绘出的男式长袖衬衫的结构图，如图8-2所示。

注：图8-2中的"领座"在行业用语中又称"下领"或"底领"；图中的"领子"又称"上领"或"翻领"，图中的"过肩"又称"复势"或"覆势"。

(3)绘制衣片排料图：根据男式长袖衬衫的结构图，绘制衣片排料图（图8-3）。

(4)计算用料量：根据衣片排料图，当选用的衬衫面料门幅为96cm时，可得出每件衬衫产品的实际用料为1.81m；当衬衫面料的门幅为116cm时，可得出每件衬衫产品的实际用料为1.54m。在本设计中，根据表8-1给定的不同品种的男式长袖衬衫的产量比例（各占50%），结合选用的两种面料的门幅，可以算出全年生产20万件男式长袖衬衫的面料总需用量为3.35×10^5 m。

三、生产工艺流程设计

衬衫生产的总流程如图8-4所示。

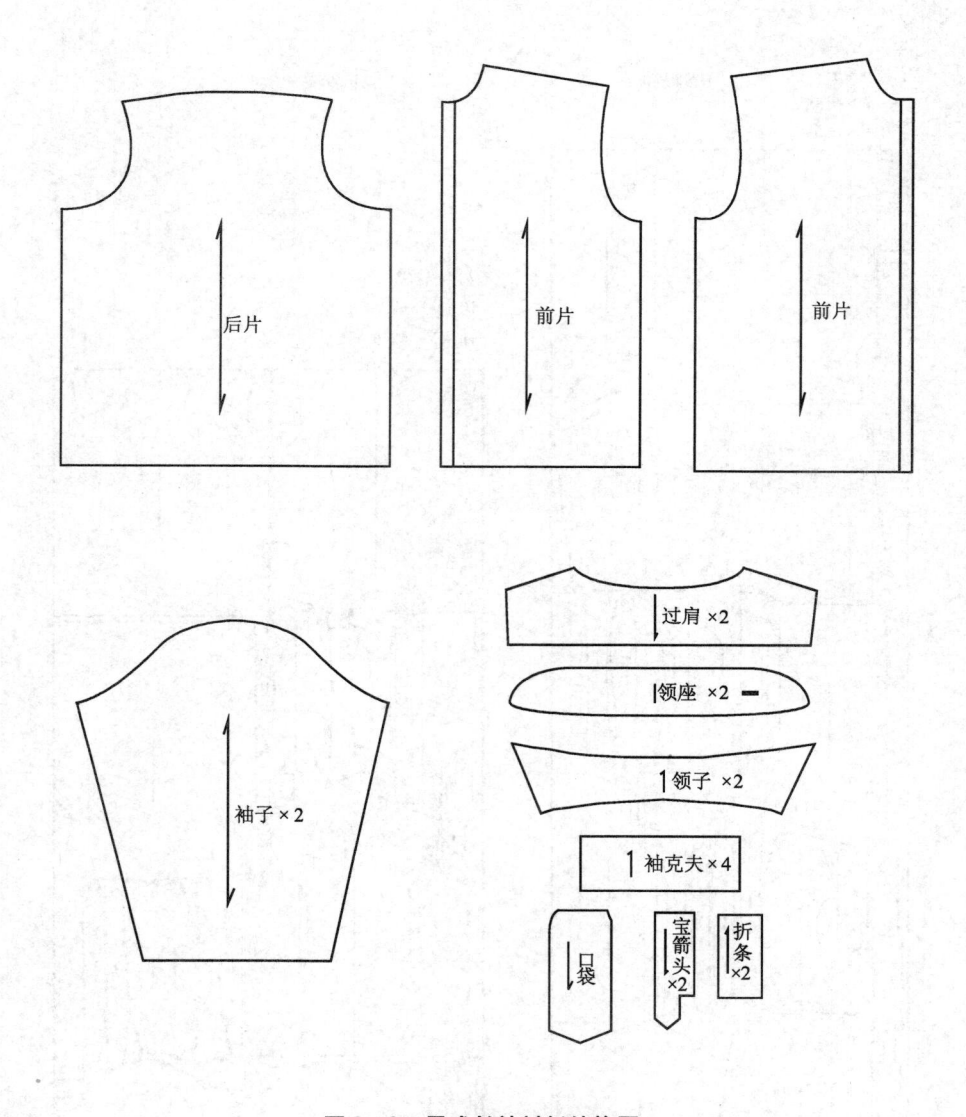

图8-2 男式长袖衬衫结构图

1. 裁剪工艺流程
裁剪工艺流程如图8-5所示。
2. 缝纫工艺流程
缝纫工艺流程如图8-6所示。
3. 整烫工艺流程
整烫工艺流程如图8-7所示。

0045LLA
长度 3624mm
宽度 960mm
06—01—2006
使用率 83.5%

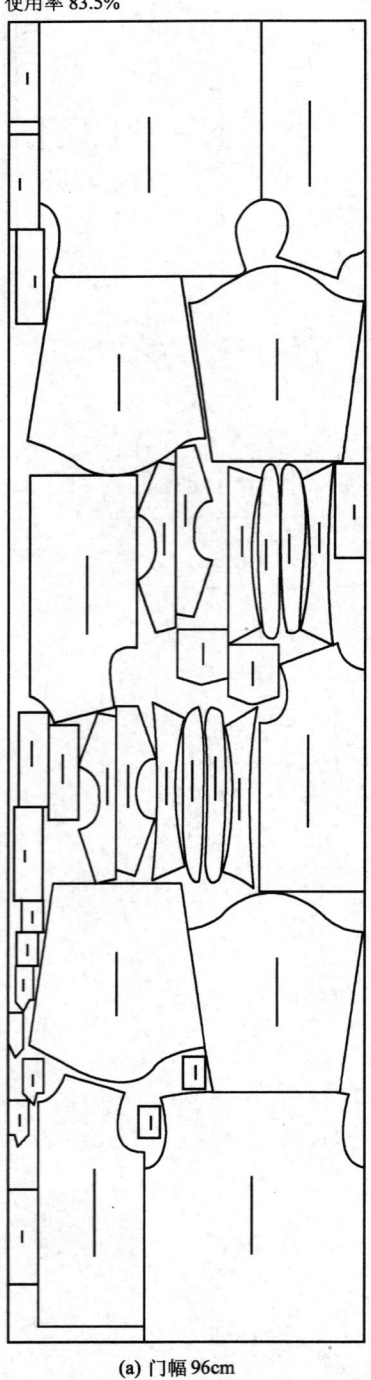

05232L
长度 3069mm
宽度 1160mm
12—11—2005
使用率 84.5%

(a) 门幅 96cm

(b) 门幅 116cm

图 8-3 男式长袖衬衫排料图

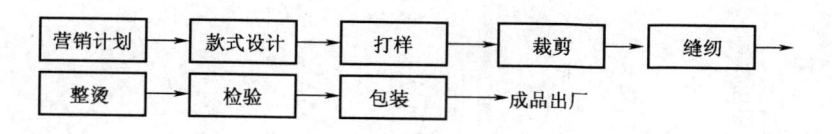

```
营销计划 → 款式设计 → 打样 → 裁剪 → 缝纫
整烫 → 检验 → 包装 → 成品出厂
```

图8-4　衬衫生产总流程

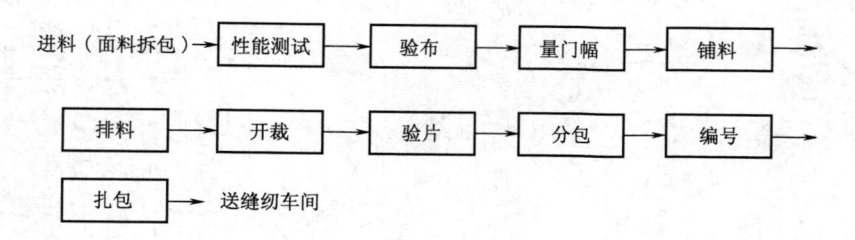

```
进料（面料拆包）→ 性能测试 → 验布 → 量门幅 → 铺料
排料 → 开裁 → 验片 → 分包 → 编号
扎包 → 送缝纫车间
```

图8-5　裁剪工艺流程

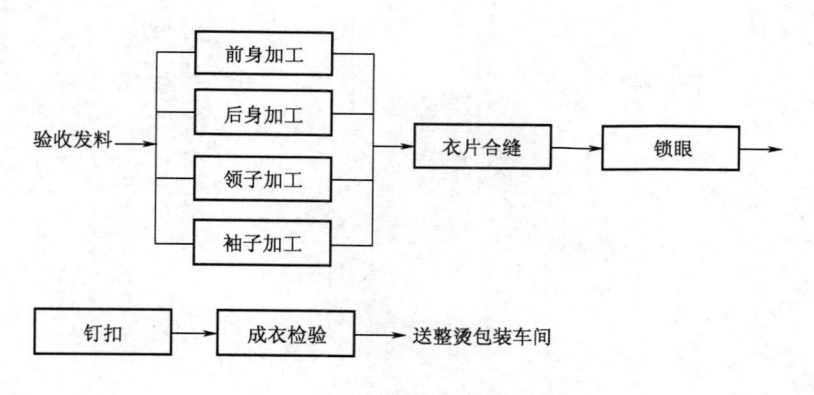

```
验收发料 → {前身加工, 后身加工, 领子加工, 袖子加工} → 衣片合缝 → 锁眼
钉扣 → 成衣检验 → 送整烫包装车间
```

图8-6　缝纫工艺流程

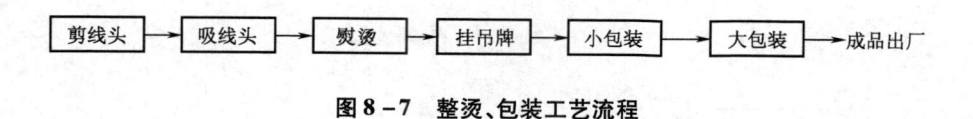

```
剪线头 → 吸线头 → 熨烫 → 挂吊牌 → 小包装 → 大包装 → 成品出厂
```

图8-7　整烫、包装工艺流程

四、工序分析

男式长袖衬衫的生产工序分析如图8-8所示。

五、设备表

男式长袖衬衫生产所需的各种设备见表8-3。

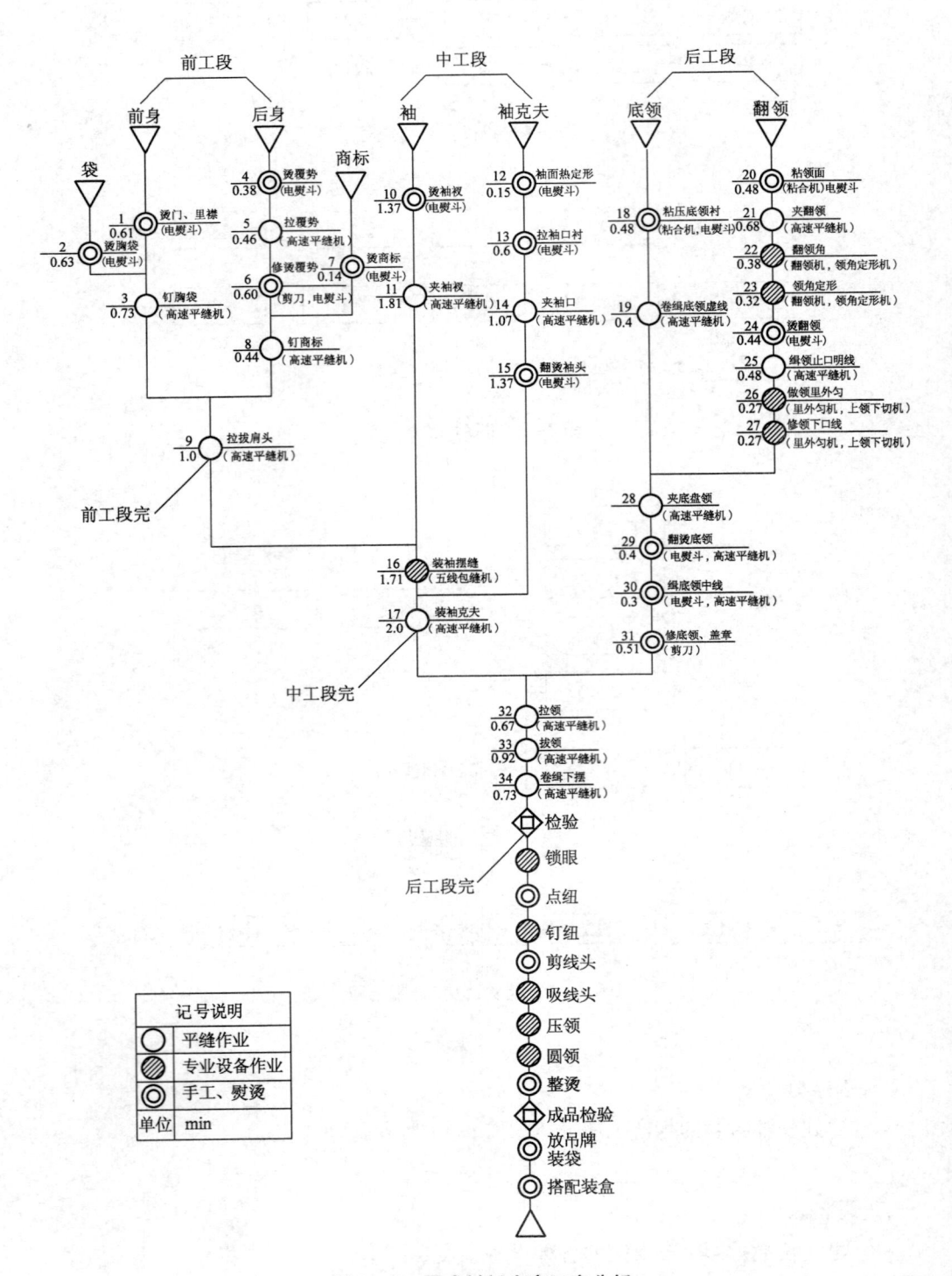

图 8-8 男式衬衫生产工序分析

表8-3 衬衫生产设备明细表

序号	设备名称	数量(台)	备注
1	高速平缝机	17	日本重机平缝机
2	高速电脑平缝机	5	日本重机平缝机
3	高速带刀平缝机	2	
4	五线包缝机	2	
5	双针缝纫机	1	
6	双针摆缝机	1	
7	平头锁眼机	2	
8	高速钉扣机	2	
9	里外匀机	1	上海服装机械厂生产
10	领角定形机	1	上海服装机械厂生产
11	上领下切机(净领角机)	1	上海服装机械厂生产
12	翻领机	1	上海服装机械厂生产
13	衬衫压领机	1	上海服装机械厂生产
14	衬衫圆领机	1	上海服装机械厂生产
15	带式粘合机	1	
16	烫台(包括熨斗)	10	
17	抽湿烫台(包括熨斗)	6	
18	吸线头机	1	上海服装机械厂生产
19	裁剪台	1	
20	铺布机	1	
21	液压下料机	1	
22	数显切纸机	1	
23	带刀裁剪机	1	
24	直刀裁剪机	2	
25	布料预缩机	1	
26	电脑绣花机	1	

六、劳动定额

男式长袖衬衫缝纫生产的劳动定额见表8-4。

表 8-4　男式长袖衬衫缝纫生产劳动定额表

工序号	工序名称	加工设备	劳动定额 单位	劳动定额 数量	劳动定额 工时(min)	人数
1	烫门、里襟	电熨斗	件	1	0.61	1
2	烫胸袋	电熨斗	件	1	0.63	1
3	钉胸袋	高速平缝机	件	1	0.73	1
4,7	烫覆势,烫商标	电熨斗	件	1	0.38,0.14	1
5	拉覆势(装覆势)	高速平缝机	件	1	0.46	1
6	修烫覆势	剪刀,电熨斗	件	1	0.6	1
8,9	钉商标,拉拔肩头(肩缝)	高速平缝机	件	1	0.44,1.0	2
10,12	烫袖衩,袖面热定形	电熨斗	件	1	1.37,0.15	2
11	夹袖衩	高速平缝机	件	1	1.81	3
13	拉袖口衬	电熨斗	件	1	0.6	1
14	夹袖口	高速平缝机	件	1	1.07	2
15	翻烫袖头	电熨斗	件	1	1.37	2
16	装袖摆缝	五线包缝机	件	1	1.71	3
17	装袖克夫	高速平缝机	件	1	2.0	3
18,20	粘压下领衬,粘领面	粘合机,电熨斗	件	1	0.48,0.16	1
19	卷缉底领虚线	高速平缝机	件	1	0.4	1
21	夹翻领	高速平缝机	件	1	0.68	1
22,23	翻领角,领角定形	翻领机,领角定形机	件	1	0.38,0.32	1
24	烫翻领	电熨斗	件	1	0.44	1
25	缉领止口明线	高速平缝机	件	1	0.53	1
26,27	做领里外匀,修领下口线	电熨斗,上领下切机	件	1	0.27,0.28	1
28	夹底盘领	高速平缝机	件	1	0.47	1
29,30	翻烫底领,缉底领中线	电熨斗,高速平缝机	件	1	0.4,0.3	1
31	修底领,盖章	剪刀	件	1	0.51	1
32,33	拉领,拔领(装领,缝领)	高速平缝机	件	1	0.67,0.92	3
34	卷缉下摆	高速平缝机	1	1	0.73	1

七、定员设计

男式长袖衬衫生产线各工段所需的员工人数可按表 8-5~表 8-8 配置。

表8-5　各工段的定员汇总

工段名称	定员人数(人)
裁剪	7
缝纫	46
整烫	16
生产管理	2
合计	71

表8-6　裁剪工段定员

工种或职务	定员人数(人)
拉布,铺布	2
画样,裁剪	2
裁片编号	1
验片,分包,扎包	1
生产组长	1
合计	7

表8-7　缝纫工段定员

工种或职务		定员人数(人)
粘合		2
车缝	前工段	8
	中工段	16
	后工段	14
锁眼		2
钉扣		2
辅助工人		1
生产组长		1
合计		46

表8-8　整烫、包装工段定员

工种或职务	定员人数(人)
修剪线头	2
吸线头	1
压领	1
圆领	1
整烫	6

续表

工种或职务	定员人数（人）
检 验	2
包 装	2
生产组长	1
合 计	16

八、产量计算

从表 8-4 中可以得出，男式长袖衬衫生产线上与产品产出直接有关的生产人员为 38 人，又知一件男式长袖衬衫的标准总加工时间为 1380s，每天有效工作时间为 8h(28800s)。若全年工作 260 天，则该生产线的日产量和年产量可计算如下：

衬衫日产量为：

$$38 \times 28800 \div 1380 = 793（件/日）$$

衬衫年产量为：

$$793 \times 260 = 206180（件/年）$$

九、绘制衬衫生产线设备排列图

男式长袖衬衫生产线加工设备的具体布置可有多种方案，一般中小型企业多采用"课桌式"排列方案。在本设计中，衬衫生产线的设备布置也采用"课桌式"布置，生产线设备排列如图 8-9 所示。

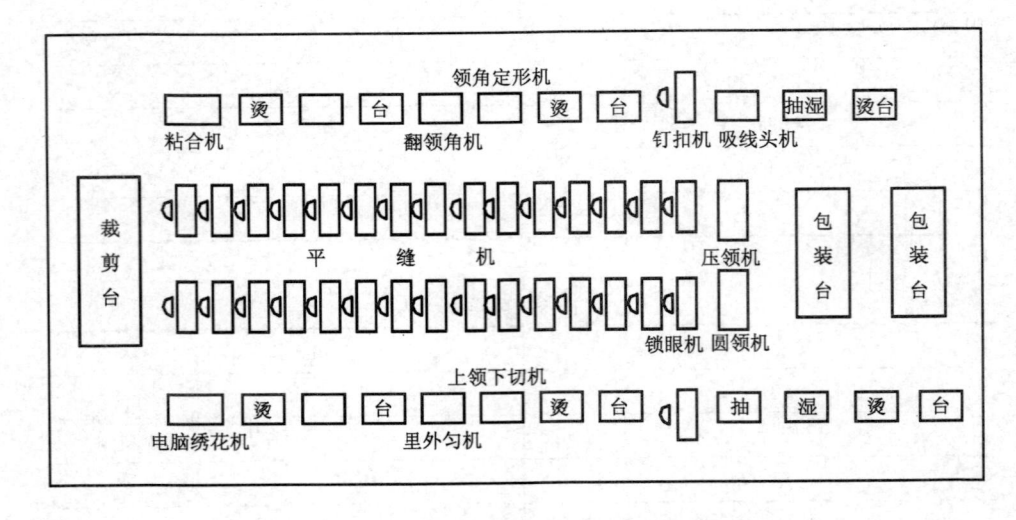

图 8-9 衬衫生产线设备排列图

第二节　西服生产工艺设计

目前,我国西服企业较多,规模也较大,其中使用杜克普爱华(DUERKOPP ADLER)缝制设备和迈埠(MACPI)整烫设备的企业较多。本节重点介绍使用上述加工设备为主的日产600件西服的生产线设备及工艺情况。

一、西服产品的款式及说明

(1)单排扣或双排扣,全衬里;前片用粘合衬;三个前排扣;一个或两个驳头假眼;后背或侧缝开衩或不开衩。

(2)两个双嵌线大袋加袋盖;胸袋;四个里袋(两个胸袋、一个笔袋、一个香烟袋);衬里胸袋开在挂面上。

(3)两片领子。

(4)袖口开衩,三个袖口装饰假眼,三粒扣子;袖山衬在绱袖工序前预设。

(5)两条省缝。

(6)用热粘合方式固定垫肩;珠边领子、驳头、止口、胸袋及袋盖;用双面粘合贴固定挂面在前片。

在以上项目中,可使用一般非热粘合垫肩;可缲缝固定挂面;袖山衬可在绱袖工序后敷上。

上述的西服产品款式如图8-10所示。

图8-10　西服款式图

二、计算公式

生产管理辅助计算公式如下:

$$E = \frac{O \times T_e}{W}$$

式中:E——操作人数;

W——每班工时,min;

O——产量;

T_e——单件工时,min。

若日产量为600件西服,每班的工作时间为8h(480min),单件产品的工时为109.34min。则所需操作人数为:

$$\frac{600 \times 109.34}{480} = 136.7（人）$$

同理,若已知操作人数,则可以求出单件工时。

三、生产工艺及设备配备

1. 分类预备和小件工序分析(图8-11,表8-9)

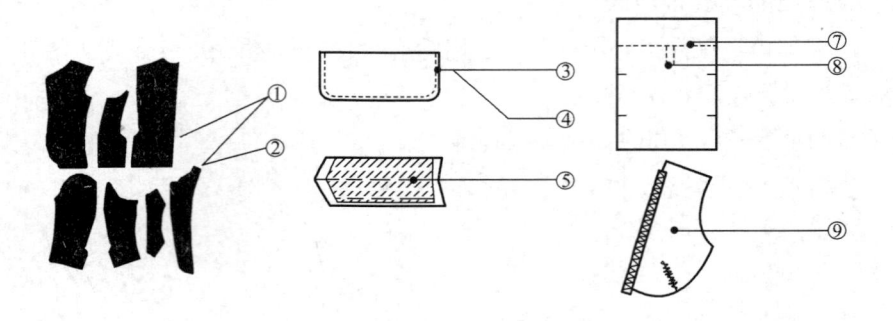

图8-11 分类预备和小件工序

表8-9 分类预备和小件工序分析表

编号	机器型号及说明	工序说明	工时(min)	操作人数(人)	机器数量(台)
A	分类预备工序				
1	Macpi985.44.4314, 334.44.2100, 978.44.2310	粘合各裁片	4.00	5.00	1
2	工作台	将裁片分类预备缝制	2.10	2.60	3
	预备工序合计		6.10	7.60	4
B	小件工序				
3	739—23—1	缉缝西服袋盖	0.40	0.50	1
4	Macpi 132.00	翻烫西装袋盖	0.80	0.50	1
5	Macpi 135.00	粘合及折烫胸袋,里袋三角	0.40	1.00	1
6	仿手工缝机器	袋盖及胸袋缝珠边线(仿手工缝)	1.10	1.40	2
7	2110—4 或 2111—4	缝内外袋布贴面共6个(2个外袋/4个里袋)	0.75	0.90	1
8	271—140342	缝西装票袋	0.20	0.20	1
9	曲折缝机	曲折缝缝合胸衬	0.96	1.20	2
	小件工序合计		4.61	5.70	9

2. 领子工序、衬里工序和袖子工序分析（图8-12，表8-10）

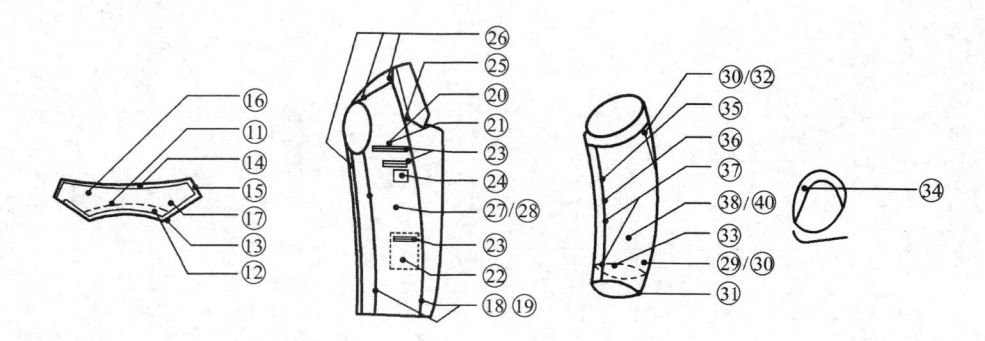

图8-12 领子工序、衬里工序和袖子工序图

表8-10 领子工序、衬里工序和袖子工序分析表

编号	机器型号及说明	工序说明	工时（min）	操作人数（人）	机器数量（台）
C		领子工序			
10	液压裁断机	液压冲裁衣领	0.70	0.90	1
11	550—12—12	缝领底反折线并预设容缩	0.25	0.30	1
12	272—140342	接缝领面至领座	0.25	0.30	1
13	Macpi 101E21.5002+034	领面分缝	0.35	0.40	1
14	曲折缝机	缝合领面至领底	0.80	1.00	1
15	272—140342	缝领角	0.25	0.30	0(pos.12)
16	Macpi 167.08.C+034	翻烫领角	0.50	0.60	1
17	Macpi 550.00.5002+034	整烫领子	0.80	1.00	1.00
		领子工序合计	3.90	4.80	7
D		衬里工序			
18	275—142342	缝合衬里刀背缝及衬里接缝挂面	1.30	1.60	2
19	Macpi 167.08C+033	烫挂面接缝及烫里子刀背缝	1.00	1.20	2
20	745—34A/S	开里袋口	1.10	1.40	2
21	Macpi 101E21.A036+033	翻袋及烫袋口	1.50	1.90	2
22	272—140342,E40	缝合衬里袋布,绱衬里三角盖	2.20	2.80	3
23	510	里袋口半月形套结	0.80	1.00	1
24	曲折缝机	曲折缝里子商标	0.60	0.70	1
25	272—140342/E40+E53F	接缝领子至挂面(车缝串口)	0.80	1.00	2
26	275—142342/E3	缝合衬里背缝、侧缝及肩缝,并接缝领面	2.00	2.50	3
27	Macpi 166E.01AS+4020+033	烫衬里,串口,挂面里绱双面粘合条	1.50	1.90	2

续表

编号	机器型号及说明	工序说明	工时（min）	操作人数（人）	机器数量（台）
D		衬里工序			
28	工作台	衬里质检	1.50	1.90	2
		衬里工序合计	14.30	17.90	22
E		袖子工序			
29	自动锁眼机	缝袖口假眼	0.96	1.20	2
30	744—122A	缝合外片外袖缝	0.96	1.20	1
31	271—140342/E27	缝制袖衩	0.70	0.90	1
32	Macpi 551.00.4026+034	分缝压烫外片外袖缝	1.30	1.70	2
33	272—140342/E40+E56F	点缝袖衩及缝合袖子衬里至袖口部分	0.90	1.10	2
34	550—12—12	预缩及缝合袖山带棉条	0.80	1.00	1
35	744—122A	一次性缝合面袖和里袖的内袖缝，并留开口位	0.60	0.80	1
36	Macpi 511.00.2166+034	分缝压烫内袖缝	1.00	1.30	2
37	271—140342/E27	点缝袖里至袖子	0.60	0.80	1
38	Macpi 167E.02+033+4020	翻烫袖子	1.00	1.20	2
39	钉扣机	钉袖口纽	0.70	0.90	1
40	工作台	袖子质检	0.70	0.90	1
		袖子工序合计	10.22	13.00	17

3. 大身工序分析（图8-13，表8-11）

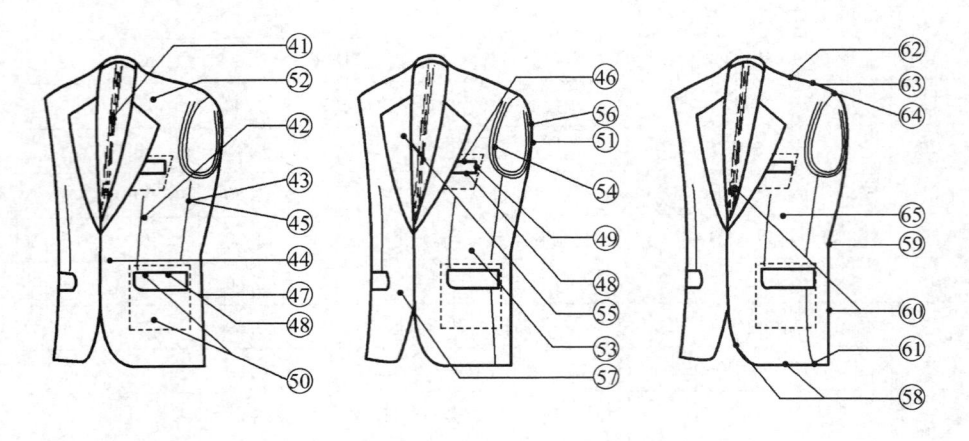

图8-13 大身工序图

表 8-11 大身工序分析表

编号	机器型号及说明	工序说明	工时(min)	操作人数(人)	机器数量(台)
F		大身工序			
41	274—140342/E40	缝合后中缝	0.50	0.60	1
42	272—140342/E40	缝合胸省	1.20	1.50	2
43	275—142342/E3	缝刀背缝	1.40	1.70	2
44	Macpi 101E21 A042+034	前片敷粘合贴,熨烫左右省缝	1.60	2.00	2
45	Macpi 551.00.0217/16	分缝烫左右胸省及刀背缝,袋口处和门襟口处敷粘合贴	1.60	2.00	2
46	745—34D	开缝胸袋	0.50	0.60	1
47	745—34F	开缝前身大袋	0.60	0.80	1
48	Macpi 551.00.8118	翻前身袋口压烫定形	1.60	2.00	2
49	曲折缝机	胸袋边曲折缝	0.80	1.00	1
50	272—160362/E33 Triflex(三折装置)	缝合袋布及临缝封袋口	1.90	2.30	3
51	550—12—12+TF(5mm)	敷牵带于前后片袖窿及领圈	1.60	2.00	2
52	Macpi 167E.02+033	烫胸衬粘合条并预凅	0.50	0.60	1
53	Macpi 207.99 6045+Verticale+PM2	敷胸衬及前幅压烫定形,袖窿下部加双面胶固定胸衬(面料向上)	1.00	1.20	2
54	272—740642/E101	于袖窿位置切边缝合胸衬	0.50	0.60	1
55	暗缝机	缲缝固定胸衬至大身	0.55	0.70	1
56	附衬机	临缝肩垫,仅当不使用粘合垫肩时	(不包括)	(不包括)	(不包括)
57	暗缝机	缲缝粘合条于大身前片	0.60	0.80	1
58	液压裁剪机	冲裁大身止口边	0.90	1.10	2
59	275—140342/E3	缝合侧缝	1.13	1.40	2
60	Macpi 552.00.2177+034	分缝烫侧缝及后中缝	1.30	1.70	2
61	Macpi 362.00	压烫前身下摆或敷粘合条	0.80	1.00	1
62	275—142342/E3	缝合肩缝	0.80	1.00	1
63	Macpi 550.00.2164+034	分肩缝	0.90	1.10	1
64	Macpi 246.01	敷粘合肩垫	0.60	0.80	1
65	工作台	大身外片质检	1.60	2.00	2
		大身工序合计	24.48	30.50	38

4. 组合工序分析(图8-14,表8-12)

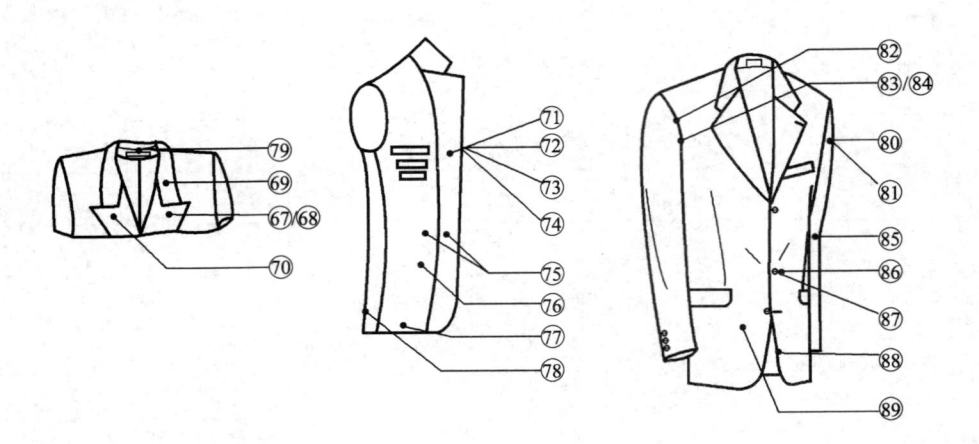

图8-14 组合工序图

表8-12 组合工序分析表

编号	机器型号及说明	工序说明	工时(min)	操作人数(人)	机器数量(台)
G		组合工序			
66	工作台	将大身外片、衬里和袖子对号预备	0.80	1.00	1
67	272—140342/E40&E53	缝合领底两角至前身处1cm（男装），领底缝上领围（女装）	1.05	1.30	2
68	Macpi 101E.21.0909+034	做领底划线及烫领角	0.90	1.10	2
69	曲折缝机	缝合领底至大身	1.07	1.30	2
70	272—740642/E114	缝制双驳头	0.90	1.40	2
71	工作台,订书机,剪刀	检查及修剪衬里长度及剪衬里开衩位	1.50	1.90	2
72	275—142342/E3	缝合前身止口	2.10	2.60	3
73	Macpi 101E.21.2183	大身止口分缝	1.60	2.00	2
74	Macpi 167E.02	翻前身及整烫止口	2.40	3.00	3
75	Macpi 207.20****7385	止口定形及固定挂面至大身	0.80	1.00	1
76	暗缝机	繰缝固定挂面大身	0.80	1.00	1
77	272—140342E40&E53F	缝合大身及里子下摆或背衩	2.00	2.50	3
78	Macpi 167E.20+033	翻大身,烫下摆+折烫衬里后背	0.80	1.00	1
79	272—140342/E40&E53F	挂耳套结穿过领座	0.35	0.40	1
80	550—16—26	缲袖	2.90	3.60	4
81	Macpi 101.21.3250+0.34	袖山分缝+夹缝袖窿	2.40	3.00	3
82	697—15155/E101	缝合袖山棉条,仅当袖山衬之前没有预设时	(不包括)	(不包括)	(不包括)

续表

编号	机器型号及说明	工序说明	工时（min）	操作人数（人）	机器数量（台）
G		组合工序			
83	697—24155/E103	将肩垫和大身衬里缝合于袖隆	2.00	2.50	3
84	697—15155/E101	缝合袖隆衬里	3.20	4.00	4
85	271—140342/E27	缝合袖子衬里开口处及翻袖	1.00	1.20	2
86	工作台	做锁眼位标记	0.60	0.70	1
87	579—112/E101	缝大身圆眼3粒及驳头直眼1粒并套结	1.20	1.50	2
88	仿手工缝机器	大身止口或领子缝珠边线	3.20	4.00	4
89	工作台	拆除临缝线及最后质检	1.20	1.50	2
		组合工序合计	34.77	43.20	51

5. 后整理工序分析（图8-15、表8-13）

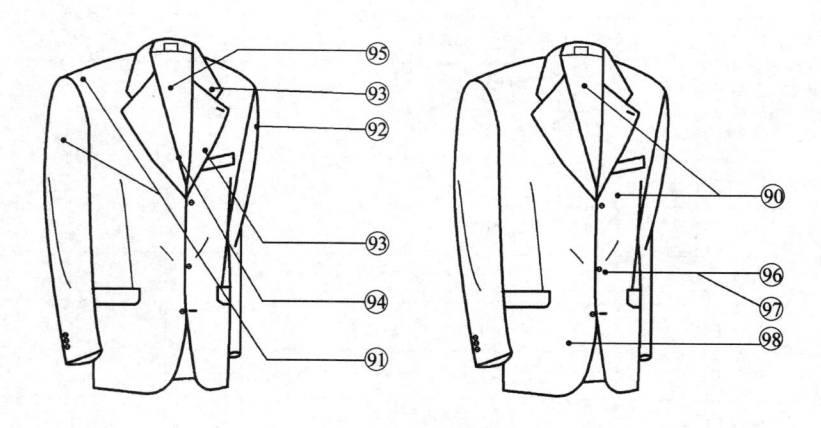

图8-15 后整理工序图

表8-13 后整理工序分析表

编号	机器型号及说明	工序说明	工时（min）	操作人数（人）	机器数量（台）
H		后整理工序			
90	Macpi 520.02.6153.7270	西服前胸、后背定形	1.20	1.50	2
91	Macpi 233.00	肩部袖子定形	1.40	1.80	2
92	Macpi 550.00.8030	袖隆定形	1.20	1.50	2
93	Macpi 247.5769	领子和挂面定形	0.83	1.10	1
94	Macpi 500.7366	挂面定形	0.83	1.10	1

续表

编号	机器型号及说明	工序说明	工时（min）	操作人数（人）	机器数量（台）
H	后整理工序				
95	Macpi 101E.41—7705＋047＋035	熨烫衬里，做锁眼位标记	2.20	2.80	3
96	钉扣机	钉扣	0.75	1.00	1
97	绕扣机	纽扣绕线	0.35	0.50	1
98	Macpi 101E.41.7705＋033	终检，如需要可再整烫	2.20	2.80	3
	后整理工序合计		10.96	14.10	16
选购	Macpi 162E02	清除污渍			
选购	Macpi 182	终检			

四、定员和机器数量汇总

工序各部分所需操作人数和机器数量见表8－14。

表8－14　定员和设备汇总

工序		工序耗时（min）	操作人数（人）	机器数量（台）
A	分类工序	6.10	7.60	4
B	小片工序	4.61	5.70	9
C	领子工序	3.90	4.80	7
D	衬里工序	14.30	17.90	22
E	袖子工序	10.22	13.00	17
F	大身工序	24.48	30.50	38
G	组合工序	34.77	43.20	51
H	后整理工序	10.96	14.10	16
	合计	109.34	136.80	164

第三节　牛仔装生产工艺设计

不论季节如何交替、潮流怎样转换，牛仔服装一直以来都是最经典的服装。自1860年利维·施特劳斯（Levi Strauss）在美国旧金山销售"淘金者裤子"取得巨大成功以来，没有任何服装能像Levi's牛仔服那样受到世界各地不同年龄的人的青睐，也没有任何服装能像牛仔服那样常销不衰，成为众多厂家和商家的宠儿。

经过一百多年的发展和演变，牛仔服从款式到面料及颜色，都在原有基础上得到了很大的拓展，Levi's在加利福尼亚初创时期的"蓝牛仔服"早已变成了一类时装，成为时尚、年轻、活力的代言和象征。牛仔装能以自身极强的风格，始终不受流行文化的左右，不断地超越着不同时期的时尚，始终走在流行的前端。

本节将重点介绍典型牛仔服套装的缝制流水线所需的设备种类、数量及操作员人数，还会介绍洗水工艺等的设计方法和步骤。

一、通过产品分析，确定缝制流水线的生产能力

在款式上，早期牛仔服和经典"紧身原型"已被各种新款造型所补充，如喇叭裤、筒裤、萝卜裤以及宽松休闲便裤等，但上述所有款型仍保留了牛仔服的一些基本要素：深腰襻、双明线（或三明线）座倒缝或双包边缝、后裤安袋、袋口铜铆钉等。另外，为迎合年轻消费群体的时尚意识，相继出现了牛仔夹克衫、牛仔大衣、牛仔背心等众多品种。

在面料上，牛仔服不再是单一的蓝色，人们可买到各种流行色的牛仔服，如黑色、红色等。面料的材质也不仅仅局限于传统的劳动布，表面光滑的平纹织物已占有相当大的比例，不同结构的竖条凸纹灯芯绒布也被用作牛仔服原料。随着科学技术的发展，面料的后整理手段日益提高，使牛仔服有了更大的变化空间。

针对牛仔服适合消费群体广、市场需求量大、款式相对较稳定等特点，可以建立一条产量较大的流水线，现以计划日产900件牛仔夹克衫和900条牛仔裤为例（每天按8h计算）进行具体分析。

二、典型产品的工艺分析

在制作工艺上，牛仔服的加工与西服、衬衫等正装类服装产品有较大的区别。首先，牛仔服要求结实、耐穿、有厚重感，故无论是传统的还是现代的牛仔服上均采用双明线的缝迹；其次，考虑到运动方便的需要，牛仔服的缝口均要求具有良好的延伸性，为达到这一要求，除要选用具有一定弹性的专用缝线外，在运动时形变较大的部位（如后裆缝、内裆缝、袖窿等）处一定要采用具有良好延展性的链式线迹；第三，牛仔服具有套结、双包边、敲纽等与其他服装不同的工艺。因此，牛仔服的缝制要慎重选择生产线所用设备。

以图8-16所示的较典型的牛仔夹克衫及牛仔裤为例，其加工工序的名称、各工序所用设备种类及日产量见表8-15和表8-16（表中的数据是在使用相应设备的前提下得出的）。

背面　　　　　　　　　正面

图8-16　牛仔夹克衫和牛仔裤款式结构图

表8-15　牛仔夹克衫各工序所用设备及加工时间

工序号	工序名称	设备名称	设备型号	日产量(件)	加工时间(s)
1	折缝腰间及右前胸口袋	双针链缝机	LF612K100MP2—10	760	37.9
2	折缝左前胸口袋及接缝	双针平缝机	LH—3188	450	64
3	左前胸口袋平开处加固	套结机	LK—1850G	2600	11.1
4	腰间袋口饰面线	双针平缝机	LH—3188	1900	15.2
5	折缝前胸口前口袋	单针平缝机	DDL—5550H	1100	26.2
6	压烫腰间口袋	烫袋机	NS—84	900	32
7	压烫右前胸口袋	烫袋机	NS—84	1900	15.2
8	左胸前口袋开圆头锁眼	圆头锁眼机	558—3139/E328	1500	19.2
9	压烫左前胸口袋	烫袋机	NS—84	1900	15.2
10	初缝衣领	单针平缝机	DDL—5550H	1100	26.2
11	翻领尖	翻领机	NS—53	1900	51.2
12	衣领压明线	双针平缝机	LH—3188	1200	24
13	.合并两片袖	三针链缝机	56900R—9	960	30
14	接缝袖口、翻袖口、缝袖口固定位置及袖口边压明线	双针平缝机	LH—3188	190	151.6
15	缝合衣袖	悬臂式双包边机	35800DWW—9	960	30
16	缝缀左右腰间口袋及右前胸口袋	双针平缝机	LH—3188	280	102.9

续表

工序号	工序名称	设备名称	设备型号	日产量(件)	加工时间(s)
17	缝左前胸口袋	双针平缝机	LH—3188	960	30
18	缝前胸口袋内面	单针平缝机	DDL—5550H	960	30
19	缝左右前襟	单针平缝机	DDL—5550H	570	50.5
20	接缝左右后片	三针链缝机	56900R—9	1100	26.2
21	缝标识	单针平缝机	DDL—5550H	1100	26.2
22	接缝肩部	三针链缝机	56900R—9	1300	22.2
23	绱衣袖	三针链缝机	56900R—9	760	37.9
24	缝左右前片及边缝	单针平缝机	DDL—5550H	190	151.6
25	下摆褶缝	单针平缝机	DDL—5550H	570	50.5
26	绱衣领	双针平缝机	LH—3188	280	102.9
27	接缝前后片	三针链缝机	56900R—9	760	37.9
28	锁眼	圆头锁眼机	558—3139/E328	480	60
29	钉铜纽	钉铜纽机	NS—45	960	30
30	袋口边加固	套结机	LK—1850G	760	37.9
	合计				1309.7

表8–16 牛仔裤各工序所用设备及加工时间

工序号	工序名称	设备名称	设备型号	8h产量(件)	加工时间(s)
1	缝裤带环	缝裤带环机	LF622K100MK—16	3600	8
2	褶缝后袋及前袋口(钱角袋)	双针链缝机	LF612K100MK—16	960	30
3	后袋装饰缝明线	双针平缝机	LH—3188	960	30
4	压烫后袋	烫袋机	NS—84	920	31.3
5	缝钱角袋于右前袋面	双针平缝机	LH—3188	960	30
6	缝垫袋布	双针链缝机	LF632K100MBV—16	1200	24
7	合前袋布	五线包缝机	MOG—2516	1200	24
8	左前门襟缝边	三线包缝机	MO—3904	1200	24
9	缝拉链于左前门襟	双针链缝机	LF612K100MPZ—12	1200	24
10	褶缝前袋口	双针平缝机	LH—3188	960	30
11	缝前袋至腰间	单针平缝机	DDL—5550H	960	30
12	缝左前门襟至左前片	单针平缝机	DDL—5550H	960	30
13	左前门襟压明线	双针平缝机	LH—3188	960	30
14	绱拉链及前门襟至右前片	三线包缝机	39500Q×2—95	1200	24
15	连接左右前片小裆	双针平缝机	LH—3188	1500	19.2

续表

工序号	工序名称	设备名称	设备型号	8h产量(件)	加工时间(s)
16	缝绱后袋	双针平缝机	LH—3188	600	48
17	接缝后育克	三针链缝机	56900R—9	960	30
18	接缝左右后片大裆	三针链缝机	56900R—9	1080	26.7
19	包缝下裆缝	五线包缝机	MOG—2516	600	48
20	双包边接缝裤侧缝	悬臂式双包边机	35800DWW—9	450	64
21	缝袋口边	单针平缝机	DDL—5550H	1200	24
22	绱裤腰	四针绱腰机	51800CD2	1080	26.7
23	裤腰封口	单针平缝机	DDL—5550H	540	53.3
24	褶缝裤脚	卷缉裤脚机	63900AM—12	600	48
25	缝标识	单针平缝机	DDL—5550H	1080	26.7
26	锁眼	圆头锁眼机	558—3139/E328	2400	12
27	钉铜纽	钉铜纽机	NS—45	2400	12
28	绱裤带环	套结机	LK—1850G	400	72
29	袋口、裤裆边加固	套结机	LK—1850G	540	53.3
	合 计				933.2

在表8-15和表8-16中,将各工序日产量换算成各工序单件加工时间,换算关系为:

$$各工序单件加工时间 = \frac{日作业时间}{各工序日产量}$$

三、缝制流水线的工艺设计

1. 估算流水线所需作业人数

根据已知的单件服装总加工时间,按下式估算出流水线所需作业人数。

$$牛仔夹克衫计划作业人数 = \frac{单件总加工时间 \times 日产量}{日有效作业时间}$$

$$= \frac{1309.7 \times 900}{8 \times 3600} \approx 41(人)$$

$$牛仔裤计划作业人数 = \frac{933.2 \times 900}{8 \times 3600} \approx 29(人)$$

将计算数值取整,牛仔夹克衫缝制流水线作业人数为41人,牛仔裤缝制流水线作业人数为29人。另外,各条线设一人为组长,负责日常管理和补缺。

2. 计算平均加工时间(节拍)

$$节拍(\text{S.P.T.}) = \frac{单件总加工时间}{作业人数} = \frac{日作业时间}{目标日产量} = \frac{8 \times 3600}{900} = 32(\text{s})$$

3. 估算各类设备所需数量

根据表8-15和表8-16中的数据,将各类不同设备的作业进行分析,得到相应的作业时间,再按下式计算各类作业所需设备数量($N_{\min}$),见表8-17、表8-18。

$$N_{\min} = \frac{T_a}{\text{S.P.T.}} + 1 (此值视设备种类及生产品种而定)$$

式中:T_a——某种性质作业所需时间。

表8-17 牛仔夹克衫各类设备所需数量

作业性质	作业时间(s)	所需设备(台)	
		计算值	采用值
单针平缝	361.2	11.3	12+1(备用)
双针平缝	490.6	15.3	15+1(备用)
双针链缝	37.9	1.2	1+1(备用)
三针链缝	154.2	4.8	5
熨烫	62.4	1.95	2
锁眼	79.2	2.5	3
套结	49	1.5	2
双包边缝合	30	0.9	1
钉纽	30	0.9	1
翻领	15.2	0.5	1
合计	1309.7	43+3(3台备用设备)	
车缝附件	卷边器、导边器、双针压脚等		

表8-18 牛仔裤各类设备所需数量

作业性质	作业时间(s)	所需设备(台)	
		计算值	采用值
单针平缝	164	5.1	5+1(1台备用)
双针平缝	187.2	5.9	6
双针链缝	78	2.4	3+1(1台备用)
三针链缝	56.7	1.8	2

续表

作业性质	作业时间(s)	所需设备(台)	
		计算值	采用值
三线包缝	48	1.5	2
五线包缝	72	2.2	2+1(1台备用)
熨烫	31.3	0.98	1
锁眼	12	0.4	1
钉纽	12	0.4	1
套结	125.3	3.9	4
四针绱腰	26.7	0.8	1
缝裤带环	8	0.3	1
底边褶缝	48	1.5	2
双包边缝合	64	2.0	2
合计	933.2	33+3(3台备用设备)	
边缝附件		卷边器、双针压脚等	

从表8-17和表8-18可看出,牛仔服的缝纫加工中使用双针平缝机、双针或三针链缝机、套结机等的作业较多,而手工熨烫作业较少,这是设计牛仔服生产线时应着重注意的地方。

四、流水线形式的选择及平面布置的方式

首先,进行工序编制,也就是进行工序同期化,即:按各工序的加工先后顺序及作业性质,为流水线上的操作人员分配适当的作业量,使各操作人员的作业时间尽量向平均加工时间靠近,得出缝制工序编制方案,见表8-19、表8-20。

表8-19 牛仔夹克衫工序编制方案

工位号	工序号	作业时间(s)	作业性质
一	1	37.9	双针链缝
二	2	32	双针平缝
三	2	32	双针平缝
四	3,8	30.3	套结,锁眼
五	4,11	30.4	双针平缝,翻领
六	5	26.2	单针平缝
七	6	32	烫袋
八	7,9	30.4	烫袋

续表

工位号	工序号	作业时间(s)	作业性质
九	10	26.4	单针平缝
十	12	24	双针平缝
十一	13	30	三针平缝
十二	14	37.9	双针平缝
十三	14	37.9	双针平缝
十四	14	37.9	双针平缝
十五	14	37.9	双针平缝
十六	15	30	双包边缝合
十七	16	34.3	双针平缝
十八	16	34.3	双针平缝
十九	16	34.3	双针平缝
二十	17	30	双针平缝
二十一	18	30	单针平缝
二十二	19	25.3	单针平缝
二十三	19	25.3	单针平缝
二十四	20	26.2	三针链缝
二十五	21	26.2	单针平缝
二十六	22,23	30	三针链缝
二十七	22,23	30.1	三针链缝
二十八	24	37.9	单针平缝
二十九	24	37.9	单针平缝
三十	24	37.9	单针平缝
三十一	24	37.9	单针平缝
三十二	25	25.3	单针平缝
三十三	25	25.3	单针平缝
三十四	26	34.3	双针平缝
三十五	26	34.3	双针平缝
三十六	26	34.3	双针平缝
三十七	27	37.9	三针链缝
三十八	28	30	锁眼
三十九	28	30	锁眼
四十	29	30	钉纽
四十一	30	37.9	套结

表 8-20　牛仔裤工序编制方案

工位号	工序号	作业时间(s)	作业性质
一	1,6	32	缝裤带环、双针链缝
二	2	30	双针链缝
三	3	30	双针平缝
四	4	31.3	熨烫
五	5	30	双针平缝
六	7,19	36	五线包缝
七	7,19	36	五线包缝
八	8,26	36	三线包缝,锁眼
九	9,24	36	双针链缝,折缝裤脚
十	9,24	36	双针链缝,折缝裤脚
十一	10	30	双针平缝
十二	11	30	单针平缝
十三	12	30	单针平缝
十四	13	30	双针平缝
十五	14	24	三线包缝
十六	15,16	33.6	双针平缝
十七	15,16	33.6	双针平缝
十八	17	30	三针链缝
十九	18	26.7	三针链缝
二十	20	32	双包边缝合
二十一	20	32	双包边缝合
二十二	21,27	36	单针平缝,钉纽
二十三	22	26.7	绱腰
二十四	23	35.5	单针平缝
二十五	23,29	35.5	单针平缝,套结
二十六	25	26.7	单针平缝
二十七	28	36	套结
二十八	28	36	套结
二十九	29	35.5	套结

其次,按牛仔夹克衫和牛仔裤工序编制方案,分别按两条缝制流水线进行设计。考虑到牛仔服装的产销量较大,而款式相对稳定,流水线形式可采用传统的捆扎式,即将裁片按一定数量捆成一扎,由各操作人员按预先安排好的加工顺序

依次传递,直至缝制成成衣。

在流水线布置时,考虑到上衣流水线的作业人员较多,可按产品部件排列相应的设备,即分为零部件组、组合组;下装流水线可按作业顺序排列设备,具体的设备排列可参考图8-17。

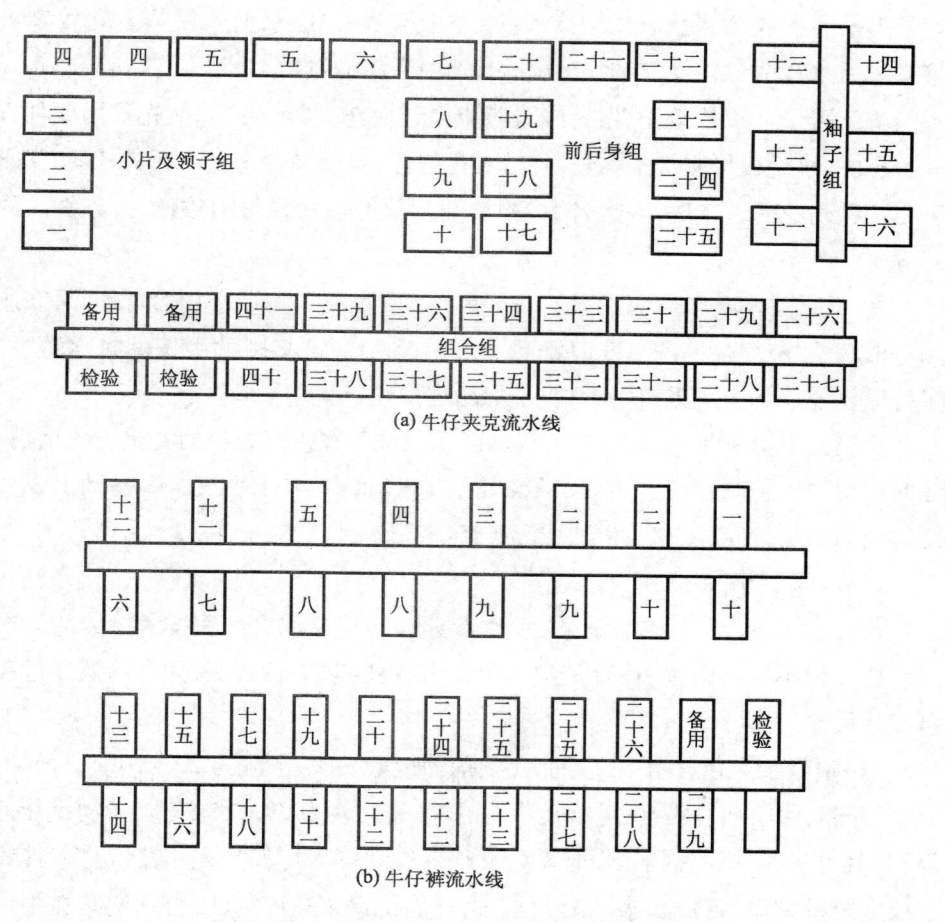

(a) 牛仔夹克流水线

(b) 牛仔裤流水线

图8-17 牛仔服装缝制流水线平面布置图

流水线布置并不是一成不变的,根据不同的情况,可按不同的模式进行流水线布置,但总的原则是既要保证加工和衣片传递的顺畅,尽量避免"逆流交叉"现象;又要方便生产信息的搜集和处理,即加工路径要尽可能明显;还要使生产线具有较高的灵活性,能适应多种款式牛仔服装的加工。

五、水洗工艺设计

1. 牛仔裤的水洗工艺发展概述

1853年,世界上第一条牛仔裤是用帆布制造的,后来改用牛仔布,当时厂家生产牛仔裤是不用水洗的。最初的牛仔裤水洗只是把牛仔裤浸在清水中,待一段时间后吹干。后来加入退浆技术,水洗后牛仔裤相对较柔软。但退浆技术掌握不好,牛仔裤上就会产生水洗痕,包括"白痕"和"黑痕"。也可采用漂水洗,漂水洗必须要掌握好水洗技术,漂水分量控制要适中。

石(头)洗是1987年由日本传入我国的。而石(头)洗划分为两个主流:苹果及Levi's水洗效果比较幼细;Pepe水洗效果比较粗糙,有水洗痕及花纹都可接受。后来将两者融合,产生粗中带幼、幼中带粗的效果。

1988年日本又出现雪花洗法,其特点是蓝白花。"苹果"牌最先采用此种方法,最初的水洗效果非常不均匀,蓝白对比强烈,且裤料易破烂。后来Levi's研究出一种幼花的雪花洗,并命名为"冰雪洗",此洗法效果很细致,给人以舒服的感觉。

怀旧洗于1990年传入我国。Levi's曾经因堆积了大量次货而苦恼,后来应用怀旧洗法,将牛仔裤洗出残旧效果,犹如一条已穿着多时的牛仔裤或称为"二手裤",深受年轻人喜爱,从而解决了货品堆积问题。

马骝洗于1990年由日本传入我国。马骝洗是在牛仔衣料的特定位置磨白,这时水洗加入了"打砂"技术,猫须洗是于1992年在"打砂"技术的基础上发展而得到的效果,马骝洗和猫须洗均源于怀旧洗。

2. 水洗技术参数

水洗技术参数包括退浆参数、水洗参数和其他参数。水洗技术参数的不同组合会产生不同的效果,只要其中一个元素改变,效果就会变,如水的温度过高可能使尺寸加大。

(1)退浆参数包含水温、时间、化学剂的量。一般,水温为20~70℃;时间为15~30min;化学剂一般有苏打粉、苛性钠等,其用量为2%~5%(以衣物重量计算)。其方法有打气、打水泡、退浆水及软剂处理等。打气是先用蒸汽打入裤管造成完整裤型后,再放入水洗缸浸水,这样能使退浆速度加快;打水泡是在牛仔服放入水洗缸前,先放入一个满水的地方浸没后,再迅速拿起放入缸中退浆;若利用退浆水及软剂,水洗前需确定所洗的牛仔服是否适宜用退浆水或软剂,因有些布料,在加退浆水或软剂后会收紧裤身,得不到退浆效果。

(2)水洗参数包含水温、时间、化学剂的量、每次水洗重量、附加物品以及石头的重量、质量和大小。水温为20~55℃;时间为20~90min;化学剂为酵素等;衣物的重量按浴比为1:(20~60)计算,一般使用容量为204kg(40~60条牛仔裤)的工业洗衣机,凭经验灵活使用;洗水用的石头为氟石,石洗规格(直径)为2~3cm和3~5cm,砂洗规格为1~2cm和2~3cm,重量视所需的效果而定。牛仔裤退浆后,先用石头水洗,再用酵素水洗,便会出现较幼细的花纹;若先用酵素水洗,再用石头水洗,便会出现较粗的花纹。

(3)其他参数,如打砂(用高压枪将钢砂打在布上形成一个击擦破损痕迹)、手擦(用砂纸顺一个方向擦去经纱的浆及颜料)、加色、植脂等。

3. 水洗常见问题及解决方法

(1)水洗痕。水洗痕的出现主要是由于退浆过程中,打气、打水泡、退浆水或软剂等应用不当,要解决此问题,须特别注意打气、打水泡、退浆水或软剂的应用。由于拉链处的材料与布料不同,在石头水洗时摩擦较大,故会出现白痕。

(2)色泽和阴阳色。由于同时进行水洗的牛仔裤过多,再加上水温不均匀,从而令牛仔裤打水不平均,导致其出现阴阳色。要解决这一问题只要在水洗时注意水温及放入的牛仔服数量,并待牛仔裤打水完全平均后再取出即可。

由于水洗过程中水缸未注满水便加入漂水,会使裤身沾上漂水,在牛仔裤上形成白点,不能恢复,可将整条牛仔裤全部喷白。

若要给黑色牛仔裤加黑,退浆前先用蒸汽打气牛仔裤,然后再加入退浆水,在压力冲击下便可加黑牛仔裤的颜色。

牛仔裤水洗后可能跟原来色板不一样,如果水洗后颜色较深,可以再洗一次;如果洗后颜色较浅,可重染一次,在加浆过程中再加入添色剂。

(3)裤身破烂,水洗后花纹太大:为了做到牛仔裤既有残旧效果但又不破烂,水洗时就要加以控制,使参数合适。若裤身花纹过粗,是因为所用的石头过大。若染色牛仔服上有污点呈现,补救的方法是先将清洁剂涂在污点上,再用牙刷擦去污点,然后水洗。

(4)打砂、手擦位置不自然:打砂后牛仔裤的手感和效果与打砂技术和布料品质有关。手感不佳是因为打冷风时间不足,需花更多时间吹干牛仔服;效果不自然是因为某些原料不能承受打砂的高压冲击,如要改善可改用高锰酸钾处理的方法。

(5)弹性牛仔裤水洗后会影响橡皮筋的弹性:就弹性牛仔裤而言,如果是漂浅色的话,不能一次过漂,温度亦不能太高,最高不能超过60℃。弹性牛仔裤一定要分两次漂,才能保持弹性。

(6)酵素洗成品效果:酵素洗的柔软度与牛仔服的布料或原料有关,也与退浆效果的好坏和时间充足与否有关。水洗后的牛仔服仍然太硬,可能是布料的问题,也可能是水洗时间不足,要使其更柔软需加长水洗时间,或是选用另一种水洗方法,如用石头加酵素水洗。如果是石头加酵素水洗,加入石头或酵素的先后次序不同,效果也会不同。

4. 当前流行的水洗方法

现在较流行的水洗方法有植脂效果、手擦裤、手擦猫须、皱纹、着色等,使

装呈现出皱纹、图案和色彩。

  为了提高牛仔服陈旧化后处理速度和自动化程度，增加牛仔服装表面陈旧化处理图案，适应服装图案个性化的发展潮流，满足消费者的需求，我国科技人员借助现代最新科技成果，利用激光高能量瞬时烧蚀功能和计算机分色、传输控制技术，经过一年多努力，成功开发出国内首创、国际领先的牛仔服装刻磨图案新方法——牛仔激光成像机。该技术可由用户挑选或提供自己喜爱的图案，然后将这种图案用扫描仪输入计算机（也可以用数码相机拍摄后输入计算机），再在计算机中，对这些图案进行编辑，可以加上文字、背景或作效果修改，最后将编辑好的图案输入牛仔激光成像机，通过激光扫描后，即得刻花牛仔成品（图8-18）。

图8-18　成衣上的图案效果

5. 水洗设备

水洗加工所用的设备主要有水洗机、脱水机和烘干机。

（1）水洗机（图8-19）由内滚筒和外滚筒组成，能够连续操作，可以用蒸汽

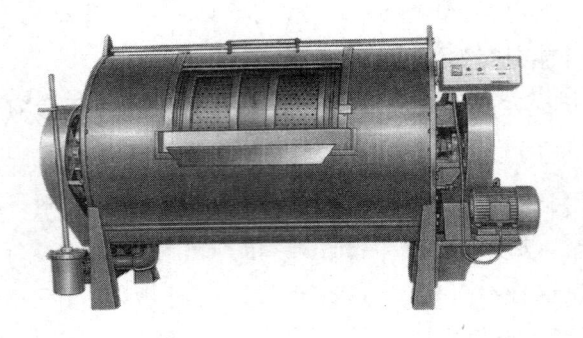

图8-19　工业水洗机

或热油两种方式加热,容量为 30~300kg,其中 30~50kg 容量的水洗机通常用于打样。

(2)脱水机(图 8-20)通常用于去除牛仔服装上多余的水分。离心脱水机的多孔转笼由不锈钢制成,有多种尺寸。通常情况下,容量为 20~100kg 的脱水机,转笼速度为 750~1500r/min,尺寸越大,转笼的转速越低。

(3)烘干机(图 8-21)。大多数烘干机是蒸汽加热的,有少数是电加热的。容量为 50~100kg 的烘干机,一次烘干服装为 20~90 件。

图 8-20　脱水机 　　　　图 8-21　烘干机

水洗设备的平面布置如图 8-22 所示。

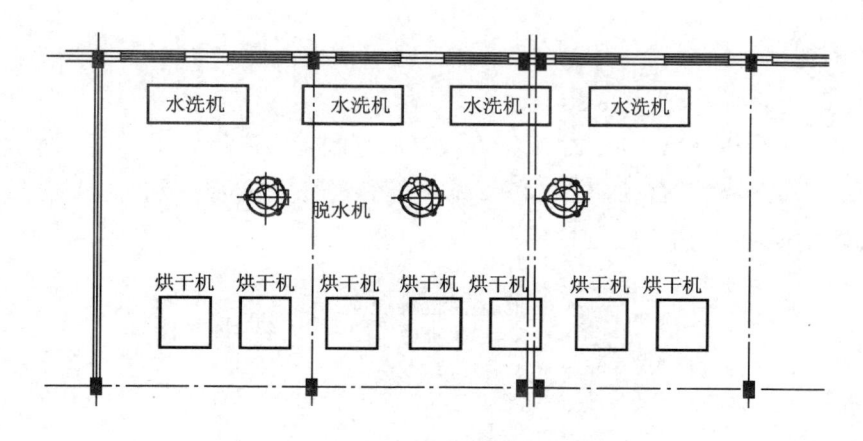

图 8-22　水洗设备平面布置图

第四节　时装生产工艺设计

时装的特点是款式变化多、生产批量小,要求生产线适应不同产品,易于变换,灵活性高,适应面广,产品的加工相对容易,设备专业化程度较低,通用设备用得比较多,对操作员工的要求比较高。现以图 8-23 所示的女衬衫为例,分析时装缝制流水线的设计方法和步骤。

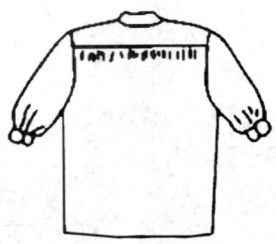

图 8-23　女衬衫款式图

一、确定缝制流水线的生产能力

女衬衫款式多变,需采用多品种、小批量的生产方式。所设计的缝制流水线生产能力不能过大。由此确定流水线的日产量(每天按 8h 计算)以 200 件左右为宜。

二、计算平均加工时间(节拍)

经工艺分析获得图 8-23 所示女衬衫的缝制工序流程如图 8-24 所示,测算出的单件产品标准总加工时间为 1220s。可根据已知的条件和目标日产量,按下式计算女衬衫的平均加工时间。

$$节拍(S.P.T.) = \frac{标准总加工时间}{作业人数} = \frac{日作业时间}{目标日产量}$$

$$S.P.T. = \frac{8 \times 60 \times 60}{200} = 144(s)$$

三、估算缝制流水线的作业人数和所需设备

$$计划作业人数 = \frac{标准总加工时间(单件工时定额) \times 日产量}{日有效工作时间} = \frac{1220 \times 200}{60 \times 480} \approx 9(人)$$

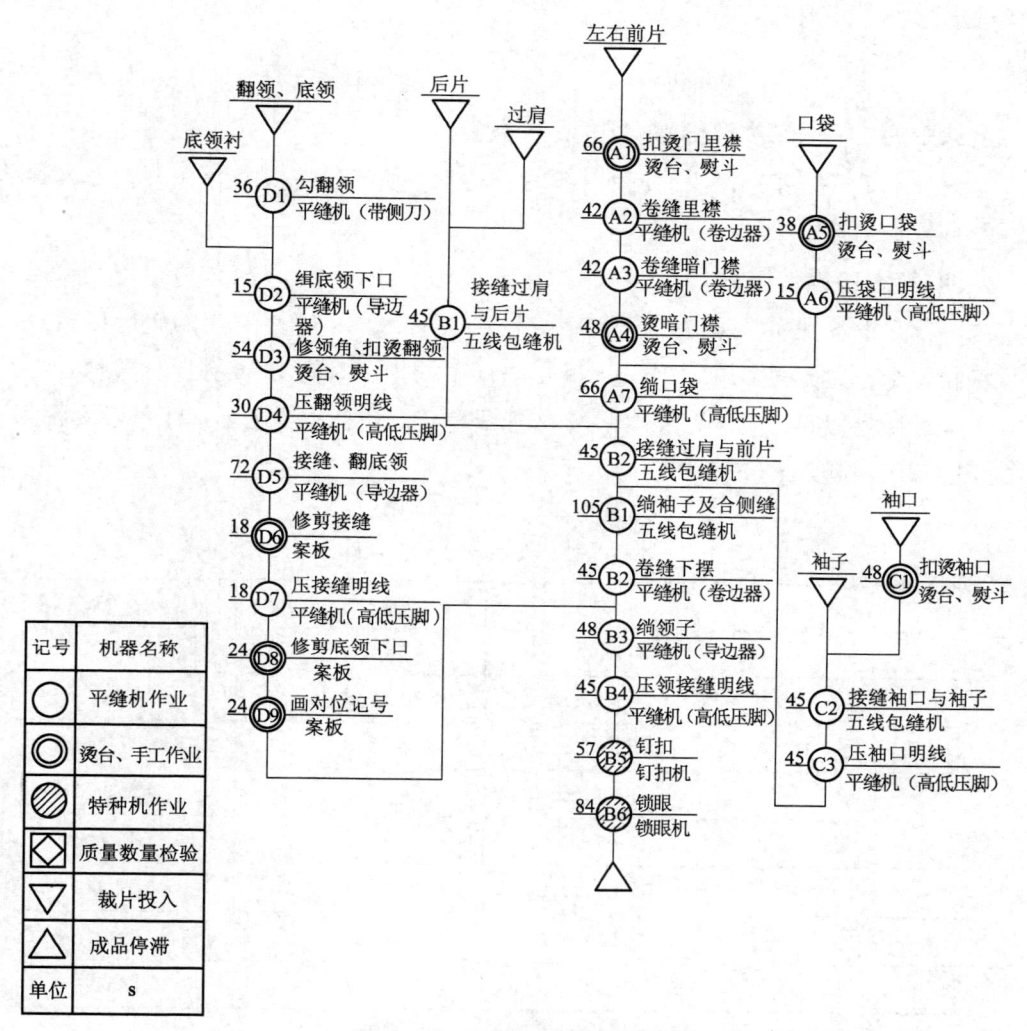

图 8-24 女衬衫缝制工序流程图

作业人数为 9 人,其中 1 人为生产组长,不编入流水线。

根据图 8-24 的工序流程,得到不同性质的作业时间,按下式算出所需各类型设备的数量,见表 8-21。

表 8-21 女衬衫各类作业所需时间及设备

作业性质	作业时间(s)	所需设备(台)	
		计算值	采用值
平缝作业	519	3.6	4
五线包缝作业	240	1.6	2
手工及手烫作业	320	2.2	3
专用机作业	141	0.9	2
合计	1220	11	

$$N_{\min} = \frac{T_a}{S.P.T.} + 1$$

式中：$N_{\min}$——某类型设备所需的最少数量；

T_a——某产品工艺流程中某种作业性质所需时间，s。

四、流水线设备排列

在设备排列之前，先进行工序编制，即沿图 8-24 中各工序的先后顺序，安排每个作业员的工作量，作业时间尽量向平均加工时间 144s 靠拢。同时，将作业性质相似的工序归类，交给一个作业员完成。由此得出图 8-23 所示女衬衫的工序编制方案（表 8-22）。

表 8-22 女衬衫工序编制方案

工位号	工序号	作业时间(s)	作业性质
一	A1,A4,A5	152	手工
二	A2,A3,A6,D1	135	平缝
三	A7,B1,C2	156	平缝、五线包缝
四	B2,E1	150	五线包缝
五	D2,D4,D5,D7,C3	180	平缝
六	D3,D6,D8,D9,C1	168	手工
七	E2,E3,E4	138	平缝
八	E5,E6	141	锁眼、钉扣

根据女衬衫工序编制方案和工序加工的先后顺序，尽量避免逆流交叉，安排各设备的摆放位置。因其款式变化较大，可考虑采用小组形式的灵活生产系统，比如，由 8 名作业员排成一个 U 型的作业小组（图 8-25），这种流水线形式能较

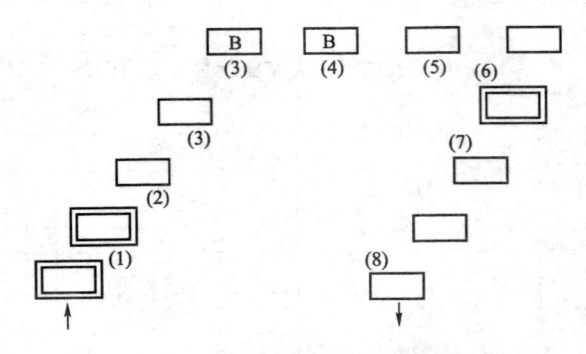

图 8-25 女衬衫缝制流水线设备排列图

有效地减少半成品在生产过程中的运输负荷。如果场地允许,设备的摆放可按图8-26所示"左取前流"的原则,以方便半成品的传递。

在进行设备排列时,还应注意细节部分的设计,比如各加工设备的联系,在制品传递是否简单,距离是否最短,作业员工实际操作时可能出现的情况,加工时是否方便,流水线的通道、出入口是否顺畅,材料的投入、成品产出的空间等诸多问题。

为提高流水线的适应性,方便产品转换后的加工,设计缝制流水线时还要增加一些常用设备的备用量,如平缝机、熨斗和烫台等。调整后,女衬衫缝制流水线所用设备和必备附件的清单见表8-23。

表8-23 女衬衫缝纫设备一览表

机种 \ 工位号 人数(人)	1	2	3	4	5	6	7	8	小计
	1	1	1	1	1	1	1	1	8
带侧切刀的缝纫机		1							1
平缝机			1		1		1		4(1台备用)
五线包缝机				1	1				2
熨斗、烫台	1					1			3(1台备用)
锁眼机								1	1
钉扣机								1	1
合计	12台									
车缝附件	门、底襟用卷边器、高低压脚、倒边器、卷边压脚各1套								

与传统的课桌式加工相比,采用小组方式加工需注意以下几点:

(1)每个小组应由6~8人组成,当单元内人数增多时,会出现较多的问题。如:单元内的传送、搬运工作增多;作业职责较难明确,不利于作业状况的监督和指导;内部的和谐与工作的协调性随人数的增多而降低等。因此,应尽量控制小组人员的数量不超过10人。

(2)充分考虑作业人员的技能熟练程度和性格,将高技能作业人员和新手搭配,让高技能人员做小组负责人。负责人要协调组内的工作进度和作业质量,以保证生产计划的完成。

(3)小组成员的结合要考虑长远,不要随意更换工作内容。此外,性格不和的作业员不能编为一组,保证小组成员之间配合良好。

第五节 针织成衣生产工艺设计

一、长袖T恤衫工艺设计

(一) 款式说明

长袖T恤衫的款式如图8-26所示,主要部件为前片1片、后片1片、袖子2片、贴边、袖头2片、领底1片和门襟3粒扣。

图8-26 长袖T恤衫款式图

(二) 工序流程图

长袖T恤衫的缝制工序流程图如图8-27所示。

(三) 工序分析表

工序名称、作业时间及所用设备等见表8-24。

表8-24 长袖T恤衫缝制工序分析表

作业区分	工序号	工序名称	实际作业时间(s)	标准作业时间(s)(浮余率30%)	日(8h)产量(件)	日产1500件负荷率(%)	设备名称
缝纫机作业	2	包口袋边	7	10	2880	0.14	四线包缝机
	5	绱口袋(暗缝)	55	79	364	1.10	单针平缝机
	6	门襟里包边	8	2	2400	0.17	四线包缝机
	8	绱门襟	38	55	524	0.76	单针平缝机

续表

作业区分	工序号	工序名称	实际作业时间(s)	标准作业时间(s)（浮余率30%）	日(8h)产量(件)	日产1500件负荷率(%)	设备名称
缝纫机作业	9	合胁缝	48	69	417	0.90	五线包缝机
	10	合袖挡布	38	54	533	0.75	五线包缝机
	11	合袖底缝	35	50	576	0.69	四线包缝机
	12	合袖口罗纹	10	14	2057	0.19	四线包缝机
	14	绱袖口罗纹	25	36	800	0.50	四线包缝机
	16	绱袖	48	69	417	0.96	五线包缝机
	18	绱领子	150	215	134	2.99	单针平缝机
	20	缉领底	50	72	400	1.00	单针平缝机
	21	门襟封边	44	63	457	0.88	单针平缝机
	22	底襟包边	12	17	1694	0.24	四线包缝机
	23	挽底边	25	36	800	0.50	三线包缝机
	25	锁眼	24	35	823	0.49	锁眼机
	26	钉扣	18	26	1108	0.36	钉扣机
		小计	635	907	32	12.5	15台14人
手工作业	1	敷袋口衬	10	14	2057	0.19	手工熨斗
	3	口袋整形	26	37	778	0.51	手工
	4	画口袋位	20	29	993	0.40	手工
	7	敷门襟衬	20	29	993	0.40	手工熨斗
	13	翻折袖口罗纹	10	14	2057	0.19	手工
	15	翻袖	12	17	1694	0.24	手工
	17	画绱领位	20	29	993	0.4	手工
	19	剪折商标	8	12	2400	0.17	手工
	24	画扣眼位	28	40	720	0.56	手工
	27	剪线头整理	25	36	800	0.50	手工
	28	检查	20	29	993	0.40	
		小计	199	284	101	3.96	5人
		合计	834	1191	24	16.67	15台19人

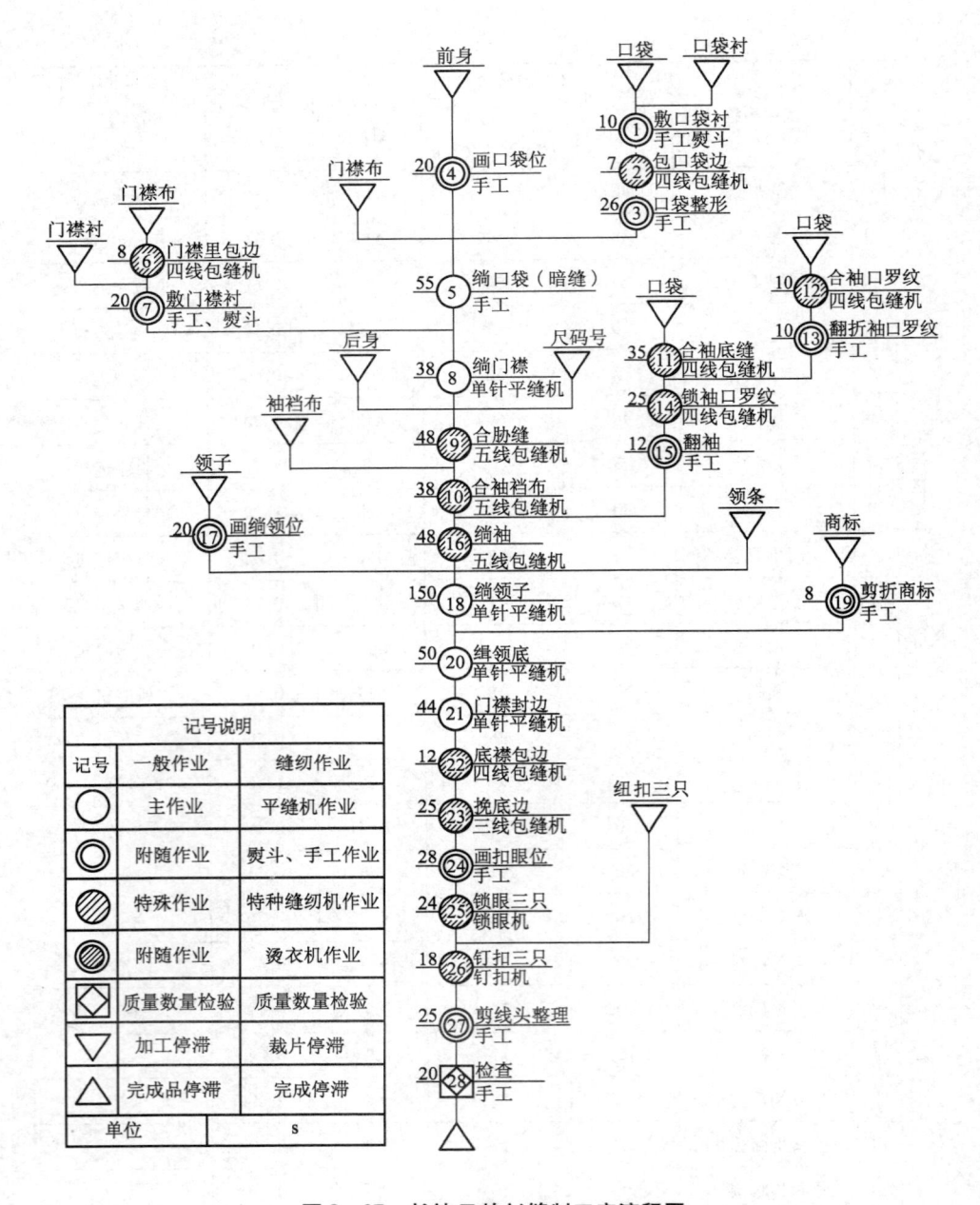

图 8-27　长袖 T 恤衫缝制工序流程图

二、女式三角裤工艺设计

(一) 款式说明

女式三角裤款式如图 8-28 所示，主要部件有前片 1 片、后片 1 片、前后衬裆 1 片、裤腰罗纹 1 片、裤口贴边 2 片和饰花。

图 8-28　女式三角裤款式图

(二) 工序流程图 (图 8-29)

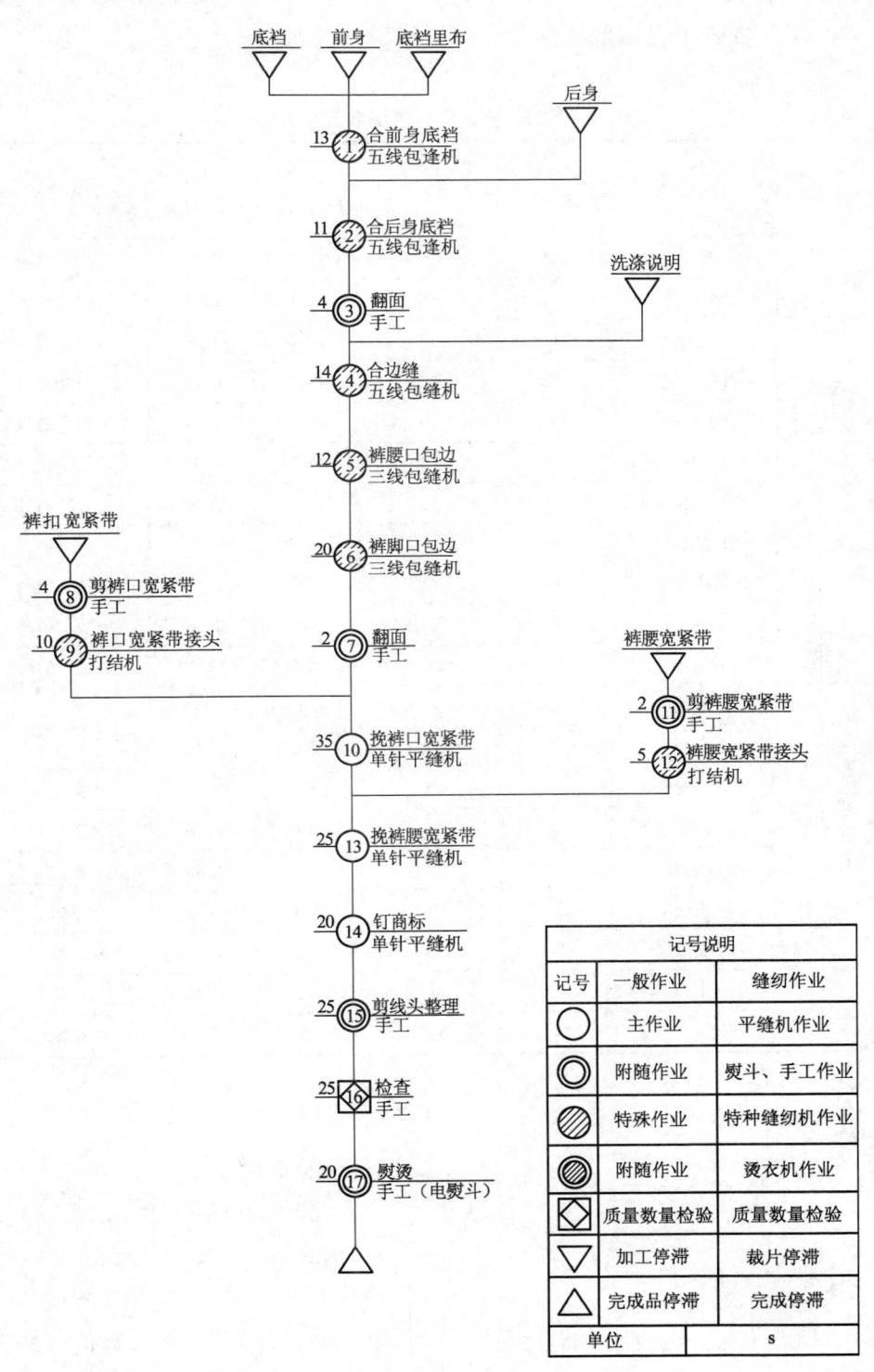

图 8-29 女三角裤缝制工序流程图

(三) 工序分析表

工序名称、作业时间及所用设备等见表8–25。

表8–25 女式三角裤缝制工序分析表

作业区分	工序号	工序名称	实际作业时间(s)	标准作业时间(s)（浮余率30%）	日(8h)产量(件)	日产1500件负荷率(%)	设备名称
缝纫机作业	1	合前身底裆	13	19	1516	0.99	五线包缝机
	2	合后身底裆	11	16	1800	0.83	五线包缝机
	4	合边缝	14	20	1440	1.04	五线包缝机
	5	裤腰口包边	12	17	1694	0.89	三线包缝机
	6	裤脚口包边	20	29	993	1.51	三线包缝机
	9	裤口宽紧带接头	10	15	1920	0.78	打结机
	10	挽裤口宽紧带	35	50	576	2.60	单针平缝机
	12	裤腰宽紧带接头	5	8	3600	0.42	打结机
	13	挽裤腰宽紧带	25	36	800	1.88	单针平缝机
	14	钉商标	20	29	993	1.51	单针平缝机
		小计	165	238	121	12.40	14台13人
手工作业	3	翻面	4	6	4800	0.31	手工
	7	翻面	2	3	9600	0.16	手工
	8	剪裤口宽紧带	4	6	4800	0.31	手工
	11	剪裤腰宽紧带	2	3	9600	0.16	手工
	15	剪线头整理	25	36	800	1.88	手工
	16	检查	25	36	800	1.88	手工
	17	熨烫	20	29	993	1.51	手工熨斗
		小计	82	119	242	6.20	7人
		合计	247	357	80	18.75	14台20人

三、棉毛衫裤工艺设计

(一) 款式说明

棉毛衫裤的款式如图8–30所示,棉毛衫的主要部件有前片1片、后片1片、袖子2片、袖口罗纹2片和领条,男裆开口棉毛裤的主要部件有左裤腿1片、右裤腿1片、前上裆内层1片、前上裆外层1片、前下

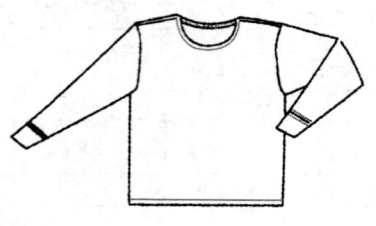

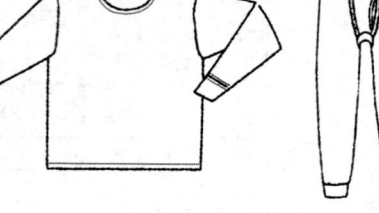

图8–30 棉毛衫裤款式图

裆 1 片、臀裆 1 片、裤腰罗纹 1 片和脚口罗纹 2 片。

(二) 工序流程图 (图 8-31, 图 8-32)

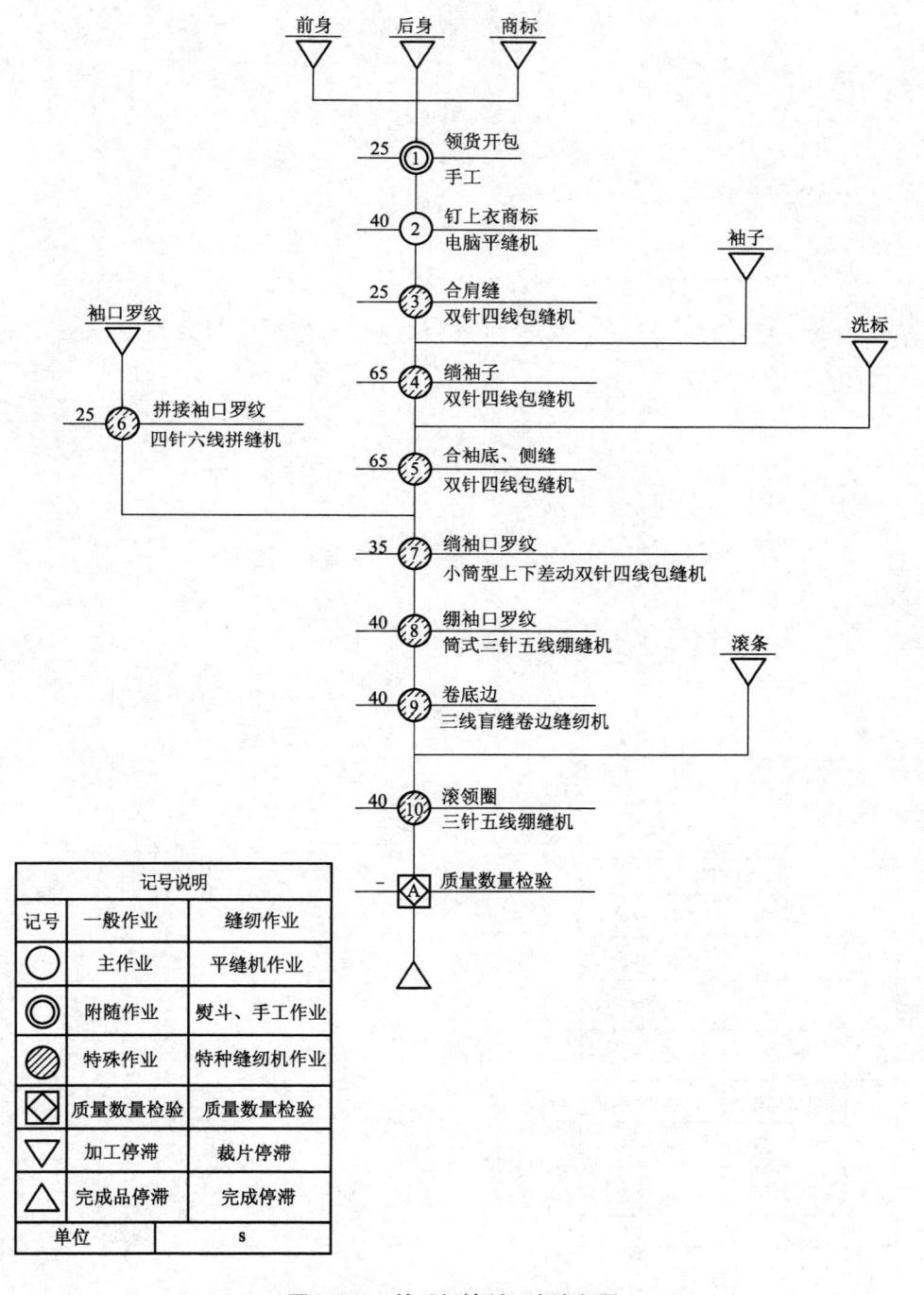

```
                        前身    后身   商标
                         ▽      ▽     ▽
                                │
                          25 ─①  领货开包
                                  手工
                          40 ─②  钉上衣商标          袖子
                                  电脑平缝机         ▽
                          25 ─③  合肩缝                     洗标
                                  双针四线包缝机              ▽
           袖口罗纹        65 ─④  绱袖子
             ▽                   双针四线包缝机
         25 ─⑥ 拼接袖口罗纹
               四针六线拼缝机
                          65 ─⑤  合袖底、侧缝
                                  双针四线包缝机
                          35 ─⑦  绱袖口罗纹
                                  小筒型上下差动双针四线包缝机
                          40 ─⑧  绷袖口罗纹        滚条
                                  筒式三针五线绷缝机  ▽
                          40 ─⑨  卷底边
                                  三线盲缝卷边缝纫机
                          40 ─⑩  滚领圈
                                  三针五线绷缝机
                          -  ◇A  质量数量检验
                              △
```

记号说明		
记号	一般作业	缝纫作业
○	主作业	平缝机作业
◉	附随作业	熨斗、手工作业
◍	特殊作业	特种缝纫机作业
◇	质量数量检验	质量数量检验
▽	加工停滞	裁片停滞
△	完成品停滞	完成停滞
单位	s	

图 8-31 棉毛衫缝制工序流程图

```
                    前襟（表）  滚条              前襟（里）  滚条
                         ▽    ▽                    ▽    ▽
             贴带
              ▽         25 ⑪ 滚裤前襟边（表）        25 ⑫ 滚裤前襟边（里）
                            三针五线绷缝机              三针五线绷缝机

             橡筋
              ▽         60 ⑬ 缝贴裤前双侧装饰贴带
                            四针六线拼缝机
          15 ⑭ 腰橡筋接合  20 ⑰ 拼裤裆下缝      前片   后片
              电子套结机     四针六线拼缝机       ▽    ▽

                       50 ⑯ 合裤内侧缝+后缝    45 ⑱ 合裤外侧缝
             脚口罗纹       双针四线包缝机        双针四线包缝机
              ▽
          40 ㉑ 拼接脚口罗纹 55 ㉒ 绱脚口罗纹
              四针六线拼缝机    小筒型上下差动双针四线包缝机

                       45 ㉓ 绷脚口罗纹
                            筒式三针五线包缝机

                       10 ⑲ 翻裤子
                            手工
                                                脚口罗纹
                       50 ⑳ 绱腰                   ▽
                            筒式三针五线双面装饰缝纫机

                       40 15 钉裤子商标
                            电脑平缝机

                        ─ Ⓑ 质量数量检验
                        △
```

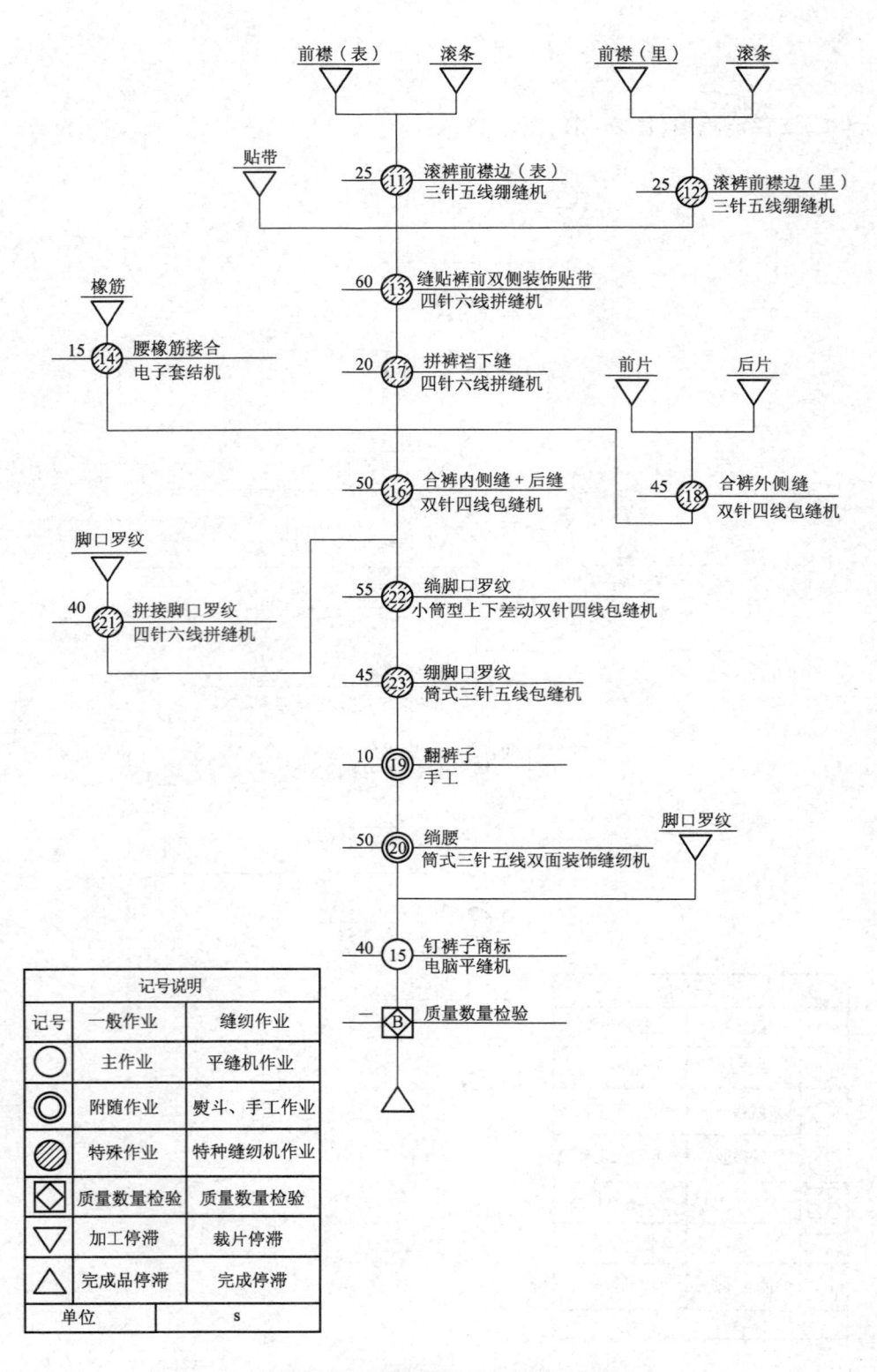

记号说明		
记号	一般作业	缝纫作业
○	主作业	平缝机作业
◎	附随作业	熨斗、手工作业
⊘	特殊作业	特种缝纫机作业
◇	质量数量检验	质量数量检验
▽	加工停滞	裁片停滞
△	完成品停滞	完成停滞
单位		s

图 8-32 棉毛裤缝制工序流程图

(三)工序分析表

该棉毛衫裤流水线有 62 个作业人员,其日产量为 2000 件,日作业时间为 8h。它的工序名称、作业时间及所用设备等见表 8-26。

表 8-26 棉毛衫裤工序分析表

序号	操作内容	时间(s)	产量(件)	机器名称	机器数量(台)	操作人员	缝型示意图
1	领货开包	25	1152	手工	2	1.7	
2	钉上衣商标	40	720	电脑平缝机,自动切线	3	2.8	
3	合肩缝	25	1152	双针四线包缝机(可加防伸带)	2	1.7	
4	绱袖子(2个)	65	443	双针四线包缝机	5	4.5	
5	合袖底+侧缝(2个)(夹洗标)	65	443	双针四线包缝机	5	4.5	
6	拼接袖口罗纹(2个)	25	1152	四针六线拼缝机,带切边切线装置	2	1.7	
7	绱袖口罗纹(2个)	35	823	小筒型上下差动双针四线包缝机(附上罗纹附件)	3	2.4	
8	绷袖口罗纹(2个)	40	720	筒式三针五线绷缝机	3	2.8	
9	卷底边	40	720	三线盲缝卷边包缝机	3	2.8	
10	滚领圈	40	480	三针五线绷缝机(附滚边附件)	5	4.2	
11	滚裤前襟边(表)	25	1152	三针五线绷缝机(附滚边附件)	2	1.7	
12	滚裤前襟边(里)	25	1152	三针五线绷缝机(附滚边附件)	2	1.7	
13	缝贴裤前双侧装饰贴带	60	480	四针六线拼缝机,带切边切线装置(附贴条附件)	5	4.2	
14	腰橡皮筋接合	15	1920	电子套结机	1	1.0	
15	钉裤子商标	40	720	电脑平缝机,自动切线	3	2.8	

续表

序号	操作内容	时间(s)	产量(件)	机器名称	机器数量(台)	操作人员	缝型示意图
16	合裤内侧缝+后缝	50	576	双针四线包缝机	4	3.5	
17	拼裤档下缝	20	1440	四针六线拼缝机,带切边切线装置	2	1.4	
18	合裤外侧缝(2个)	45	640	双针四线包缝机	4	3.1	
19	翻裤子	10	2880	手工	0	0.7	
20	绱腰	50	576	筒式三针五线双面装饰缝纫机,带牵引、切边、切线装置	4	3.5	
21	拼接脚口罗纹(2个)	40	1152	四针六线拼缝机,带切边切线装置	2	1.7	
22	绱脚口罗纹(2个)	55	524	小筒型上下差动双针四线包缝机(附上罗纹附件)	4	3.8	
23	绷脚口罗纹(2个)	45	640	筒式三针五线绷缝机	4	3.1	
合计		880			70	61.3	

注 (1)袖口、脚口用罗纹为一次成型的圆筒状时,不需要罗纹拼接工序;
　　(2)裤子无外侧缝时,则不需要合侧缝工序,即表中18号工序。

计算机辅助设计应用——

计算机辅助服装厂规划与设计

课题名称：计算机辅助服装厂规划与设计
课题内容：概述
生产工艺模块设计
绘图模块设计
计算机辅助服装生产工艺计划
课题时间：6课时
教学目的：1.让学生了解使用计算机辅助服装生产流水线设计的方法。
2.让学生了解使用通用软件的方法。
3.让学生了解生产线设计的内容、工艺设计软件的开发以及汇成CAPP系统的功能等相关知识。
教学方法：由教师讲述计算机辅助服装厂规划与设计的基础知识。
教学要求：1.让学生明确采用计算机辅助服装工厂设计的优越性。
2.让学生掌握服装厂生产工艺设计的主要内容及生产工艺设计对系统功能的要求。
3.让学生了解生产工艺模块设计、绘图模块设计以及计算机辅助服装生产工艺计划。

第九章 计算机辅助服装厂规划与设计

第一节 概述

随着计算机技术的不断发展,计算机辅助设计(CAD)的应用日益广泛。在工程设计领域,CAD 技术在提高设计工作效率、减轻劳动强度、降低设计成本、提高设计质量等方面发挥了显著的作用。但是,目前我国还没有用于辅助服装厂工艺设计的商品化的应用软件。由于服装生产工艺设计是一项比较繁琐的工作,非常必要借助计算机进行辅助设计,以提高工作效率,适应工业化服装生产的要求。本章将扼要介绍应用通常的软件进行生产工艺设计的一些方法。

一、服装厂生产工艺设计的主要内容

服装生产工艺设计即服装生产线的设计,包括:按照事先确定的产品方案,对产品的加工进行工序与工时分解、加工设备选型、编制工序分析表;根据单位产品的标准总加工时间和工厂的工作制度进行产量计算,从而确定设备的配台数及定员;选择所用的设备类型,编制设备明细表,计算水、电、汽等公用工程的消耗量;绘制生产线设备的平面布置图以及向生产线上其他专业提供设计条件等。

二、生产工艺设计对系统功能的要求

根据对服装生产线设计过程的分析,我们可将整个过程划分为生产工艺设计和绘图设计两大部分。

(一)工艺设计

1. 确定计划日产量

在进行计算之前,首先应确定计划日产量。服装厂通常实行单班生产,每班工作8h。

$$计划日产量(件/日) = \frac{计划期产量(件)}{生产周期(日)}$$

2. 建立工序分析表

根据在产品方案中确定的产品款式要求,对产品的加工过程进行工序分解,确定工序号、工序名称、所选用加工设备的名称及其型号、标准作业时间、理论日产量、加工设备的理论及实际配台数、负荷率以及实际定员等,然后编制成工序分析表,见表9–1。

表9–1 产品加工工序分析表

工序号	工序名称	标准作业时间	设备名称	设备型号	理论日产量	理论设备台数	负荷率	实际设备台数	实际定员

当所加工服装的款式不同时,其加工工序和作业内容也不相同。对于一些比较典型的服装款式,如男西服上衣、西裤、男长袖衬衫、牛仔裤等产品,可以建立典型工序数据库,并预先将其工序分析内容存储到数据库中,以便在设计时能随时调用。而其他款式的工序分析,则可根据需要随时动态建立。

为了便于选择设备,在建立工序分析表时还需要根据设备的相关资料建立典型工艺设备数据库,库中应含有各种加工设备的名称、单价、供应厂家、主要技术参数及说明等信息。

3. 负荷率计算

在工序分析表的基础上,根据计划日产量、作业时间等计算理论日产量、理论设备台数、生产线负荷率等。

4. 工序平衡

计算生产线的负荷率之后,应对工序分析表中各道工序的负荷进行平衡。当某道工序的负荷率低于0.85时,则应与位置邻近、设备相同的工序进行合并,以保持生产线前后工序之间的生产负荷达到均衡。调整后再重新计算负荷率,直到满足要求为止,从而最终确定设备配备台数及定员等。

5. 编制设备明细表

根据生产线各工序平衡的结果,将工序分析表中所用的各种加工设备进行汇总,编制设备明细表。在该表中应列出设备的序号、名称、型号、数量、单价、总价、供应厂家、水、电、汽的消耗量等。对所有设备总价求和即可得到设备的总投资。同理,也可计算出水、电和汽等公用工程的需求量。

6. 制表输出

在以上计算完成后,设计好展示工艺设计结果表格,将其打印输出。

(二)绘图设计

绘图设计主要包括绘制工序流程图和设备平面布置排列图。

1. 绘图环境的建立

在绘图时首先需要确定绘图比例、图幅大小、绘制图框以及设定有关尺寸变量、单位制、数值精度等。另外,在绘制生产工艺平面图之前,需要先绘制建筑平面图,这就需要绘图模块与建筑设计软件的兼容性好。

2. 绘制设备图块

服装加工设备的种类很多,需建立设备的图形数据库,以便在绘制设备平面图时使用,这是服装生产工艺设计中的一项很重要的基础工作。

3. 绘制工序流程图

绘图模块应具有绘制工序流程图的功能,包括可输入工序号、工序名称、作业时间、设备的名称和型号等,如图9-1所示。

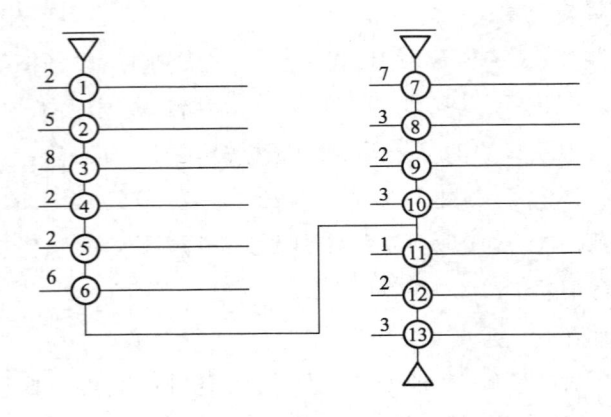

图9-1 工序流程图符号(单位:s)

4. 生产流水线平面图的绘制

服装工业生产的组织主要采用流水线生产形式,如吊挂缝制流水线、西服整烫流水线等。为了方便设计,需设计参数化的流水线设备平面图绘制程序。

5. 辅助功能

为了设计时使用方便,绘图模块应具有尺寸标注、文字输入、设备表格绘制等辅助功能。

6. 图层与颜色

为了便于管理及设计信息的统计,应将设备图形、文字说明、尺寸线、建筑图、图框等项目在不同的层上、用不同的颜色绘制。图层及颜色变换可通过程序自动设定。

第二节　生产工艺模块设计

在进行服装厂设计时,通常是先根据产品方案和生产规模,确定产品的生产工艺流程,再配备相应的设备和生产人员,因此,工艺设计通常又称为工艺计算。由于工序分析表采用表格形式,所以能够用电子表格软件或关系型数据库来进行工艺设计。

一、使用 Excel 进行工艺设计

Excel 是美国 Microsoft 公司开发的 Office 套件中的电子表格软件,它提供了自由制表、输入、编辑、汇总、排序以及合并等多种功能和二次开发接口——宏语言 VBA,在办公自动化领域很受欢迎(图 9-2)。Excel 软件既具有数据库功能,又具有制表、计算功能,操作方便、简单,即使完全不懂程序设计的人也能使用,所以可采用 Excel 进行工艺计算。

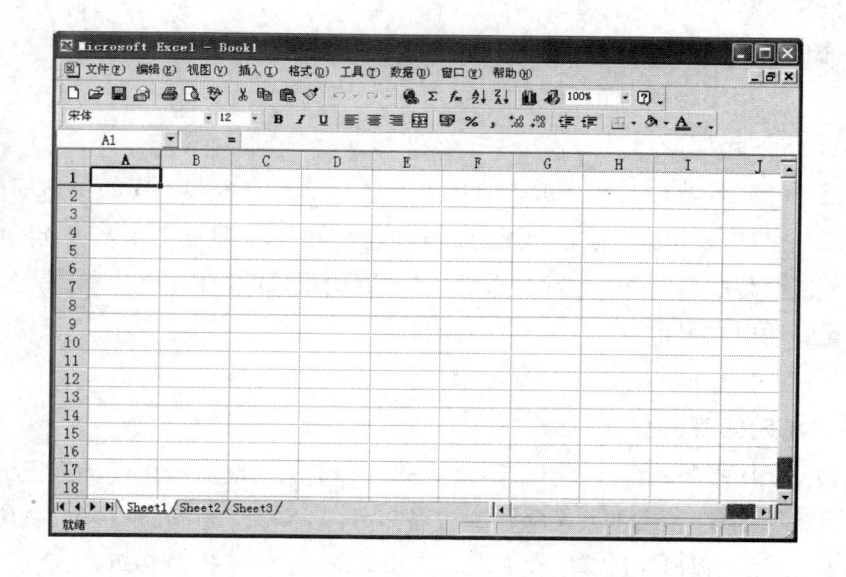

图 9-2　Excel 的操作界面

(一)计划日产量

输入相关数据,利用 Excel 的计算功能计算计划日产量。

(二)工艺分析表

在 Excel 中建一个工作表并输入计划日产量、理论日产量、理论设备台数、

负荷率、实际设备台数及实际定员等表项。

在图 9-2 中,假如:标准作业时间表项在 C 列、理论日产量在 E 列、工序 1 在第 5 行、日工作时间为 480min,那么工序 1 的标准作业时间(min)单元格所在位置为 C5、理论日产量(件/日)所在的单元格为 E5,用鼠标左键在 E5 中单击,在输入" =480/C5"后敲击 Enter 键,即自动计算出理论日产量的值。为了计算其他工序的理论日产量,用鼠标左键在 E5 中单击,将光标放在单元格右下角的小黑块上,按下鼠标左键往下一直拖动到最后一道工序所在的行,松开鼠标左键,计算机便会根据对应的日工作时间和标准作业时间自动计算出相应工序的理论日产量的值。用同样的方法也可计算出理论设备台数、负荷率、实际设备台数及实际定员等的具体数值。

(三) 负荷率计算

在工序分析表的基础上,根据计划日产量、作业时间等计算理论日产量、理论设备台数、负荷率、实际设备台数及实际定员等。计算前,需要在相应位置输入计算公式,然后再依次进行计算。

根据服装生产工艺计算的特点,采用的软件系统应具有数据库、制表及计算功能,因此可选用数据库软件,如 Foxpro 等。

(四) 工序平衡

完成计算后需对工序分析表中各工序进行平衡。若某工序的负荷率低于 0.85,则应与位置邻近且设备相同的工序进行合并,以保持整条生产线前后的生产均衡。调整后再重新设定相关单元格中的计算公式并计算负荷率,直到满足工艺设计的要求为止。

(五) 设备明细表

根据工序平衡的结果,使用 Excel 中的分类汇总功能对所用设备进行汇总,得到设备明细表,该表的表项应该有设备序号、名称、型号、数量、单价、总价、供应厂家、公用工程消耗量等。在 Excel 表相应单元格中填入设备单价,通过单价列和数量所在的列相乘得到对应的总价,对总价求和即得到设备总投资。同理计算出水、电、汽等公用工程的需用量。

(六) 制表输出

在上述各项计算处理后,设计好该 Excel 表格线、框,输入表头、日期等必要信息,然后将设计结果打印输出。

二、基于数据库的工艺模块设计

(一)数据库简介

1. 数据库与数据库系统

(1)数据库(DataBase,DB)指存储在计算机存储设备上,结构化的相关数据集合。它不仅包括描述事物的数据本身,而且还包括相关事物之间的关系。此外,为了便于检索和使用数据,数据库中的大量数据必须按照一定的规则(数据模型)来存放,这就是数据的"结构化"。

(2)数据库系统通常是指引进了数据库技术后的计算机系统,它能有组织地、动态地存储大量数据,提供数据处理和信息资源共享的便利手段。一般来说,一个数据库系统应由计算机硬件(Hardware)、数据库集合(DataBase Set)、数据库管理系统(DBMS)及相关软件(Software)、数据库管理员(DataBase Administrator)和用户(User)等5部分组成。

(3)数据库管理系统(DataBase Management System,DBMS)是在操作系统支持下的专用软件。利用DBMS提供的一系列命令,用户就可以建立数据库文件、输入原始数据并对数据进行各种操作了。因此,DBMS是整个数据库系统的核心。较流行的数据库管理系统有DBase、FoxBase、FoxPro、Visual FoxPro、Access、Power Builder、SQLServer、ORACLE等。

(4)数据库应用系统(DataBase Application Systems,DBAS)指开发人员利用数据库系统资源开发出来的、面向某一类实际应用的软件系统。数据库应用系统可分为以下两大类:

①管理信息系统。例如财务管理系统、人事管理系统、教学管理系统、图书管理系统、生产管理系统等都是面向机构内部业务和管理的数据库应用系统。

②开放式信息服务系统。这是面向外部的能够提供动态信息查询功能,就满足用户的不同信息需求的数据库应用系统。例如,大型的综合科技情报系统、经济信息系统和专业的证券实时行情、商品信息等均属于这类系统。它们通常由数据库和应用程序两部分组成,都是在数据库管理系统的支持下设计和开发出来的。

2. 数据库的三种数据模型

常见的数据模型有三种:层次模型、网状模型和关系模型,根据这三种数据模型建立的数据库分别为层次数据库、网状数据库和关系数据库。

(1)层次模型:在数据库中定义满足下面两个条件的基本层次联系的集合为层次模型。

①有且只有一个结点没有双亲结点,这个结点称为根结点。

②根以外的其他结点有且只有一个双亲结点。

在层次模型中,每个结点表示一个记录类型,记录(类型)之间的联系用结点之间的连线(有向边)表示,这种联系是父子之间的一对多的联系。这就使得层次数据库系统只能处理一对多的实体联系。

每个记录类型可包含若干个字段,记录类型描述的是实体,字段描述的是实体的属性。各个记录类型及其字段都必须命名。各个记录类型及同一记录类型中各个字段不能同名。

(2)网状模型:在数据库中,把满足以下两个条件的基本层次联系集合称为网状模型。

①允许一个以上的结点无双亲结点。

②一个结点可以有多于一个的双亲结点。

网状模型比层次模型更具普遍性,它去掉了层次模型的两个限制,允许多个结点没有双亲结点,允许结点有多个双亲结点,此外它还允许两个结点之间有多种联系(复合联系)。因此网状模型可以更直接地去描述现实世界,而层次模型实际上是网状模型的一个特例。

与层次模型一样,网状模型中的每个结点表示一个记录类型(实体),每个记录类型可包含若干个字段(实体的属性),结点间的连线表示记录类型(实体)之间的"父子"联系。

从定义可以看出,层次模型中子女结点与双亲结点的联系是唯一的,而在网状模型中这种联系可以不唯一。

(3)关系模型:关系模型与上述两种模型不同,它是建立在严格的数学概念的基础上的。其数据的逻辑结构是一张二维表,它由行和列组成。

在关系数据模型中,实体及实体间的联系都用表来表示。在数据库的物理组织中,表以文件形式存储,有的系统中,一个表对应一个操作系统文件,有的系统则自己设计文件结构。

3. 数据库的特点

(1)采用特定的数据模型。数据库中的数据是有结构的,这种结构是由数据库管理系统所支持的数据模型决定的。因此,数据库系统不仅可以表示事物内部各数据项之间的联系,还可以表示事物与事物之间的联系。

(2)实现数据共享,减少数据冗余。数据共享就是说数据库中的数据可以被多个用户、多种应用使用,这是数据库系统最重要的特点。数据冗余是指数据的重复,由于数据库中的数据被集中管理,统一组织、定义和存储,因此可以避免不必要的数据冗余。

(3)具有较高的数据独立性。在数据库系统中,数据与应用程序之间的相互依赖性大大减弱,即数据的修改对程序不会产生大的影响或没有影响,因而数据具有较高的独立性。

（4）具有统一的数据控制功能。数据库可以被多个用户或应用程序共享，数据的存储往往是并发的，即多个用户同时使用同一个数据库。因此，数据库管理系统必须提供必要的保护功能，包括并发访问控制功能、数据的安全控制功能和数据的完整性控制功能等。

4. 数据管理技术的发展阶段

（1）人工管理阶段。在20世纪50年代中期以前，计算机主要用于科学计算。当时的硬件状况是只有纸带、卡片和磁带作为存储设备，没有磁盘等直接存取的存储设备；软件状况是没有操作系统、没有管理数据的软件；数据处理方式是批处理。此阶段中，数据不能保存；应用程序管理数据；数据不共享；数据不具有独立性。

（2）文件管理阶段。20世纪50年代后期到60年代中期，计算机硬件方面已有所改善，有了磁盘、磁鼓等直接存取设备；软件方面，操作系统中已经有了专门的数据管理软件，一般称之为文件系统；除了批处理的处理方式，还有联机实时处理。

用文件系统管理数据的特点为：数据可以长期保存；由文件系统管理数据；数据共享性差，冗余度大；数据独立性差。

（3）数据库系统阶段。20世纪60年代后期以来，计算机用于管理的规模越来越大，应用越来越广泛，数据量急剧增长，多应用、多用户共享数据集合的要求也越来越强烈。

这时已有大容量硬盘，硬盘价格下降，软件价格上升，为编制和维护系统软件及应用程序所需的成本相对增加；在处理方式上，联机实时处理已经实现，并开始提出和考虑更高要求的分布处理。在这种背景下，以文件系统作为数据管理手段已经不能满足应用的需要，为解决多用户、多应用共享数据的需求，使数据为尽可能多的应用服务，数据库技术应运而生，出现了统一管理数据的专门软件系统——数据库系统。

用数据库系统来管理数据的优点显而易见，从文件系统到数据库系统，标志着数据管理技术的飞跃。

与人工管理和文件系统相比，数据库系统的优点主要表现为：数据结构化；数据的共享性高，冗余度低，易扩充；数据独立性高；数据由DBMS统一管理和控制。

5. 典型的数据库管理系统

（1）ORACLE：ORACLE是ORACLE公司开发的数据库管理系统。它是大型关系数据库管理系统，也是第一个与数据库结合的第四代语言开发工具的数据库产品。ORACLE 支持标准 SQL 语言,支持多种数据类型,能在 Unit、VMS、Windows NT 等操作系统的平台上运行。

(2) DB2:DB2 是 IBM 公司开发的基于 SQL 的关系型数据库管理系统。它起源于 System R,是以前 IBM 针对大型计算机系统开发的数据库管理系统产品,后来 DB2 逐渐推向中、小型以及微型计算机系统。

(3) SyBase:SyBase 是由美国数据库厂商 SyBase 于 1984 年推出的,是一个关系型数据库管理系统。SyBase 于 1991 年进入我国,目前已在许多行业得到了很好的应用。

(4) SQL Server:SQL Server 是微软公司推出的一个在 Windows NT 服务器上使用的、支持客户机/服务器结构的关系数据库管理系统。

(5) xBase:xBase 是一个在微型计算机系统上运行的小型关系数据库管理系统系列产品,它包含 DBase、FoxBase、FoxPro、VFP 等。xBase 类数据库是我国广为应用的关系数据库。

(6) Access 2003:Access 2003 是 Windows XP 的 Office 套件中的一个应用程序组件。Access 2003 是一个小型的关系数据库管理系统,其中可以包含任意多个表、窗体、查询、报表、宏和模块等,非常有利于开发微型计算机上的小型应用系统。

(二)数据库结构设计

1. 典型设备数据信息表

表 9-2 典型设备(Equipment)数据信息表

序号	字段名	字段含义	数据类型	可否为空
1	EquipModel	设备型号(主键)	VARCHAR(50)	NOT NULL
2	EquipName	设备名称	VARCHAR(50)	NOT NULL
3	Factory	生产厂家	VARCHAR(50)	NOT NULL
4	RMBPrice	设备价格(万元)	NUMERIC(7,2)	NULL
5	DollarPrice	设备价格(万美元)	NUMERIC(7,2)	NULL
6	EuropPrice	设备价格(万欧元)	NUMERIC(7,2)	NULL
7	JapanPrice	设备价格(万日元)	NUMERIC(7,2)	NULL
8	Voltage	额定电压(V)	VARCHAR(50)	NULL
9	Power	额定功率(kW)	VARCHAR(50)	NULL
10	Steam	蒸汽消耗量(kg/h)	INT	NULL
11	Compress	压缩空气消耗量(L/h)	NUMERIC(7,2)	NULL
12	EPicture	设备照片	IMAGE	NULL
13	Explanation	说明	VARCHAR(400)	NULL

```
/* TABLE Equipment */
CREATE TABLE    Equipment (
    EquipModel      VARCHAR(50) NOT NULL,       ——设备型号(主键)
    EquipName       VARCHAR(50) NOT NULL,       ——设备名称
    Factory         VARCHAR(50) NOT NULL,       ——生产厂家
    RMBPrice        NUMERIC(7,2),               ——设备价格(万元)
    DollarPrice     NUMERIC(7,2),               ——设备价格(万美元)
    EuropPrice      NUMERIC(7,2),               ——设备价格(万欧元)
    JapanPrice      NUMERIC(7,2),               ——设备价格(万日元)
    Voltage         VARCHAR(50),                ——额定电压(V)
    Power           VARCHAR(50),                ——额定功率(kW)
    Steam           INT,                        ——蒸汽消耗量(kg/h)
    Compress        NUMERIC(7,2),               ——压缩空气消耗(L/h)
    EPicture        IMAGE,                      ——设备照片
    Explanation     VARCHAR(400),               ——说明
    CONSTRAINT EquipModel PRIMARY KEY (EquipModel)
);
```

2. 典型工序数据信息表

表9-3 典型工序(Procedure)数据信息表

序号	字段名	字段含义	数据类型	可否为空
1	PID	序号(主键)	INT	NOT NULL
2	ProcedureNum	工序号	VARCHAR(10)	NOT NULL
3	ProcedureName	工序名称	VARCHAR(50)	NOT NULL
4	SWorkTime	标准作业时间	INT	NOT NULL
5	EquipModel	设备型号(外键)	VARCHAR(50)	NOT NULL
6	LoadRate	工序负荷率	NUMERIC(7,2)	NULL
7	Employee	工序每线实际定员	INT	NULL
8	TEm	工序总定员	INT	NULL
9	Equipquantity	工序每线实际设备台数	INT	NULL
10	Teq	工序总台数	INT	NULL
11	LineQt	线数	INT	NOT NULL
12	ClassQt	班次	INT	NOT NULL
13	Sect	工段	VARCHAR(10)	NOT NULL
14	Team	小组	VARCHAR(10)	NULL
15	Duty	工种	VARCHAR(10)	NULL
16	ProcuctName	产品名称	VARCHAR(10)	NOT NULL

/* 创建典型工序数据信息表 */
/* TABLE PROCEDURE */
```sql
CREATE TABLE PROCEDURE(
    PID           INT NOT NULL,                        ——序号(主键)
    ProcedureNum  VARCHAR(10)   NOT NULL,              ——工序号
    ProcedureName VARCHAR(50)   NOT NULL,              ——工序名称
    SWorkTime     INT NOT NULL,                        ——标准作业时间
    EquipModel    VARCHAR(50)   NOT NULL,              ——设备型号(外键)
    LoadRate      NUMERIC(7,2),                        ——工序负荷率
    Employee      INT,                                 ——工序每线实际定员
    TEm           INT,                                 ——工序总定员
    Equipquantity INT,                                 ——工序每线实际设备台数
    Teq           INT,                                 ——工序总台数
    LineQt        INT NOT NULL,                        ——线数
    ClassQt       INT NOT NULL,                        ——班次
    Sect          VARCHAR(10)   NOT NULL,              ——工段
    Team          VARCHAR(10),                         ——小组
    Duty          VARCHAR(10),                         ——工种
    ProcuctName   VARCHAR(10)   NOT NULL,              ——产品名称
    CONSTRAINT PID PRIMARY KEY (PID)
);
/* Foreign key EquipModel */
ALTER TABLE PROCEDURE
ADD CONSTRAINT ModelNO
FOREIGN KEY (EquipModel)
REFERENCES Equipment;
```

(三)代码设计

设计数据库中各工段、工种的代码,表9-4是简单的举例,服装厂应根据自身情况进行设计。

表9-4 工段、工种代码

代号	工段	代号	工种
A	裁剪	A	车工
B	缝纫	B	熨烫工

续表

代号	工段	代号	工种
C	整烫	C	手工
D	水洗	D	其他

(四)程序设计

1. 开发环境选择

(1)开发平台的选择。开发平台有 Windows、Linux 等,由于 Windows 系列软件有良好统一的图形化用户界面和很多新的功能,使用简单,而且本身支持网络,能访问多种形式的服务器,所以应用极为广泛。

(2)数据库系统选择。SQL Server、ORACLE、SyBase 或 MySQL、InterBase 都是开发工具较完备并支持结构化查询技术的大型系统数据库,已经过多年的实践检验,比较成熟、稳定,功能也比较强大,适合于开发客户机/服务器模式的数据库。网络版的管理信息系统可采用其中的一种作为系统的数据库支撑系统。

单机版的数据库适应中小企业的需要,可选择 Delphi 标准配置的 Access 作为数据库,投资少,将来可根据需要很容易地移植到网络数据库中。

在 Delphi 中,提供了 ODBC、BDE、ADO、dbExpress 等多种数据库连接方式,可以与 Paradox、DBase、FoxPro、MSSQL、Access、ORACLE、MySQL 等多种数据库相连接。

ODBC 设置不方便,BDE 需要很多额外的驱动程序,应用安装不方便。所以经过比较选择 ADO 作为与数据库的接口,其应用程序在中文 Windows98 第二版以上的计算机中运行时不需另装驱动程序。

MS SQL Server 2000 在中小型企业中应用较多,使用 Delphi 开发的程序通过 ADO 接口可以很容易地与 SQL Server 数据库建立连接,单机数据库 Access 也可以很容易地移植到 SQL Server,所以采用 Access 作为中小企业的数据库管理系统。

(3)软件开发工具选择。当前流行的前端软件开发工具有很多,如 Microsoft Visual Basic、Visual C++、PowerBuilder、C++ Builder、Delphi 等。由于 Delphi 是开发数据库前端的优秀工具,它以简洁明快的编程语言、功能强大的组件和灵活方便的编程环境,在竞争激烈的市场中越来越受客户青睐。采用 Delphi 开发数据库应用程序具有更大的灵活性和可扩展性。Delphi 支持单机的 Dbase、Paradox 数据库和流行的关系数据库,如 ORACLE、SyBase、SQL Server、MySQL、InterBase 等。

(4)系统硬件设备选型。系统的硬件主要有工作站,选用一般的商用 PC 机产品即可满足需要,而且价格适宜,可靠性好。

2. 程序设计与调试

(1) 数据库的建立。在 Access 中先建立数据库文件 PROCESS.MDB，然后可以使用设计器创建表，或打开"查询"窗口并右键单击窗体，然后选择右键菜单中的"SQL 视图"运行 SQL 语句建立数据表，如图 9-3 所示。

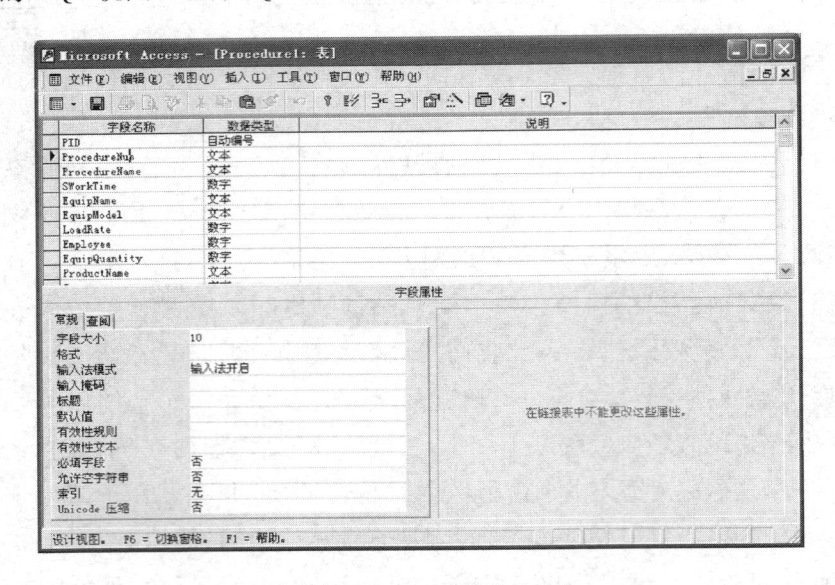

图 9-3 Access 数据库的建立

(2) 窗体的建立。在 Delphi 的 IDE 环境下利用提供的组件，按照功能模块的要求分别建立主窗体及子窗体组件。

(3) 主窗口菜单结构设计。由于 Delphi 拥有简捷的界面设计工具和功能实现的方法，主菜单的设计可以在很直观的环境中完成。建立主窗口后，放入一个 MainMenu 组件，然后双击该组件启动菜单编辑器 (Menu Designer)，生成各菜单项。主窗口菜单结构如图 9-4 所示。

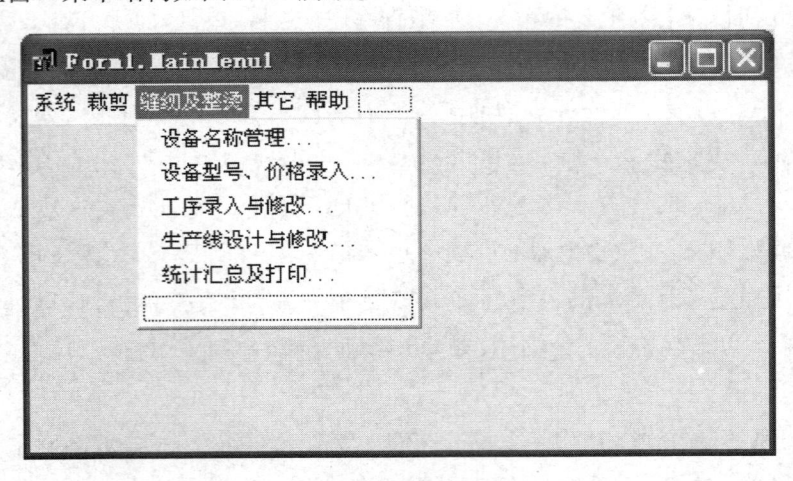

图 9-4 菜单的建立

(4)功能模块的创建。在创建的主窗体及子窗体上,按照功能要求分别放入各种组件,然后利用 ADO 组件建立与数据库 PROCESS.MDB 的连接,并进行程序编码设计,以下为计算每条生产线的定员数的程序,其余具体略。

```
// 计算每条生产线的定员数
with Table1 do
begin
    first;
    while not Eof do
    begin
        Edit;
        if FieldByName('LoadRate').AsFloat < >0.0 then
        begin
            FieldByName('Employee').AsFloat: = Trunc(FieldByName('LoadRate').AsFloat)+1.0;
            FieldByName('EquipQuantity').AsFloat: = FieldByName('Employee').AsFloat;
        end;
        next;
    end;
end;
```

图 9-5 为运行后的主界面,图 9-6 为生产线设计与修改模块的界面。

图 9-5 运行效果

图9-6 生产线设计与修改模块的界面

第三节　绘图模块设计

在服装厂设计中，还需根据工艺计算的结果绘制工序流程图及服装生产线设备平面排列图，为此，设计时还应考虑绘图功能。可以使用高级编程语言（如Visual C++）直接开发一个独立的绘图软件，但这需要考虑建立 CAD 环境等，难度和工作量比较大。实际上，一些专业工程 CAD 软件的开发，大多是在一些具备二次开发功能的通用 CAD 软件平台上（如 AutoCAD）进行的，因此，我们在设计绘图模块时，也可以遵循这一思路。

一、AutoCAD 简介

AutoCAD 是美国 Autodesk 公司开发的 CAD 软件，是国内外在土建、机械设计等工程领域广泛使用的通用 CAD 系统平台，占全球 CAD 市场份额的 65% 以上，目前它已成为 CAD 的标准，是工程设计人员之间交流思想的公共语言。

AutoCAD 为用户提供了强大的绘图功能、多种数据交换接口（如 DXF、IGES）以及二次开发手段，如菜单、块、幻灯、对话框、Visual Lisp 和 ARX 等，并支持多种外接设备，可使用户根据需要开发自己的专业应用程序，深受设计者的欢迎。

因此，为了减少开发的工作量和易与其他专业，如建筑、电气、水暖等，进行数据交换,服装厂设计中的绘图模块设计可选择以 AutoCAD 为平台进行二次开发。

二、系统设计

(一)绘图环境的建立

在使用 AutoCAD 进行绘图时,首先需要确定绘图的比例及图幅的大小、绘制图框以及设定有关尺寸变量、单位制、数值精度等,该步骤可使用 Visual Lisp 和 ARX 编程完成。另外,在绘制工艺平面图前需先绘制建筑平面图,为了减轻工作量可借用建筑绘图软件来完成。

(二)绘制设备图块

首先在 AutoCAD 环境下用其提供的通用绘图及编辑命令绘制出各种设备的平面图和不同的工序符号图形,然后对每种设备定义相应的属性(使用 ATTDEF 命令),做成块文件(使用 WBLOCK 命令)存储起来,并对每种设备制作幻灯片,然后使用文本编辑软件将幻灯片名存入到一个文件中,使用 AutoCAD 提供的 SLIDELIB.EXE 程序将以上幻灯片建为幻灯片库。设备图块示例如图 9-7 所示。

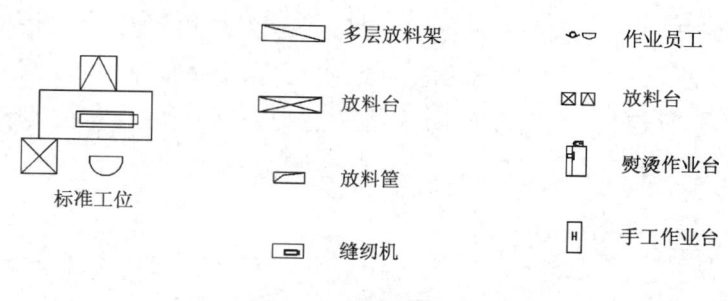

图 9-7 设备图块示例

(三)编制工序流程图绘制程序

使用 Visual Lisp 或 ARX 编制工序流程图绘制程序,在绘图过程中根据需要调用不同的加工工序符号,并要求输入工序号、工序名称、作业时间、设备名称、设备型号等作为属性的内容。简单的工序流程图符号如图 9-8 所示。

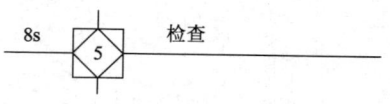

图 9-8 工序流程图符号

(四)流水线设备排列图的绘制

服装工业化生产主要采用流水生产方式,如吊挂缝制流水线、西服整烫流水线等。为了使用上的方便,需编制参数化不同种类的流水线设备绘制程序,比较固定的可定义为块文件,或者采用两者相结合的方式。图 9-9 为一条吊挂传输式缝纫流水线的平面布置图。

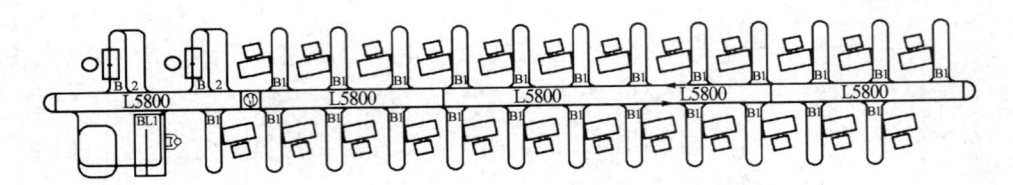

图 9-9 吊挂传输式缝纫流水线平面布置图

(五) 辅助功能

为了设计时使用方便,还需要编制有关尺寸标注、文字输入、设备表格绘制等的程序。

(六) 图层与颜色

为了便于管理及设计信息统计,将设备图形、文字说明、尺寸线、建筑图、图框等在不同的层上、用不同的颜色绘制。图层及颜色变换,在绘图时通过程序控制自动进行。另外,可以使用实体数据处理函数编制程序,实现在设计完成以后,根据所定义的层、颜色以及插入的带有属性的块等自动统计设计信息。

(七) 定制菜单

在程序编制、块定义、幻灯片库完成后,为了在设计中更方便地调用信息,就需要将以上各项功能增加到 AutoCAD 的菜单文件中,按照 AutoCAD 菜单文件的格式,建立一个扩展名为.MNU 的文件,然后进入 AutoCAD 用 MENU 命令调用即可,或在标准的 AutoCAD 菜单文件 ACAD.MNU 的基础上进行修改,进入 AutoCAD 后即可直接调用。

三、实际应用

以上扼要介绍了应用计算机辅助服装生产工艺设计的实现过程,在进行具体的设备平面布置设计时,则应根据企业的实际情况,灵活地使用各种辅助工具。

图 9-10 是某服装厂裁剪工段的设备平面布置图。

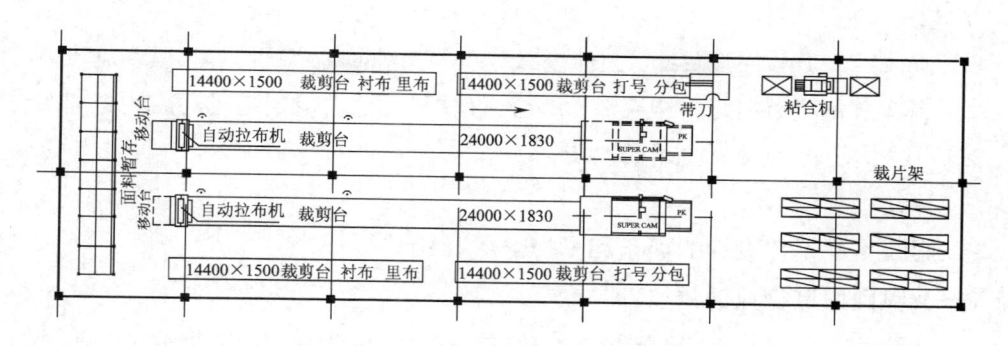

图 9–10　某服装厂裁剪工段设备平面布置图

第四节　计算机辅助服装生产工艺计划

计算机辅助服装生产工艺计划（Computer Aided Process Planning）简称 CAPP，是一门崭新的技术。利用计算机进行服装工艺设计，不仅能实现工艺设计的标准化和最优化，而且能缩短生产准备周期，改善工艺文件的质量，使大批工艺技术人员从繁琐、重复的劳动中解放出来，提高企业内部信息的集成度，加强适应小批量、多品种、短周期与高质量的生产能力。因此 CAPP 是服装企业信息化的重要内容之一，应用服装 CAPP 已是服装生产必然的发展趋势。只有通过工艺设计才能使服装设计信息转变成制造信息，设计只能通过工艺设计才能与制造实现功能和信息的集成。服装 CAPP 作为连接服装 CAD 与服装辅助制造（CAM）的桥梁，上可接收 CAD 的设计信息，下可产生指导柔性制造系统 FMS 动态调度的制作工艺信息，因而它是实现 CAD/CAPP/CAM 一体化和建立计算机集成制造系统（Computer Integrated Manufacturing System，CIMS）的关键环节。

一、CAPP 的概念

CAPP 的全称是计算机辅助工艺设计。通常，我们所说的服装设计包括款式设计、样片设计、工艺设计，其中的款式设计、样片设计是服装 CAD 系统的内容，而工艺设计则是服装 CAPP 的功能了。简单地说，服装 CAD 系统解决"做什么服装"的问题，而服装 CAPP 系统解决"如何做"的问题。

目前，较为完善的服装 CAPP 系统应具备工艺单的制作、生产线的平衡、生产成本的核算、计件工资计算等功能，后台有强大的数据库支持，除了有制作工艺单常用的资料，如各类国家标准、缝口示意图、设备资源库、各种服装组件图等，还具有典型工艺库、典型工序库，极大地提高了生产效率，优化了服装工艺。

服装 CAPP 软件涉及计算机绘图、企业工艺数据的采集及录入,其实施难度大于服装 CAD 软件,对操作人员的综合素质要求更高,但实施成功后给企业带来的效益增长也是非常显著的。

二、服装生产工艺设计的现状和 CAPP 的作用

(一)我国服装行业的特点

目前我国服装生产类型已由过去的单一品种、大批量、长周期向多品种、小批量、短周期的方向发展。由于服装产品大多具有时尚性,而且随着国际流行周期的缩短,必须有一个高效的、能快速反应的生产管理系统与之相适应。但是,由于我国服装生产的理论研究和原有的技术基础比较薄弱,现代生产管理模式在服装企业中还没有得到广泛的应用。因此,要从根本上改变目前我国服装生产管理方法和手段上的落后状况,就必须大力推进服装行业的科技进步,运用现代科学技术成果,推进以计算机和网络应用为主的信息化带动工业化。

(二)服装生产工艺设计的现状

从零散的衣片到完整的服装,需要经过多道工序。例如,生产一条高档男西裤平均需要 75 道工序;生产一件男西服需要 150 道工序左右。那么解决如何编排这些工序、如何布置机台、如何调配人员和如何制定工时等问题已成为工艺工程师们的重要工作内容,只有把这些工作安排得井井有条,才能形成一条高效的生产流水线。目前,这些工作大多是由手工完成的,而且很多服装厂非常缺乏生产实践经验丰富的工艺工程师,这就使得服装生产工艺设计存在着以下一些无法克服的缺点。

1. 工作效率低

一件上衣通常是由前衣片、后衣片、领片、袖片和口袋等五大组件组成,尽管服装的款式千变万化,但对每一组件来说都是在一定原型基础上设计出来的,其基本工序也是相同或相似的。而现在的工艺设计往往忽略了这一点,总是为一个新款式从零开始设计全新的工艺过程,工艺设计人员进行大量的重复劳动,大大降低了工作效率。

2. 工艺过程缺乏一致性

由于工艺过程的设计完全依赖于工艺设计人员的个人劳动,设计的质量在很大程度上就取决于个人的知识水平和经验是否丰富。这样不可避免地会出现对同一款式的服装产品不同的工艺设计人员设计出不同的工艺过程,从而人为地使一些相同或相似款式的产品加工过程形成不必要的多样化,导致生产准备

工作的复杂化,甚至拖长了生产准备周期,增加了生产成本。

3. 工艺文件很难实现优化和发挥引导作用

目前服装企业生产工艺设计的手段比较落后,一般不附工序图,工人在作业执行中的随意性较大,工艺文件很难实现优化,而且也难以真正起到引导生产的作用。

从上述存在的问题来看,手工设计工艺过程的最大缺点就是耗时多、效率低,人为地增加了工艺准备周期。为了解决上述问题并满足服装厂为不断推出新款式而提出的缩短生产准备周期、降低生产成本的要求,采用服装 CAPP 系统已成为发展的必然趋势。

(三) CAPP 的作用

(1)减少工艺设计人员的重复性劳动,缩短产品的生产工艺设计周期。应用 CAPP 可使工艺设计人员方便、快捷地查询所需的工艺资料,设计新的生产工艺或进行工艺修改,并能快速、高质量地打印出产品的生产工艺规程。这样可减少工艺设计人员的重复性劳动,提高工艺设计效率,大大缩短产品生产工艺的设计周期。

(2)实现工艺设计的标准化、规范化,提高工艺设计质量。传统的工艺设计方法,不仅使工艺设计工作的周期长,还很难保证工艺信息和文件的准确性及规范性,工艺设计的质量难以提高。工艺设计标准化有利于提高企业工艺管理的科学化、规范化水平,有利于推广先进的工艺技术和实现多品种、小批量生产的专业化和自动化,从而提高产品质量。

(3)通过信息的共享与集成,提高了信息的重用性、一致性和准确性。CAPP 的应用将使生产周期中与工艺相关的产品信息达到广泛的共享与集成,提高信息的重用性和准确性。一方面可提高工艺设计人员和相关技术人员的工作效率,另一方面又能最大限度地避免人为造成的各种错误,确保产品相关数据的一致性,从而为 CAD 和产品数据管理(PDM)等的实施创造必要的条件。

三、汇成服装 CAPP 系统

服装工艺设计是服装生产技术准备工作中的一项重要内容,是一个经验性很强而且随生产环境变化而多变的决策过程。服装厂经常变换产品品种,同时就需要更换生产工艺任务书,改变流水线和每个工人的生产工序,是件非常繁琐的事情。汇成服装 CAPP 系统是一个基于 PDM 系统的服装 CAPP 系统,可实现服装工艺样板的绘制、工艺文件的编制、流水线设备的排列、工人工序分析的自动计算等功能。

(一)主要功能及特色

汇成服装 CAPP 系统 5.0 版,采用成熟的 CAPP 技术,以通用、方便来满足工艺设计人员,以设计工艺最基本的实际需求为出发点,拥有典型工步库、典型工艺库、典型工序库和典型工艺设备库。在工艺设计工程中,可从以上几个不同级别的数据库中选择合适的基础工艺设计,再对其进行修改,满足服装工艺设计和工艺管理的个性化需求,使工艺设计标准化、规范化。系统界面简洁、清晰,提供了工序操作方法视频演示,对操作进行具体指导。融数据库、图形、图像、录像、表格、文字编辑于一体,图文并茂,可快速生成工艺说明书及工艺卡。

(二)主要技术指标

汇成 CAPP 系统采用 SQLServer 作为后台数据库,绘图平台采用 AutoCAD,前台开发工具采用 PB7.0。它有单机版和网络版两个版本。系统面向产品,采用产品—样片—工艺—工序的数据组织方式,用产品结构树状管理,简捷、方便,其主要模块均具备权限管理。

(三)具体内容

缝制工程是成衣加工的具体实施过程,是服装生产最主要的环节之一。一件服装产品的缝制操作种类繁多,有平缝、包缝、修剪、熨烫、锁钉等,所采用的缝口、选用的设备及涉及的线迹种类更是多种多样、千变万化。根据服装企业的实践经验,汇成服装 CAPP 系统采用工序流程图、缝口示意图与重点工序说明相结合的方法设计工艺。

1. 工序流程图

工序流程图是将组成整个工艺过程的所有工序,按照其合理的先后顺序及流入生产的位置,用特定的符号和连线绘制成工序安排程序的示意图。一般还需标注工序序号、工序名称等,必要时也将所选用设备的名称、型号、作业时间等标于工序符号附近。

2. 缝口示意图

缝口示意图是为了说明缝制工艺中的每道车缝工序的裁片排列状态、相互位置及针刺面料的位置与行数,按国际标准化组织(ISO)关于缝口图示的方法,画出每个车缝缝口的示意图。

同一工序在缝口示图、工序流程图和重点工序说明中的序号必须一致,以便能迅速确定三者的对应关系,达到明确阐述工艺的目的。线迹的类型按国际标准化组织规定的线迹分类编号方法标注于缝口示意图中,一般也将线迹的密度要求同时标在线迹分类号旁。

3. 重点工序说明

重点工序说明是针对工序流程图和缝口示意图中没有表达清楚的内容,如缝份的倒向、修剪余量的大小等的进一步说明。重点工序说明一般用文字或附加插图的形式表示。

（四）应用举例

现以 HCH – CAPP 系统为例,说明服装 CAPP 系统的使用过程。

1. 服装工艺单的编制

服装工艺单的编制通常包括生产工艺要求的汇总、工艺参数的制定、工艺图的绘制、工艺单打印等内容。HCH – CAPP 系统的设计思路是在典型工艺库中储存企业成熟的典型服装工艺,在典型工序库中存放企业成熟的典型工序。在需要进行新款服装工艺设计之前,先在典型工艺库中找出最相近的服装工艺,然后进行部分修改。例如要进行平驳领三粒扣男西服的工艺编制,则可以借鉴典型工艺库中平驳领两粒扣男西服的工艺,在前身部位进行局部修改,而后片、袖子等工艺则可直接采用。在进行工艺修改时,系统提供的大量资料可供工艺设计人员使用,譬如各种服装专用图形库（如缝型、线迹）等,同时各种典型的工序库（如各类袖衩、各类领子的生产工艺）也可供工艺设计人员直接调用,大大地提高了工艺设计人员的工作效率,并增加了工艺设计的合理性。将工艺参数及工艺图填写完毕后,系统会自动生成工艺说明书和操作说明书等工艺文件。

2. 服装生产流水线的平衡

生产过程中,平衡流水线的负荷是一个非常关键的问题,它直接关系到生产效率的高低。HCH – CAPP 系统采用专门模块,只要将流水线上工人操作的时间输入计算机,计算机便会自动计算各岗位工人的实际工作时间与理论工作时间的差距、操作浮余等,找到制约流水线提高生产能力的瓶颈,依此进行流水线的改进。

3. 生产成本核算

HCH – CAPP 系统通过对原辅材料的成本、工人工资及其他成本的计算,可得出各类服装的直接生产成本。因为用于计算各类服装成本的数据是直接来源于 CAPP 系统的实际数据,所以计算得到的产品生产成本具有较高的准确性。

四、服装 CAPP 系统的发展趋势

从服装厂近年来应用 CAPP 系统的经验来看,随着计算机技术的不断发展,服装 CAPP 系统将向智能化、多功能方向发展。针对目前服装企业人员的计算机操作水平不高的现状,CAPP 系统将提供工艺单制作的智能导航功能,即由

CAPP系统引导工艺设计人员制作工艺说明书。该系统还将具备服装生产流水线的智能化平衡,即工艺设计人员只要输入必要的测试参数,系统将自动对该流水线进行测试,并提出改进流水线的建议。另外,根据服装企业信息化的现状,在服装CAPP系统中还将增加生产成本的控制模块,包含原辅料成本核算、计件工资计算等功能,使管理者可方便地取得关于成本的准确资料。

服装CAPP系统还可以发展成为帮助确定服装号型和数量的系统。服装企业在确定服装产品的销售市场时,若能使用较少的号型满足目标地区大部分消费者的需求,就可以减少投产产品的规格和数量,从而降低产品库存。以前的做法是采用等差均码的方式制定号型投产比例,投产决策缺乏科学性。经过发展的CAPP系统则能依靠该地区海量量体统计数据,自动生成非等差服装号型规格表,可保证使用最少的号型规格满足尽量多的消费者。

思考题
1. 采用计算机辅助服装厂设计有何优越性?
2. 怎样选择数据库系统的硬件设备,需考虑哪些因素?
3. 什么是CAPP?汇成服装CAPP有何功能,该系统包含哪些具体内容?

附录1 建筑设计防火规范(节录)

(摘自 GB 50016—2006)

3.1.1 生产的火灾危险性应根据生产中使用或产生的物质性质及其数量等因素,分为甲、乙、丙、丁、戊类,并应符合表3.1.1 的规定。

表3.1.1 生产的火灾危险性分类

生产类别	项别	火灾危险性特征 使用或产生下列物质的生产
甲	1	闪点小于28℃的液体
	2	爆炸下限小于10%的气体
	3	常温下能自行分解或在空气中氧化能导致迅速自燃或爆炸的物质
	4	常温下受到水或空气中水蒸气的作用,能产生可燃气体并引起燃烧或爆炸的物质
	5	遇酸、受热、撞击、摩擦、催化以及遇有机物或硫黄等易燃的无机物,极易引起燃烧或爆炸的强氧化剂
	6	受撞击、摩擦或与氧化剂、有机物接触时能引起燃烧或爆炸的物质
	7	在密闭设备内操作温度大于或等于物质本身自燃点的生产
乙	1	闪点大于或等于28℃,但小于60℃的液体
	2	爆炸下限大于或等于10%的气体
	3	不属于甲类的氧化剂
	4	不属于甲类的化学易燃危险固体
	5	助燃气体
	6	能与空气形成爆炸性混合物的浮游状态的粉尘、纤维、闪点大于或等于60℃的液体雾滴
丙	1	闪点大于或等于60℃的液体
	2	可燃固体
丁	1	对不燃烧物质进行加工,并在高温或熔化状态下经常产生强辐射热、火花或火焰的生产
	2	利用气体、液体、固体作为燃料或将气体、液体进行燃烧作其他用的各种生产
	3	常温下使用或加工难燃烧物质的生产
戊		常温下使用或加工非燃烧物质的生产

3.1.2 同一座厂房或厂房的任一防火分区内有不同火灾危险性生产时,该厂房或防火分区内的生产火灾危险性分类应按火灾危险性较大的部分确定。当

符合下述条件之一时,可按火灾危险性较小的部分确定:

1. 火灾危险性较大的生产部分占本层或本防火分区面积的比例小于5%或丁、戊类厂房内的油漆工段小于10%,且发生火灾事故时不足以蔓延到其他部位或火灾危险性较大的生产部分采取了有效的防火措施。

2. 丁、戊类厂房内的油漆工段,当采用封闭喷漆工艺,封闭喷漆空间内保持负压、油漆工段设置可燃气体自动报警系统或自动抑爆系统,且油漆工段占其所在防火分区面积的比例小于等于20%。

3.1.3 储存物品的火灾危险性应根据储存物品的性质和储存物品中的可燃物数量等因素,分为甲、乙、丙、丁、戊类,并应符合表3.1.3的规定。

表3.1.3 储存物品的火灾危险性分类

仓库类别	项别	储存物品的火灾危险性特征
甲	1	闪点小于28℃的液体
	2	爆炸下限小于10%的气体,以及受到水或空气中水蒸气的作用,能产生爆炸下限小于10%气体的固体物质
	3	常温下能自行分解或在空气中氧化能导致迅速自燃或爆炸的物质
	4	常温下受到水或空气中水蒸气的作用,能产生可燃气体并引起燃烧或爆炸的物质
	5	遇酸、受热、撞击、摩擦以及遇有机物或硫黄等易燃的无机物,极易引起燃烧或爆炸的强氧化剂
	6	受撞击、摩擦或与氧化剂、有机物接触时能引起燃烧或爆炸的物质
乙	1	闪点大于或等于28℃,但小于60℃的液体
	2	爆炸下限大于或等于10%的气体
	3	不属于甲类的氧化剂
	4	不属于甲类的化学易燃危险固体
	5	助燃气体
	6	常温下与空气接触能缓慢氧化,积热不散引起自燃的物品
丙	1	闪点大于或等于60℃的液体
	2	可燃固体
丁		难燃烧物品
戊		不燃烧物品

3.1.4 同一座仓库或仓库的任一防火分区内储存不同火灾危险性物品时,该仓库或防火分区的火灾危险性应按其中火灾危险性最大的类别确定。

3.1.5 丁、戊类储存物品的可燃包装重量大于物品本身重量1/4的仓库,其火灾危险性应按丙类确定。

3.3.1 厂房的耐火等级、层数和每个防火分区的最大允许建筑面积除本规范另有规定者外,应符合表 3.3.1 的规定。

表 3.3.1　厂房的耐火等级、层数和防火分区的最大允许建筑面积

生产类别	厂房的耐火等级	最多允许层数	每个防火分区的最大允许建筑面积(m^2)			
			单层厂房	多层厂房	高层厂房	地下、半地下厂房,厂房的地下室、半地下室
甲	一级	除生产必须采用多层者外,宜采用单层	4000	3000	—	—
甲	二级		3000	2000	—	—
乙	一级	不限	5000	4000	2000	—
乙	二级	6	4000	3000	1500	—
丙	一级	不限	不限	6000	3000	500
丙	二级	不限	8000	4000	2000	500
丙	三级	2	3000	2000	—	—
丁	一、二级	不限	不限	不限	4000	1000
丁	三级	3	4000	2000	—	—
丁	四级	1	1000	—	—	—
戊	一、二级	不限	不限	不限	6000	1000
戊	三级	3	5000	3000	—	—
戊	四级	1	1500	—	—	—

注　1. 防火分区之间应采用防火墙分隔。除甲类厂房外的一、二级耐火等级单层厂房,当其防火分区的建筑面积大于本表规定,且设置防火墙确有困难时,可采用防火卷帘或防火分隔水幕分隔。采用防火卷帘时应符合本规范第 7、第 5、第 3 条的规定;采用防火分隔水幕时,应符合现行国家标准《自动喷水灭火系统设计规范》GB 50084 的有关规定。

　　2. 除麻纺厂房外,一级耐火等级的多层纺织厂房和二级耐火等级的单层、多层纺织厂房,其每个防火分区的最大允许建筑面积可按本表的规定增加 0.5 倍,但厂房内的原棉开包、清花车间均应采用防火墙分隔。

　　3. 一、二级耐火等级的单层、多层造纸生产联合厂房,其每个防火分区的最大允许建筑面积可按本表的规定增加 1.5 倍。一、二级耐火等级的湿式造纸联合厂房,当纸机烘缸罩内设置自动灭火系统,完成工段设置有效灭火设施保护时,其每个防火分区的最大允许建筑面积可按工艺要求确定。

　　4. 一、二级耐火等级的谷物筒仓工作塔,当每层工作人数不超过 2 人时,其层数不限。

　　5. 一、二级耐火等级卷烟生产联合厂房内的原料、备料及成组配方、制丝、储丝和卷接包、辅料周转、成品暂存、二氧化碳膨胀烟丝等生产用房应划分独立的防火分隔单元,当工艺条件许可时,应采用防火墙进行分隔。其中制丝、储丝和卷接包车间可划分为一个防火分区,且每个防火分区的最大允许建筑面积可按工艺要求确定。但制丝、储丝及卷接包车间之间应采用耐火极限不低于 2.00h 的墙体和 1.00h 的楼板进行分隔。厂房内各水平和竖向分隔间的开口应采取防止火灾蔓延的措施。

　　6. 本表中"—"表示不允许。

　　3.4.1　除本规范另有规定者外,厂房之间及其与乙、丙、丁、戊类仓库、民用建筑等之间的防火间距不应小于表 3.4.1 的规定。

表 3.4.1　厂房之间及其与乙、丙、丁、戊类仓库、民用建筑等之间的防火间距（m）

名称			甲类厂房	单层、多层乙类厂房（仓库）	单层、多层丙、丁、戊类厂房（仓库） 耐火等级			高层厂房（仓库）	民用建筑 耐火等级		
					一、二级	三级	四级		一、二级	三级	四级
甲类厂房			12.0	12.0	12.0	14.0	16.0	13.0	25.0		
单层、多层乙类厂房			12.0	10.0	10.0	12.0	14.0	13.0	25.0		
单层、多层丙、丁类厂房	耐火等级	一、二级	12.0	10.0	10.0	12.0	14.0	13.0	10.0	12.0	14.0
		三级	14.0	12.0	12.0	14.0	16.0	15.0	12.0	14.0	16.0
		四级	16.0	14.0	14.0	16.0	18.0	17.0	14.0	16.0	18.0
单层、多层戊类厂房	耐火等级	一、二级	12.0	10.0	10.0	12.0	14.0	13.0	6.0	7.0	9.0
		三级	14.0	12.0	12.0	14.0	16.0	15.0	7.0	8.0	10.0
		四级	16.0	14.0	14.0	16.0	18.0	17.0	9.0	10.0	12.0
高层厂房			13.0	13.0	13.0	15.0	17.0	13.0	13.0	15.0	17.0
室外变、配电站变压器总油量（t）	≥5,≤10		25.0	25.0	12.0	15.0	20.0	12.0	15.0	20.0	25.0
	>10,≤50				15.0	20.0	25.0	15.0	20.0	25.0	30.0
	>50				20.0	25.0	30.0	20.0	25.0	30.0	35.0

注　1. 建筑之间的防火间距应按相邻建筑外墙的最近距离计算，如外墙有凸出的燃烧构件，应从其凸出部分外缘算起。

2. 乙类厂房与重要公共建筑之间的防火间距不宜小于50.0m。单层、多层戊类厂房之间及其与戊类仓库之间的防火间距，可按本表的规定减少2.0m。为丙、丁、戊类厂房服务而单独设立的生活用房应按民用建筑确定，与所属厂房之间的防火间距不应小于6.0m。必须相邻建造时，应符合本表注3、4的规定。

3. 两座厂房相邻较高一面的外墙为防火墙时，其防火间距不限，但甲类厂房之间不应小于4.0m。两座丙、丁、戊类厂房相邻两面的外墙均为不燃烧体，当无外露的燃烧体屋檐，每面外墙上的门窗洞口面积之和各小于等于该外墙面积的5%，且门窗洞口不正对开设时，其防火间距可按本表的规定减少25%。

4. 两座一、二级耐火等级的厂房，当相邻较低一面外墙为防火墙且较低一座厂房的屋顶耐火极限不低于1.00h，或相邻较高一面外墙的门窗等开口部位设置甲级防火门窗或防火分隔水幕或按本规范第7.5.3条的规定设置防火卷帘时，甲、乙类厂房之间的防火间距不应小于6.0m；丙、丁、戊类厂房之间的防火间距不应小于4.0m。

5. 变压器与建筑之间的防火间距应从距建筑最近的变压器外壁算起。发电厂内的主变压器，其油量可按单台确定。

6. 耐火等级低于四级的原有厂房，其耐火等级应按四级确定。

附录2 厂房建筑常用图例

名　称	图　例	说　明
新建筑物		粗实线
原有建筑物		细实线
计划扩建的预留地或建筑物		中虚线
拟拆建筑物		细实线加交叉
新建的地下建筑物或构筑物		粗虚线
铺砌地面		细实线
冷却塔（池）		中实线
水塔、储罐		轮廓线为中实线，轴线为细点画线
水池、坑槽		细实线且部分涂黑
围墙及大门		用于砖、混凝土、金属材料围墙 用于铁丝网、篱笆围墙
挡土墙		挡土在"突出"一侧
台阶		箭头指向上
测量坐标	X（南北方向轴线） Y（东西方向轴线）	例：X105.00 Y425.00
施工坐标	A（南北方向轴线） B（东西方向轴线）	例：A131.51 B278.25
填挖边坡		
护坡		

续表

名　称	图　例	说　明
室内设计标高（注到小数点后两位）	(绝对标高) ▽	
室外标高	▼ 143.00	
针叶乔木		
阔叶乔木		
草本花卉		
修剪的树篱		
草地		
花坛		
原有道路		细实线
拟建道路		粗虚线
拟拆道路		
公路涵管涵洞		
公路桥		

注　摘自《建筑制图与室内设计制图》。

附录3 常用服装、服饰名称及中英文对照表

序号	服装品名	英文译名	备注
1	男装	men's wear	
2	女装	women's wear	
3	中性装	unisex wear	又称无性装
4	童装	children's wear	
5	婴儿装	infant's wear	周岁以内小孩的服装
6	幼儿装	preschool children's wear	2~6岁幼儿的服装
7	学童装	school children's wear	7~12岁学童服装
8	少年装	early youth wear	12~17岁少男少女服装
9	青年装	young fashion	18~35岁的男女服装
10	中年装	middle-aged wear	36岁~退休前的男女服装
11	老年装	aged wear	60岁以上的男女服装
12	春装	spring clothes	适于10~22℃气温的男女服装
13	夏装	summer clothes	适于22℃以上气温的男女服装
14	秋装	autumn clothes	适于10~22℃气温的男女服装
15	冬装	winter clothes	适于10℃以下气温的男女服装
16	四季装	year round clothes	
17	毛呢服装	woolen garment	又称呢绒服装
18	丝绸服装	silk garment	
19	布服装	cotton garment, bast garment	又称布料服装
20	化纤服装	chemical fiber garment	
21	梭织服装	woven garment	又称机织服装
22	针织服装	knitted dress	
23	编结服装	braided garment	
24	内衣	under wear	
25	胸罩	bra, brassiere	又称文胸
26	衬衫	shirt, blouse	
27	罩衫	smock, dustcoat, overall	
28	夹克衫	jacket	又称短外套
29	卡曲衫	casual jacket	
30	中山装	zhongshan jacket	

续表

序号	服装品名	英文译名	备注
31	男西服	men's suit	
32	背心	vest	
33	裙	skirt	
34	裤	pants, trousers, slacks	
35	牛仔裤	jeans, jean pants	
36	裤裙	culottes	
37	女套装	dress maker suit, lady's suit, ensemble	
38	连衫裙	one piece dress	
39	连衫裤	pants dress, combination, jumpsuit	又称连衣裤
40	旗袍	qipao, Chinese gown	
41	外套	coat, outer garment, wrap	
42	大衣	overcoat, overgarment	
43	风衣	trench coat	
44	雨衣	rain coat, waterproof	
45	披风	cape	
46	披肩	cape, shawl	又称短披风
47	斗篷	cloak, mantle	
48	长袍	robe, gown	又称袍、袍子
49	礼仪服装	formal wear, ceremonial dress	
50	日常生活服	daily life dressing	
51	家居服	house wear	
52	休闲服	leisure wear	又称闲暇服
53	职业服	business wear	
54	办公服	office wear	
55	制服	uniform	
56	劳保服	working wear	又称工装、劳防服
57	羽绒服	feather and down wear	
58	特种功能服装	specific function clothing	
59	防尘服	duster wear	
60	防火服	fire proof wear, fire-resistant-ant wear	又称消防服
61	防弹衣	bullet proof of clothing	
62	迷彩服	camouflage clothing	
63	航天服	space suit	又称宇航服

续表

序号	服装品名	英文译名	备注
64	潜水服	diving suit	
65	运动服	sports wear	
66	体操服	gym suit	
67	足球服	football sweat shirt	
68	滑雪服	ski wear	
69	柔道服	judo	
70	沙滩装	beach wear	又称海滩装
71	戏剧服	dramatic dress	
72	孕妇服	maternity wear	
73	残疾人服装	disabled wear	
74	军服	military uniform, service uniform	
75	时装	fashion, fashion dress	
76	成衣	ready-to-wear, ready-made garment, ready-mades, tailering	
77	少数民族服装	national costume	
78	皮革服装	leather garment	
79	服装	clothing, apparel, garment, costume	
80	T恤衫	t-shirts	
81	针织套装	knit ensemble	
82	针织(绒线)夹克	knit jacket	
83	针织套衫、羊毛衫	knitted sweater	
84	裘皮大衣	fur coat	
85	工作服	overalls, coveralls	又称工作罩衣
86	民俗服装	folkloric clothing	
87	针织运动衫	athletic knit shirt	
88	孕妇衫	maternity blouse	
89	晚装	nightwear	
90	海关服	customs uniform	
91	警察制服	police uniform	
92	校服	school uniform	
93	医生服	doctors coat	
94	护士服	nurses uniform	
95	浴衣、睡袍	bath robe	

续表

序号	服装品名	英文译名	备注
96	游泳衣	swimwear	
97	马甲	waistcoat, vest	
98	夹克背心	jacket vest	
99	服饰	costume, apparel and accessories	
100	女式衬裙	slip	
101	袜子	hosiery	
102	长袜	stocking	
103	短袜	sock	
104	连裤袜	panty hose	
105	腰带、吊带	belt, suspender	
106	领带、围巾、领巾	tie, scarve, muffler	
107	领带夹	tie bar, stickpin	
108	帽子	hat, cap, headwear, head piece	
109	无边帽	cap	
110	手套、连指手套	glove, mitten	
111	靴	boot	
112	鞋	shoes	
113	拖鞋	slipper	
114	凉鞋、拖鞋	sandal	
115	运动鞋	athletic footwear	
116	鞋套、套鞋	overshoes	
117	丝巾	scarves	
118	手帕	handkerchief	
119	束发带	headband	
120	背包	backpack	
121	公文包	business case	

注 摘自《纺织辞典(服装分支)》及《服装标志及号型规格实用手册》。

附录4 服装缝制工艺、生产管理常用术语及中英文对照表

序号	专业术语	英文译名	备注
1	验布	check fabric, check-out system	
2	画样	marking-in	
3	铺布	spreading laying	
4	裁剪	cut, cutting, tailoring	
5	分包	separate packet, bundling	
6	预缩	prepare shrink	
7	整纬	weft straightening	
8	刀眼	notch	
9	粘衬	interfacing	
10	缝份	seam allowance, outlet seam	
11	缝型	stitch type, seam type	
12	缝式	seam, seam pattern	
13	贴边	facing, hem, tape, welt	
14	样衣	sample, sample garment	
15	补正	modification	
16	锁眼	buttonhole, stitch, close stitch	
17	钉扣	button sewing	
18	套结	tacking, bartack, bar	
19	手缝工艺	traditional tailoring technique	
20	机缝工艺	mechanical sewing technique	
21	假缝工艺	mock seam technique	
22	装饰工艺	decorative technique	
23	线缝	straight stitching	
24	线环	thread loop, loop	
25	线辫	thread chain, stitch chain	
26	缝线	thread	
27	线迹	stitch	
28	线迹长度	stitch length	
29	缝纫速度	sewing speed	
30	压脚提升高度	presser foot lifting height	

续表

序号	专业术语	英文译名	备注
31	挑线杆行程	take-up lever stroke	
32	针杆行程	needle bar stroke	
33	针迹距	distance between needles point tracers	
34	针间距	needle gauge	
35	浮线	loose stitch	
36	卡线	thread jamming	
37	缝线起毛	thread fraying	
38	线迹歪斜	staggering stitch	
39	跳针	skipped stitch	
40	起皱	puckers	
41	扭曲	twist, convolution	
42	花纹失真	erratic stitch pattern	
43	整烫	ironing	
44	中间烫	process ironing	
45	成品烫	finish ironing	
46	定形熨烫	sizing ironing	
47	塑性熨烫	plastic ironing	
48	归	press in	
49	拔	press out	
50	推	blocking	
51	服装生产管理	garment manufacturing control	
52	成衣化服装	mass fashion or volume fashion	
53	度身定制服装	custom-tailored garment, made-to-measure	
54	成衣化率	volume fashion rate	
55	服装疵病	clothing defect	
56	样板检验	pattern inspection	
57	裁片检验	garment section inspection	
58	半制品检验	work-in-process inspection	
59	成衣检验	end item examination	
60	批量	lot size	
61	经济批量	economical lot size	
62	批量系数	coefficient of lot size	
63	批量比	lot size ratio	

附录4　服装缝制工艺、生产管理常用术语及中英文对照表

续表

序号	专业术语	英文译名	备注
64	批量熟练率	lot size proficient rate	
65	工序分析表	process analysis chart	
66	浮余	allowance	
67	标准时间	standard time	
68	纯加工时间	net time	
69	水平系数	coefficient of leveling	
70	流水节拍	flow pitch time	
71	工序同期化	process synchronization	又称工序同步化
72	基本作业	basic work	
73	辅助作业	auxiliary work	
74	定期动作	regular action	
75	不定期动作	irregular action	
76	起步损失	beginning loss	
77	编制效率	arrangement efficiency	
78	封样	confirmation sample	
79	驳样	copy duplicate	

注　摘自《纺织辞典(服装分支)》。

附录5 常用服装设备名称及中英文对照表

序号	机械设备名称	英文译名	备注
1	验布机	cloth inspection machine	
2	面料预缩机	fabric sponging and shrinking machine	又称预缩定形机
3	铺布机	cloth spreading machine	又称拉布机、拖布机
4	自动铺布机	automatic spreading machine	
5	自动送布装置	auto cloth feeding device	
6	裁断机	end cutter	
7	裁剪台	cutting table	
8	裁片对条对格工作台	pattern matching work table	
9	裁剪机	cutting machine	
10	伺服裁剪机	servo cutter	又称摇臂裁剪机
11	直刀裁剪机	straight knife machine	
12	圆刀裁剪机	round knife machine	
13	带刀裁剪机	band knife machine	
14	微型电刀	hand – held electric shear	
15	钻孔机	marking machine	
16	电热钻孔机	electric heating cloth drilling machine	
17	切口机	notcher	
18	电热切口机	hot notcher	又称切痕机
19	粘合机	fusing machine	
20	连续式粘合机	straight linear fusing press continuous fusing machine	
21	平板式粘合机	flat fusing press	
22	回转式平板粘合机	rotatory board fusing machine	
23	缝纫机	sewing machine	
24	自动缝纫机	automatic sewing machine	
25	平缝机	lockstitch sewing machine	又称锁式线迹缝纫机
26	单针平缝机	single needle lockstitch sewing machine	
27	双针平缝机	twin – needle lockstitch sewing machine	
28	链缝机	chain stitch sewing machine	
29	包缝机	overedging sewing machine	

续表

序号	机械设备名称	英文译名	备注
30	三线包缝机	overedge machine with 3 – thread	
31	四线包缝机	overedge machine with 4 – thread	
32	五线包缝机	overedge machine with 5 – thread	
33	绷缝机	covering stitch sewing machine	
34	锁眼机	button hole sewing machine	
35	平头锁眼机	lockstitch straight buttonholing sewing machine	
36	圆头锁眼机	eyelet buttonhole sewing machine	
37	钉扣机	button sewing machine	
38	大白扣装订机	button – attaching machine	
39	套结机	bar tacking machine	又称加固缝纫机
40	暗缝机	blind stitch sewing machine	又称繰边机
41	缭缝机	basting sewing machine	又称临缝机、疏缝机
42	之字缝缝纫机	zigzag lockstitcher	
43	平缝自动开袋机	lockstitch automatic pocket welting machine	
44	裤袢机	belt loop machine	
45	绣花机	embroidery sewing machine	又称刺绣机
46	单头电脑绣花机	single – head computerized embroidery machine	
47	多头电脑绣花机	multi – head computerized embroidery machine	
48	电脑绗缝绣花机	computer quilting embroidery machine	
49	单头电脑绗缝机	single – head computerized quilting machine	
50	多头电脑绗缝机	multi – head computer quilting machine	
51	手工线迹缝纫机	decorative stitching machine	又称珠边机、贡针机
52	拼接缝纫机	fur abutting machine	又称毛皮机
53	针杆机构	needle bar mechanisms	又称刺料机构
54	挑线机构	take – up mechanisms	
55	送料机构	feeding mechanisms	
56	勾线机构	thread hooking mechanisms	
57	压脚	presser foot	
58	压脚提升机构	presser bar lifting mechanisms	
59	压紧机构	presser bar mechanisms	
60	开孔装置	punching device	
61	绕线装置	bobbin winder	
62	润滑装置	lubrication device	

续表

序号	机械设备名称	英文译名	备注
63	吸油装置	oil suction device	
64	自动停针位装置	automatic needle positioning device	
65	自动剪线装置	automatic thread trimming device	
66	自动拨线装置	automatic thread wiping device	
67	切料装置	edge trimming device, material trimming device	
68	针距调节装置	stitch length regulation device	
69	人体模型	dummy	
70	烫衣机	clothing ironing machine	
71	模型烫衣机	model shape finisher	
72	人形烫衣机	form finisher	又称人像机
73	立体烫衣机	rotary body finisher	
74	隧道式整烫机	variant tunnel finisher	
75	真空抽湿烫台	vacuum table	
76	通用平烫台(吸风)	uniset flat top table – suction	
77	程控整烫台(吸/吹风)	program controlled finish table-suction and blowing	
78	熨斗	iron	
79	电熨斗	electrical iron	
80	全蒸汽熨斗	steam iron	
81	电热蒸汽熨斗	electric steam iron	
82	吊瓶熨斗	iron with bottle	
83	烫台	ironing table	
84	烫模	buck	
85	烫马	sleeve board	
86	烫凳	iron stand	
87	烫衣机附属设备	pressing machine supplements	
88	蒸汽发生器	steam generator	
89	电热蒸汽发生器	electrical heating steam generator	
90	电热蒸汽锅炉	electrical heating steam boilers	
91	真空泵	vacuum air pump	
92	空气压缩机	air compressor	
93	去污机	spot removing machine	
94	号码机	marking machine	

续表

序号	机械设备名称	英文译名	备注
95	标牌装订机	plastic staple attacher	
96	缝线分装机	thread winding machine	
97	检针机	needle detector	又称验针机、检针器
98	吸线头机	thread sucking machine	
99	折叠机	cuttler, folding machine	
100	装袋机	attaching pocket machine	
101	成衣立体包装机	clothing packaging machine	
102	服装吊挂传输生产系统	hanger production system	又称单元生产系统
103	捆扎式服装生产系统	bundle production system	
104	模块式服装生产系统	modular production system	
105	快速反应生产系统	quick response production system	
106	服装吊挂仓储系统	garment warehouse system	
107	车间运输小车	production turnover dolly	
108	计算机辅助人体测量系统	computer aided measuring system for human body	
109	计算机辅助服装设计系统	computer aided garment design system	又称服装CAD
110	计算机辅助服装款式设计	computer aided fashion style design	
111	计算机辅助服装款式试衣系统	computer aided garment-fitting design system	
112	计算机辅助服装样片设计系统	computer aided pattern design system	
113	计算机辅助服装放码设计系统	computer aided garment grading design system	
114	计算机辅助服装排料设计系统	computer aided garment marker making design system	
115	计算机辅助三维服装设计系统	computer aided three-dimensional garment design system	又称3D服装CAD
116	计算机辅助服装裁剪系统	computer aided garment cutting system	
117	计算机辅助服装工艺设计系统	computer aided garment process planning system	又称服装CAPP
118	计算机辅助服装制造系统	computer aided garment manufacturing system	又称服装CAM
119	计算机集成服装制造系统	computer integrated garment manufacturing system	又称服装CIMS

注 主要参考工业缝纫机手册及相关的服装机械样本。

附录6　我国缝纫机械的命名和分类代号

（主要参考工业缝纫机手册及相关的服装机械样本）

随着服装工业的迅速发展，我国缝纫机制造业的面貌也发生了很大变化。国产缝纫机的品种日益增多，产品质量和性能不断提高。1975年我国轻工业部曾主持制定了国产缝纫机统一分类型号标准，于1985年正式颁布执行。我国现行缝纫机的分类型号，是由汉语拼音字母和阿拉伯数字两部分组成，其中每个字母和数字都代表一定的含义，具体表示如下：

1. 型号中第一个汉语拼音字母表示缝纫机的用途类别。

例如：

G 表示工业生产使用的各种缝纫机；

J 表示家庭使用的各种缝纫机；

F 表示服务行业使用的各种缝纫机。

2. 型号中第二个汉语拼音字母表示缝纫机挑线机构的形式和线迹的类型，如下表所示。

缝纫机挑线机构的形式和线迹类型

分类代号	挑线机构	钩线机构	线迹类型
A	凸轮	摆梭	锁缝线迹
B	连杆	摆梭	锁缝线迹
C	连杆	旋梭	锁缝线迹
D	滑杆	旋梭	锁缝线迹
E	旋转	摆梭	锁缝线迹
F	旋转	旋梭	锁缝线迹
G	凸轮	摆梭、摆动针杆	锁缝线迹
H	连杆	摆梭、摆动针杆	锁缝线迹
I	连杆	旋梭	锁缝线迹
J	针杆	旋转钩针	单线链缝线迹
K	针杆	单弯针	绷缝线迹
L	针杆	带线弯针，不带线弯针	单线包缝
M	针杆	带线弯针，不带线弯针	双线包缝
N	针杆	摆动双弯针	三线包缝
O	针杆	单弯针	单线或双线编织

续表

分类代号	挑线机构	钩线机构	线迹类型
P	针杆	单弯针	单线或双线拼缝
Q	凸轮	旋转钩针	锁缝线迹
R	滑杆	旋转钩针,摆动针杆	锁缝线迹
S	滑杆	摆梭	锁缝线迹
T	针杆	四弯针	四针八线链缝线迹
U	使用弯针的缝纫机		
V	高频无线塑料缝合机		
X	电动刀片裁布机		
Y	凡不属 A~X 的其他机构和线迹的缝纫机		

3. 型号中第一个阿拉伯数字表示同一用途、同一挑线机构而类型不同的缝纫机编号。

4. 型号中第二个阿拉伯数字(即连接号后面的数字),表示同一用途、同一挑线和钩线机构,同一类型、同一缝料对象,在原有基础上部分机构或主要部件变更后另行编排的新编号。

缝纫机型号分类表示方法举例如下:

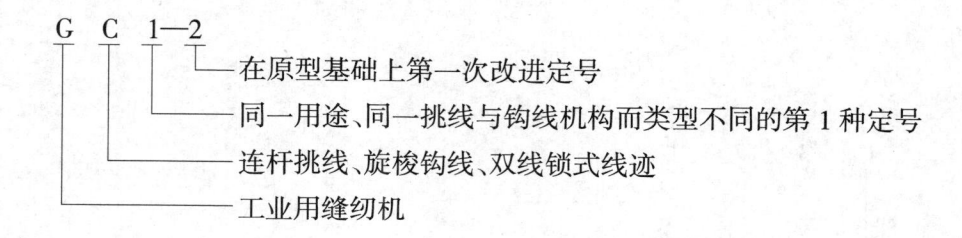

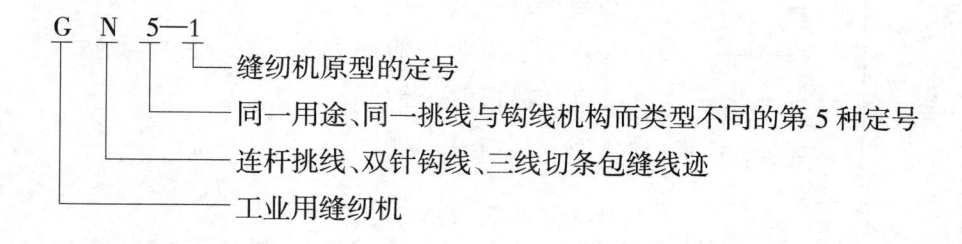

G C 1—2
└─ 在原型基础上第一次改进定号
└── 同一用途、同一挑线与钩线机构而类型不同的第 1 种定号
└─── 连杆挑线、旋梭钩线、双线锁式线迹
└──── 工业用缝纫机

G N 5—1
└─ 缝纫机原型的定号
└── 同一用途、同一挑线与钩线机构而类型不同的第 5 种定号
└─── 连杆挑线、双针钩线、三线切条包缝线迹
└──── 工业用缝纫机

附录7　缝纫机机针型号的表示方法

（主要参考工业缝纫机手册及相关的服装机械样本）

根据 GB 4514—84 缝纫机产品型号编制规则，我国缝纫机机针型号采用汉语拼音大写字母和阿拉伯数字为代号组成，表示适用对象与缝纫机机型、特征、设计顺序以及针尖、针头形状。

1. 代号排列顺序规定如下：

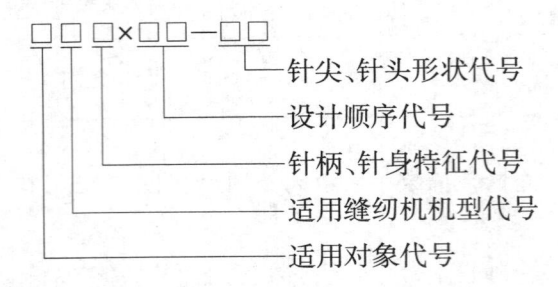

```
□□□×□□—□□
          │ │ └── 针尖、针头形状代号
          │ └──── 设计顺序代号
          └────── 针柄、针身特征代号
  │ └─────────── 适用缝纫机机型代号
  └───────────── 适用对象代号
```

示例1：

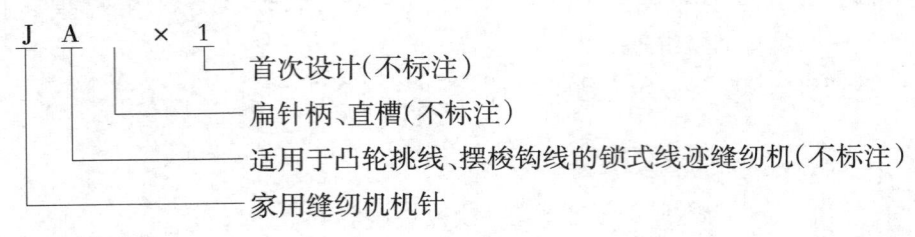

```
J A × 1
      └── 首次设计（不标注）
    └──── 扁针柄、直槽（不标注）
  └────── 适用于凸轮挑线、摆梭钩线的锁式线迹缝纫机（不标注）
└──────── 家用缝纫机机针
```

示例2：

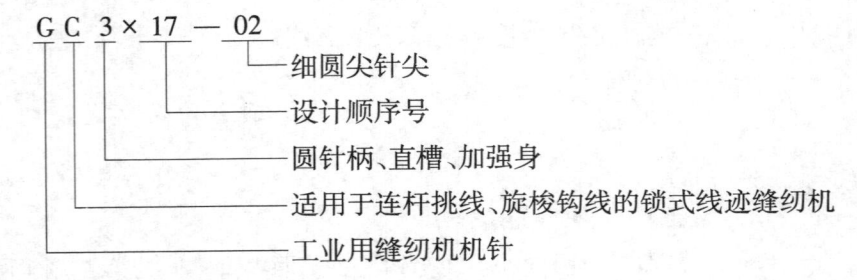

```
G C 3 × 17 — 02
            └── 细圆尖针尖
         └───── 设计顺序号
      └──────── 圆针柄、直槽、加强身
    └────────── 适用于连杆挑线、旋梭钩线的锁式线迹缝纫机
  └──────────── 工业用缝纫机机针
```

2. 国内外机针同类型型号对照表（供参考）。

国内外机针同类型型号对照表

国内行业标准	国内曾用型号	SINGER	ORGAN		德国	其他
GA×1	45×1	214×1	SY4950	DD×1	328	
GB×1—96	1822×1	16×2TWSP	SY2904	TF×2VL	34VL	
GB×1	44×1	16×1	SY2047	TF×1	34R	

续表

国内行业标准	国内曾用型号		SINGER	ORGAN	德国	其他
GB×4	7×1	7×3	SY5213	DY×3	794	
GC×1	96×1	16×231	SY2254	DB×1	1738	
GC3×1	96×1 双节,GC15B	16×231	SY2254	DB×1—2	1738	
GC×2	88×1	88×1	SY1225	DA×1	1128	
GC3×2	88 双节,GC15A	88×1	SY1225	DA×1—2	1128	
GC×3	UT190×1		SY7555	MT×190	190R	
GC×5	DP5×1	135×5	SY1901	DP×5	134R,797KK	
GC×7	DP7×1	135×7	SY1905	DP×7	797	
GC×17	DP17×1、GR2—2	135×17	SY3355	DP×17		
DJ×1	24KS×1	24×1	SY1111	DH×1	2060	
DJ×2	25×1	25×1	SY1141	TK×1	54B	
DJ×3	566 平面	175×7	SY4531	TQ×7	29—L	
DJ×4	566 四眼	175×1	SY2851	TQ×1	29—S	
GK×1	92×1	92×1	SY4281	DN×1	1286	MY1013,UY143G
GK×2	四针机针	149×7	SY2776	TV×7		MY1002A
GK3×2	四针机针双节	149×7	SY2776	TV×7		
GK×5	121×1	52×21	SY3510	DV×1	750	M1001,UY121GS
GK×8	GK8×1	124×2	SY5060	DB×2		UY1970GS
GK×16	GK16×1	62×43	SY3516	DV×43		
GK5×25	303×1		SY7090	UO×1113GS		UY113GS

附录8 本书光盘资料简介

根据本书作者多年的教学实践,认为学生要真正掌握工厂设计的基本知识,必须在课堂教学的基础上配合一个大作业,让学生练习设计一个服装厂(或设计其中主要的生产工艺部分)。由于服装厂设计是一项综合性的设计工作,涉及服装厂的产品、原辅材料、生产工艺、加工设备以及厂房建筑等诸多内容,在设计过程中需要查阅大量的资料,有不少学生因受各种条件限制,常常找不到设计所需的相关资料,因而影响了设计质量。

因此,本书在修订过程中考虑到多为学生查找资料提供一些方便,特将服装厂设计中经常用到的一些资料列入附录中。由于本书篇幅所限,故将其中一部分资料放入光盘中,这样学生可根据设计工作需要进行查阅。

列入本书光盘资料的目录如下:

资料1 中国主要城市室外气象资料
（摘自《食品工厂设计基础》）

资料2 中国主要城市风玫瑰图
（摘自《食品工厂设计基础》）

资料3 中国服装服饰及相关纺织品标准目录
（摘编自《服装标志及号型规格实用手册》）

资料4 国际服装服饰及相关纺织品标准目录
（摘编自《服装标志及号型规格实用手册》）

资料5 服装生产常用缝制辅料的种类及产品规格
（摘编自《中国服装辅料大全》及东华大学服装学院研究生论文资料）

资料6 缝纫机械常用图示符号一览表
（主要参考工业缝纫机手册及相关的服装机械样本）

资料7 缝纫线迹的基本类型和表示方法
（主要参考工业缝纫机手册及相关的服装机械样本）

资料8 缝制不同类型服装建议采用的机针品种与规格
（主要参考工业缝纫机手册及相关的服装机械样本）

主要参考文献

[1] 许树文.服装厂设计(第1版)[M].北京:中国纺织出版社,1996.
[2] 中国服装协会.2004—2005服装业发展报告[M].中国服装信息,2006.
[3] 中国服装协会.中国服装信息2001年中国服装行业产销趋势专刊[J].中国服装信息,2002(4).
[4] 马涛,赵敏.回眸入世:中国服装业风雨兼程亦喜亦忧[J].中国制衣,2007(2).
[5] 中国纺织经济信息网:http://www.ctei.gov.cn.
[6] 哈尔滨建筑工程学院.工业建筑设计原理[M].北京:中国建筑工业出版社,1996.
[7] 注册咨询工程师(投资)考试教材编写委员会.项目决策分析与评价[M].北京:中国计划出版社,2003.
[8] 纺织工业部.纺织工程设计手册[M].1988.
[9] 隽志才.公路运输技术经济学(修订版)[M].北京:人民交通出版社,1998.
[10] 刘国联.服装新材料[M].北京:中国纺织出版社,2005.
[11] 濮阳华康生物化学工程联合公司北京销售公司,北京天浩云丝纺织科技有限公司.http://www.kuangmei.com.
[12] 许树文.适合多品种小批量生产的新型缝制系统[J].缝纫机科技,1996(2).
[13] 许树文.模块式生产系统在服装生产中的应用[J].中国纺织,1995(4).
[14] 张文斌.服装工艺学(成衣工艺分册)(第三版)[M].北京:中国纺织出版社,2001.
[15] 姜蕾.服装生产工艺与设备[M].北京:中国纺织出版社,2002.
[16] 陈东生,甘应进.新编服装生产工艺学[M].北京:中国轻工业出版社,2005.
[17] 中国人民大学工业经济系工业企业管理教研室.工业企业生产管理[M].北京:中国人民大学,1989.
[18] 李英琳.成组技术在服装生产中应用的探讨[J].制衣业世界,2004(4).
[19] 劳动部就业局.建筑基础知识[M].北京:中国劳动出版社,1992.
[20] 李英琳,许魁运.服装厂房设计中应注意的问题[J].中外缝制设备,2007(4).
[21] FZJ123—1997服装工业企业工艺设计技术规范[M].中华人民共和国纺织行业标准.北京:中国纺织总会,1997.
[22] DBJT-14-2建筑做法说明[M].山东省建筑标准设计.图集号:L96J002,1999.
[23] 陈冠铭,姜凯文.计算机网络原理与应用[M].北京:中国铁道出版社,2003.
[24] 冯耕中.物流管理信息系统及其实例[M].西安:西安交通大学出版社,2003.
[25] 黎连业,单银根,向东明.综合布线系统弱电工程设计与施工技术(第二版)[M].北京:电子工业出版社,2004.
[26] 许盘清,徐珊,马晓艳.智能建筑图纸的画法与技巧[M].北京:人民邮电出版社,2005.

[27] 林文俏. 项目投资经济评价与风险分析[M]. 广州:中山大学出版社,1995.

[28] 杜克普爱华公司. 日产600件西服生产线设备及工艺介绍[J]. 中外缝制设备,2004(2).

[29] 香港理工大学纺织及制衣学系. 牛仔服装的设计加工与后整理[M]. 北京:中国纺织出版社,2002.

[30] 姜蕾. 牛仔服缝制流水线设计[J]. 中外缝制设备,2001(6).

[31] 威者,严燕连. 牛仔装的洗水工艺设计探讨[J]. 中外缝制设备,2006(4).

[32] 姜蕾. 时装缝制流水线设计[J]. 中外缝制设备,2001(1).

[33] 李世波,等. 针织缝纫工艺(第二版)[M]. 北京:中国纺织出版社,2003.

[34] 刘静茹,张文斌. 西装流水线中服装吊挂传输生产系统的设计及应用研究[J]. 中外缝制设备,2005(6).

[35] 服装工程网. http://www.fzengine.com.

[36] 中华服装网. http://www.51fashion.com.

[37] 许树文,张文斌,冯克平,等. 微型计算机辅助服装缝纫流水线优化设计[J]. 中国纺织大学学报,1992(6).

[38] 李英琳. 怎样用计算机辅助服装厂设计[J]. 中外缝制设备,1999(5).

[39] 萨师煊,王珊. 数据库系统概论(第三版)[M]. 北京:高等教育出版社,2000.

[40] 时晓龙. 数据库应用技术Access[M]. 上海:上海科学普及出版社,2005.

[41] 汇成科技. http://www.086cad.com.

[42] 杨以雄. 服装生产管理[M]. 上海:东华大学出版社,2005.

[43] 许树文,张春荣. 我国服装企业应用吊挂生产管理系统的现状与展望[J]. 中外缝制设备,2000(3).

[44] 金壮. 服装品质管理实用手册[M]. 北京:中国纺织出版社,2003.

[45] GB 50016—2006 建筑设计防火规范[M]. 中华人民共和国国家标准. 北京:中国计划出版社,2006.

[46] 刘林,邓学雄,黎龙. 建筑制图与室内设计制图[M]. 广州:华南理工大学出版社,1997.

[47] 杨芙莲. 食品工厂设计基础[M]. 北京:机械工业出版社,2005.

[48] 孔繁薏,罗大旺. 中国服装辅料大全[M]. 北京:中国纺织出版社,1998.

[49] 全国服装标准化技术委员会. 服装标志及号型规格实用手册[M]. 北京:中国标准出版社,2005.

[50] 国内外服装机械厂家的设备样本资料.

[51] 冯麟. 新型牛仔成衣后整理工艺[J]. 纺织导报,2005(3).

[52] 陆琰,余晓丰. 不同水洗工艺在牛仔服饰中的运用[J]. 丝绸,2007(4).

[53] 牛继舜,刘辉,单红忠,等. 服装企业信息化[M]. 北京:中国纺织出版社,2005.

中国国际贸易促进委员会纺织行业分会

  中国国际贸易促进委员会纺织行业分会成立于 1988 年，成立十多年来，致力于促进中国和世界各国（地区）纺织服装业的贸易往来和经济技术合作，立足为纺织行业服务，为企业服务，以我们高质量的工作促进纺织行业的不断发展。

➢ 简况

■ 每年举办（或参与）约 20 个国际展览会
涵盖纺织服装完整产业链，在中国北京、上海和美国、欧洲、俄罗斯、东南亚、日本等地举办
■ 广泛的国际联络网
与全球近百家纺织服装界的协会和贸易商会保持联络
■ 业内外会员单位 2000 多家
涵盖纺织服装全行业，以外向型企业为主
■ 纺织贸促网 www.ccpittex.com
中英文，内容专业、全面，与几十家业内外网络链接
■ 《纺织贸促》月刊
已创刊 16 年，内容以经贸信息、协助企业开拓市场为主线
■ 中国纺织法律服务网 www.cntextilelaw.com
专业、高质量的服务

➢ 业务项目概览

➢ 中国国际纺织机械展览会（每两年一届、逢双数年在北京举办）
➢ 中国国际纺织面料及辅料博览会（每年分春夏、秋冬两届、分别在北京、上海举办）
➢ 中国国际家用纺织品及辅料博览会（每年举办一届）
➢ 中国国际服装服饰博览会（每年举办一届）
➢ 中国国际产业用纺织品及非织造布展览会（每两年一届，逢双数年举办）
➢ 中国国际纺织纱线展览会（每年举办一届）
➢ 中国纺织品服装贸易展览会（美国纽约）（每年 6 月份在美国纽约举办）
➢ 中国纺织品服装贸易展览会（德国）（每年在德国举办）
➢ 组织中国服装企业到美国、日本、欧洲及亚洲等其他地区参加各种展览会
➢ 组织纺织服装行业的各种国际会议、研讨会
➢ 纺织服装业国际贸易和投资环境研究、信息咨询服务
➢ 纺织服装业法律服务

更多相关信息请点击纺织贸促网 www.ccpittex.com